Access 快速开发基础教程

（视频案例精讲）

张志 编著

电子工业出版社
Publishing House of Electronics Industry
北京·BEIJING

内 容 简 介

  Access 数据库是微软 Office 软件中的一个组件，与 Word、Excel、PowerPoint 等一样，都是 Office 软件中的成员。Access 数据库主要有三大用途：一是存储数据；二是处理数据；三是开发软件。

  Access 的特点是易学易用，从而开发出实用管理软件。用户一般都有使用 Excel 的经历，而 Access 数据库与 Excel 均为 Office 组件，有一定的相似性，所以能很快上手。本书共 7 章，展示了软件开发的效果并按功能模块由浅入深地将知识点贯穿其中，涉及的知识点有：快速开发平台、表设计、创建表操作、查询的各个类型、自动生成和手工创建窗体、VBA 编程语言。本书有配套学习视频，详细地讲解了软件具体的开发过程，并提供了练习素材下载，方便读者学习。学好本教程，读者能开发出与本书案例展示效果一样的实用管理软件。

  本教程适用于 Access 2007 ~ Access 2021 版本的用户，也可作为高等院校及培训机构相关专业的教学用书。

  未经许可，不得以任何方式复制或抄袭本书之部分或全部内容。
  版权所有，侵权必究。

图书在版编目（CIP）数据

Access 快速开发基础教程：视频案例精讲 / 张志编著 . —北京：电子工业出版社，2022.7
ISBN 978-7-121-43676-5

Ⅰ．①A… Ⅱ．①张… Ⅲ．①关系数据库系统 – 教材 Ⅳ．① TP311.138

中国版本图书馆 CIP 数据核字 (2022) 第 097672 号

责任编辑：陈韦凯　　文字编辑：杜强
印　　刷：天津画中画印刷有限公司
装　　订：天津画中画印刷有限公司
出版发行：电子工业出版社
　　　　　北京市海淀区万寿路 173 信箱　邮编 100036
开　　本：787×980　1/16　印张：25.25　字数：562.8 千字
版　　次：2022 年 7 月第 1 版
印　　次：2022 年 7 月第 1 次印刷
定　　价：89.00 元

  凡所购买电子工业出版社图书有缺损问题，请向购买书店调换。若书店售缺，请与本社发行部联系，联系及邮购电话：(010) 88254888，88258888。
  质量投诉请发邮件至 zlts@phei.com.cn，盗版侵权举报请发邮件至 dbqq@phei.com.cn。
  本书咨询联系方式：(010) 88254473，duq@phei.com.cn。

前　言

在工作中如果自己能开发一款管理软件，发挥同事间信息共享与协作、提高工作效率、避免管理漏洞的作用，为单位创造价值，那将是一件非常美妙且值得为之努力的事情。目前，很多单位的管理人员存在以下现状。

- 基层管理人员

现　状	未　来
① 数据不规范，且来自 N 个 Excel 表，整理工作量大 ② 数据之间关联程度低 ③ 当数据量大时，统计速度慢，数据分析不方便 ④ 同事间信息共享程度低 ⑤ 不会开发软件	① 自己的工作效率大大提高 ② 方便同事、领导查看数据 ③ 多掌握了一项技能 ④ 获得同事尊重和领导认可 ⑤ 增强了职业竞争力 (奖励、涨薪、升职)

- 中层管理人员

现　状	未　来
① 当前公司的系统无法满足本部门管理需要，不利于自己管理思路的推行 ② 无法申请到大额经费用于购买软件 ③ 工作效率低，数据不规范、分散，不易分析 ④ 不会开发软件	① 把自己的管理思路借助软件予以实施 ② 整体提升自己所负责部门的工作效率 ③ 增强了职业竞争力 ④ 从无到有，效率提高 ⑤ 积累了规范的数据资源 ⑥ 多掌握了一项技能

- 小微企业高层管理人员

现　状	未　来
① 成本高，市场上的软件价格是几万元甚至十几万元 ② 公司尚未部署一套管理软件 ③ 之前购置的管理软件不能满足公司个性化管理的需要 ④ 无法高效推行自己的管理思路	① 人无我有，人有我精 ② 管理出效益

教程特色

对于软件开发的学习，每位学员的工作内容和业务范围各不相同，如果就某个单一的应用场景进行学习，相当一部分学员不容易理解业务逻辑，不利于高效学习。如何找到一个让大多数学员都能理解的业务场景从而有助于学习，显得尤为重要。本教程以个人自身的管理实践（健康管理、时间管理、收支管理等）为例，让每位学员都能准确理解需求，从而顺利完成本课程的学习，为将来在开发工作中使用软件打下良好的基础。

读者对象

经常使用 Excel 的人士。
希望共享信息、协同工作、提高工作效率的人士。
希望借助计算机软件工具来实现管理思路的人士。

读者收获

快速开发出一款简单软件、体验开发过程、了解开发软件，并不是想象中的那么难；降低畏难心理，提高学习兴趣，为掌握开发软件技能打下一个良好的基础，最终成为"懂业务+会编程"的复合型人才。

学完本教程，同时也可以获得一个可供自己使用的实用管理软件，既学到了知识，又获得了软件。

致　谢

在编写本书的过程中，得到了刘师义（微软 MVP）、褚玉春、易勋、欧志华、黄伟华、谢玉青等人的帮助，在此表示感谢！

本书附赠资源

本书配套视频和练习素材下载，请加 QQ 群：532558056。加群时备注：Access 资料下载。各章节视频可扫描书中二维码在线观看。

附赠视频教程《Access 每天 3 分钟》中、下各 50 集，每集 3～8 分钟，可以利用碎片化时间学习，视频教程的价值为 38 元，在 QQ 群里可以领取优惠券，用优惠券可免费报名学习，目录如下。

《Access 每天 3 分钟》【中】，共 50 集

1. 代码格式化工具	18. Dlookup 函数	35. DateAdd 函数
2. Left 函数	19. Public 语句	36. DateSerial 函数
3. Mid 函数	20. SourceObject 属性	37. InStr 函数
4. Do…Loop 语句	21. Public Sub 过程	38. IsNull 函数
5. For…Next 语句	22. iif 函数	39. Round 函数
6. Column 属性	23. 列表框控件	40. FormatPercent 函数
7. Msgbox 函数	24. If…Then…Else 语句	41. Cint、Int、Fix 函数
8. 选择查询	25. On Error 语句	42. Name 关键字
9. 更新查询	26. For Each…Next 语句	43. FileCopy 语句
10. RunSQL 方法	27. 子窗体数据求和	44. Kill 语句
11. 选项卡控件	28. IsError 函数	45. Replace 函数
12. Select Case 语句	29. Len 函数	46. 选项卡控件
13. 隐藏功能区和导航窗格	30. 获得系统日期与时间	47. 判断选项卡的页
14. Path 属性	31. DateValue 函数	48. 记录选择器和导航按钮
15. Dir 函数	32. Format 函数	49. 用 VBA 代码删除表
16. Val 函数	33. 判断日期对应的星期	50. 用 VBA 代码创建查询
17. SQL 代码条件变量的写法	34. DateDiff 函数	

《Access 每天 3 分钟》【下】，共 50 集

1. 子窗体有条件锁定记录	11. 应收款提醒功能	21. 绑定表往表中保存数据
2. 动态连续产生序号	12. 复制、粘贴	22. 一条记录对应多个图片
3. 库存预警	13. 应用 SQL 自动生成的 SQL	23. 选择字段数字平均值
4. 主子窗体查询	14. 月度销量目录图表分析	24. 打开超链接取消提示框
5. 资产负债表	15. 主子窗体录入订单数据	25. 成本报表
6. 自适应文本框文字大小	16. 组合框搜索全部内容	26. 分级显示数据
7. 导入/导出 Word 报表	17. 子表合计显示在主表	27. 列表框搜索
8. 子窗体常用的 5 个源码	18. 多用户录入防止冲突	28. 时间查询精确到时、分、秒
9. 多层查询	19. Excel 模板主子表导入	29. 累计查询功能
10. 库存计算功能的实现	20. 录入多选值	30. 按类别限制录入项

续表

《Access 每天 3 分钟》【下】，共 50 集		
31. 根据日期智能获取价格	38. 关联表同时保存数据	45. 文本框格式设置
32. 实现录入数据	39. 多级主子窗体数据录入	46. 将数字转化成英文字母
33. 按日期区间查询数据	40. 两表差异数据比较	47. 数据表子窗体多选
34. 控制自适应屏幕大小	41. 给详细资料设置密码	48. Excel 格式的订单导出
35. 本月与上月不匹配人员	42. 在查询中计算余额的函数	49. 从 Word 中导入数据
36. 上传文件	43. 彻底隐藏表	50. 列表框选中列求和
37. 在窗体中显示 GIF 动图	44. 销售价格分类	

目　录

第 1 章　案例展示及快速开发平台 ·· 001
　1.1　案例展示 ·· 002
　1.2　快速开发平台 ·· 009

第 2 章　资料管理的开发 ·· 016
　2.1　账号密码管理 ·· 017
　　2.1.1　表设计及创建 ··· 017
　　2.1.2　自动编号规则——账号密码 ID ··· 020
　　2.1.3　创建【资料管理】导航菜单 ··· 022
　　2.1.4　生成【账号密码】数据维护模块 ··· 024
　　2.1.5　敏感数据加密 ··· 028
　　2.1.6　敏感数据解密 ··· 034
　2.2　扫描件管理 ·· 044
　　2.2.1　表设计及创建 ··· 045
　　2.2.2　自动编号规则——扫描件 ID ··· 047
　　2.2.3　生成【扫描件】数据维护模块 ··· 049
　　2.2.4　添加附件功能 ··· 052
　2.3　首页图标按钮的设计 ·· 062
　　2.3.1　去掉背景图片 ··· 062
　　2.3.2　放置图片按钮 ··· 064
　　2.3.3　图片按钮单击事件 ··· 068

第 3 章 资金管理的开发 ··· 074

3.1 收支计划 ··· 075
3.1.1 表设计及创建 ··· 075
3.1.2 自动编号规则——收支计划 ID ··· 078
3.1.3 创建【资金管理】导航菜单 ··· 080
3.1.4 生成【收支计划】数据维护模块 ··· 083
3.1.5 根据是否收入选择收支类别 ··· 087

3.2 实际收支 ··· 093
3.2.1 表设计及创建 ··· 093
3.2.2 自动编号规则——实际收支 ID ··· 096
3.2.3 生成【实际收支】数据维护模块 ··· 098
3.2.4 根据是否收入选择收支类别 ··· 102

3.3 收支统计和图表分析 ··· 107
3.3.1 临时表和条件参数表 ··· 108
3.3.2 录入测试数据 ··· 113
3.3.3 选择查询选取符合条件的数据 ··· 117
3.3.4 创建收支统计窗体 ··· 127
3.3.5 追加查询添加数据至临时表 ··· 139
3.3.6 选择查询对临时表数据求和 ··· 148
3.3.7 连续窗体显示数据 ··· 153
3.3.8 更新查询改变参数 ··· 160
3.3.9 图表分析开发思路 ··· 170
3.3.10 图表数据源设计 ··· 170
3.3.11 分月收支对比柱形图 ··· 176
3.3.12 分月收支趋势折线图 ··· 187
3.3.13 单项收支图形分析 ··· 191
3.3.14 某月支出百分比饼图 ··· 194
3.3.15 收支统计和图表优化 ··· 205
3.3.16 设置收支分析导航菜单 ··· 208

第 4 章 时间管理的开发 ··· 211

4.1 时间计划 ··· 212
4.1.1 表设计及创建 ··· 212
4.1.2 自动编号规则——时间计划 ID ··· 214

4.1.3　创建【时间管理】导航菜单 ·············· 216
　　　4.1.4　生成【时间计划】数据维护模块 ·············· 217
　　　4.1.5　完善数据列表窗体 ·············· 224
　4.2　时间使用 ·············· 227
　　　4.2.1　表设计及创建 ·············· 227
　　　4.2.2　自动编号规则——时间使用ID ·············· 229
　　　4.2.3　生成【时间使用】数据维护模块 ·············· 231
　　　4.2.4　完善数据列表窗体 ·············· 237
　4.3　时间统计和图表分析 ·············· 241
　　　4.3.1　创建临时表 ·············· 241
　　　4.3.2　录入测试数据 ·············· 242
　　　4.3.3　选择查询选取符合条件的数据 ·············· 243
　　　4.3.4　追加查询添加数据至临时表 ·············· 248
　　　4.3.5　时间分析窗体设计 ·············· 250
　　　4.3.6　选择查询对临时表数据求和 ·············· 260
　　　4.3.7　连续窗体显示数据 ·············· 264
　　　4.3.8　图表分析 ·············· 269
　　　4.3.9　设置时间分析导航菜单 ·············· 276

第5章　健康管理的开发 ·············· 280

　5.1　健康相关项目 ·············· 281
　　　5.1.1　表设计及创建 ·············· 281
　　　5.1.2　自动编号规则——健康项目ID ·············· 283
　　　5.1.3　创建【健康管理】导航菜单 ·············· 285
　　　5.1.4　生成【健康相关项目】数据维护模块 ·············· 287
　5.2　健康数据 ·············· 291
　　　5.2.1　表设计及创建 ·············· 292
　　　5.2.2　自动编号规则——健康数据ID ·············· 294
　　　5.2.3　快速创建链接表 ·············· 296
　　　5.2.4　创建【健康数据】选择查询 ·············· 296
　　　5.2.5　生成【健康数据】数据维护模块 ·············· 298
　5.3　健康监测 ·············· 301
　　　5.3.1　表设计及创建 ·············· 301
　　　5.3.2　自动编号规则——健康监测ID ·············· 303

5.3.3　生成【健康监测】数据维护模块 ········ 305
5.4　健康统计和图表分析 ········ 312
　　5.4.1　创建临时表 ········ 313
　　5.4.2　选择查询选取符合条件的数据 ········ 313
　　5.4.3　追加查询添加数据至临时表 ········ 318
　　5.4.4　健康分析窗体设计 ········ 319
　　5.4.5　选择查询对临时表数据求和 ········ 327
　　5.4.6　连续窗体显示数据 ········ 331
　　5.4.7　健康项目图表分析 ········ 336
　　5.4.8　健康监测图表分析 ········ 354
　　5.4.9　设置健康分析导航菜单 ········ 362

第 6 章　备忘管理的开发　　365

6.1　备忘录 ········ 366
　　6.1.1　表设计及创建 ········ 366
　　6.1.2　自动编号规则——备忘 ID ········ 367
　　6.1.3　生成【备忘录】数据维护模块 ········ 369
　　6.1.4　设置备忘录导航图片按钮 ········ 372
6.2　备忘提醒 ········ 373
　　6.2.1　待处理提醒数据来源 ········ 373
　　6.2.2　数据刷新处理 ········ 375
　　6.2.3　创建备忘提醒的选择查询 ········ 379

第 7 章　软件优化与配置　　383

7.1　修改导航菜单名称及图标 ········ 384
7.2　调整导航菜单顺序 ········ 386
7.3　同时在两个表中保存数据 ········ 387
7.4　开发者设置 ········ 391

第 1 章

案例展示及快速开发平台

本章导读

　　长期以来,大多数人对 Access 数据库的认知还停留在它是一个小型数据库的层面,觉得 Access 只可以用来存储数据,实际上 Access 数据库也可以作为一个开发工具来开发软件。本章截取了本教程的案例软件界面,展示了用 Access 数据库开发的管理软件,讲解了如何获得快速开发平台、快速开发平台文件构成说明及第一次使用快速开发平台的注意事项。学好本教程,就能开发出和本教程案例一样专业的软件。

1.1 案例展示

本教程案例软件以个人的日常生活为应用场景,侧重于对健康、时间、资金、重要资料等内容的管理,实现数据采集、规范整理、统计分析、信息检索、月度趋势图表分析等功能,因此,将本教程案例软件的名称命名为"Access 小管家"。

在登录软件时可以配置后台数据库文件,它有【记住用户名和密码】选项功能,并且可以选择【自动登录】复选框,以免每次进入系统时都必须输入用户名和密码,如图 1-1 所示。

图 1-1 登录界面

用户输入正确的用户名和密码即可进入软件主界面。左边是导航菜单;中间是图片按钮菜单,可以将一些常用的功能设计为图片按钮菜单,方便用户使用;右边是提醒内容,可以让用户一登录软件就能看见当前待处理事项,很实用,如图 1-2 所示。

图 1-2 软件主界面

其中，健康数据的新增、编辑、删除、导出、查询功能如图1-3所示。

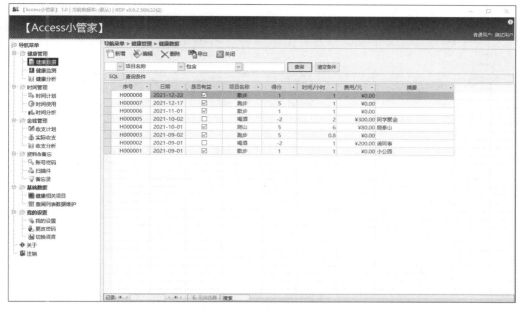

图1-3 健康数据

健康监测的新增、编辑、删除、导出、查询功能如图1-4所示。

图1-4 健康监测

对健康数据进行月度、年度统计和分月图表分析如图1-5所示。

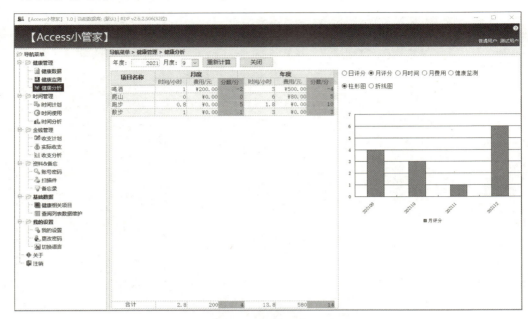

图1-5　健康分析

在健康分析中，右边有健康监测项目分月图表趋势分析，如图1-6所示。

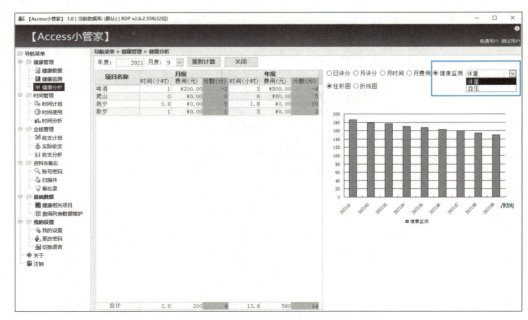

图1-6　健康监测项目分月图表趋势分析

时间计划的新增、编辑、删除、导出、查询功能如图 1-7 所示。

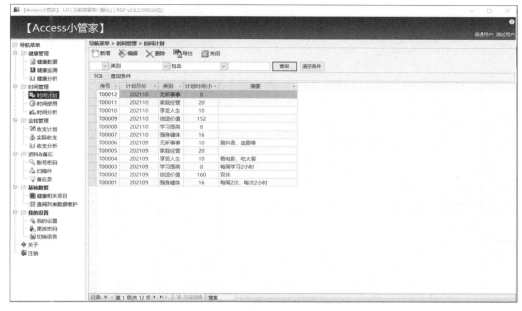

图 1-7　时间计划

时间计划和实际使用时间数据的月度、年度统计及图表分析功能如图 1-8 所示。

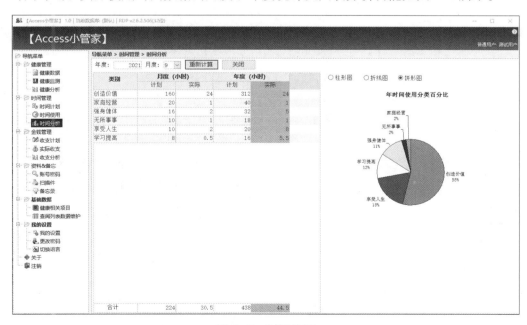

图 1-8　时间分析

实际收支的新增、编辑、删除、导出、查询功能如图 1-9 所示。

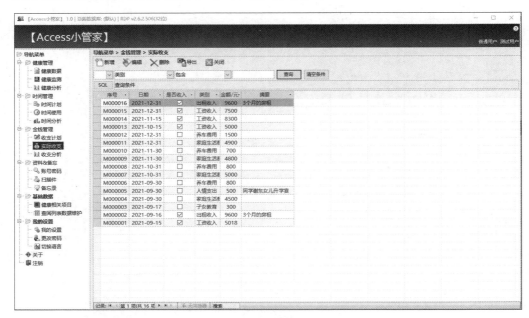

图 1-9　实际收支

收支数据的月度、年度统计及图表分析功能如图 1-10 所示。

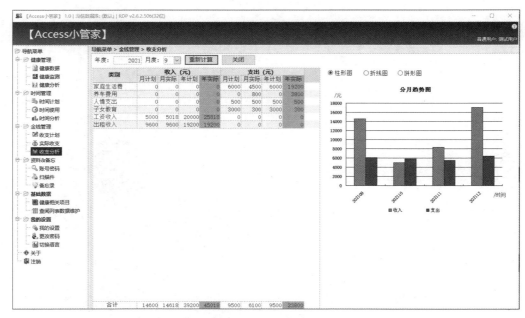

图 1-10　收支分析

支出项目的分月图表分析功能。双击某支出类别,则显示该类别的月度趋势图,如图1-11所示。

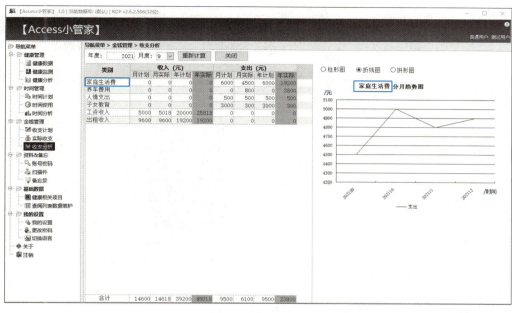

图1-11　支出项目分月图表分析

账号密码的新增、编辑、删除、导出、查询功能如图1-12所示。

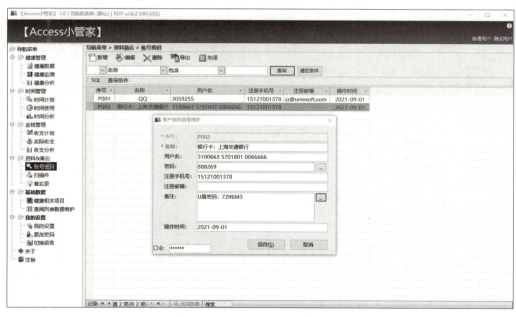

图1-12　账号密码

扫描件的新增、编辑、删除、导出、查询及图片显示功能如图1-13所示。

图1-13　扫描件

用户管理的新增、编辑、删除、重置密码及查询功能如图1-14所示。

图1-14　用户管理

权限管理可以针对不同用户角色、不同导航菜单进行权限配置、授权,如图 1-15 所示。

图 1-15　权限管理

1.2　快速开发平台

盟威 Access 快速开发平台是一个用 Access 数据库开发的平台,可以让 Access 用户节约开发时间,降低开发难度,从而快速开发出管理软件。管理软件可以理解为"通用功能模块 + 业务功能模块"。

通用功能模块有登录功能、用户管理、权限管理、导航菜单管理、自动升级、后台数据库配置、系统管理等功能,这些通用功能对于 Access 数据库初学人员来说,开发难度极大且需耗费大量的时间。当采用快速开发平台时,这些通用功能本身已开发好,用户可以直接使用,从而将宝贵的时间用在业务功能模块的开发上。

业务功能模块包含与所供职单位相关的一些业务方面的功能,如收集数据、整理规范数据、分析数据及逻辑控制等,只需要花费少量的时间学习,就可以实现业务功能模块的开发目标。

在快速开发平台的基础上进行开发的优点包括:大大降低了开发者的操作难度;减少了与软件公司开发人员的沟通交流时间,提高开发效率,节约大量的开发成本。

1. 平台下载

输入网址（www.accessgood.com），进入该网站后，根据计算机中安装的 Office 软件的位数（32 位或 64 位）下载相应的平台版本文件。下载对应文件后，将文件解压缩。为了方便学习，将文件保存在 D 盘下的 HappyLife 文件夹中，如果没有 D 盘，C 盘也可以，如图 1-16 所示。

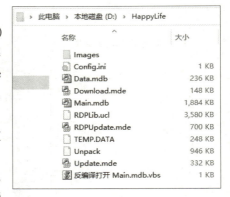

图 1-16　平台文件

2. 平台文件构成

- Main.mdb：前端程序文件，设计程序主要在此文件中进行。
- Data.mdb：后端数据库文件，数据保存在此文件中。
- TEMP.DATA：临时表数据库文件，用来存放一些临时用的表。
- Images：图片文件夹，存放平台所用的图片和图标。
- Config.ini：配置信息文件。
- RDPLib.ucl：平台代码库文件，为 Main.mdb 所引用。
- RDPUpdate.mde：平台版本升级工具。
- Unpack：在软件自动升级时，解压缩用工具。
- Update.mde：软件自动升级功能用文件。
- 反编译打开 Main.mdb.vbs：双击此文件，可以用反编译命令打开 Main.mdb，作用是避免异常编译状态造成的 Main.mdb 文件损坏。

3. 设置信任位置

对于首次接触 Access 数据库的用户，在双击打开 Data.mdb 文件时，可能提示一个安全警告（如果没有提示，说明之前已经设置过信任位置，可跳过学习这一节），如图 1-17 所示。

图 1-17　安全警告

出现安全警告说明禁用了 VBA 和宏，需要在选项中对信任位置进行设置，具体操作如下。

步骤 01 ①选择左上角的【文件】命令，②在打开的菜单中选择【选项】命令，如图 1-18 所示。

图 1-18　Access 选项

步骤 02 弹出 Access 选项，单击左侧的【信任中心】选项，如图 1-19 所示。

图 1-19　信任中心设置 (1)

步骤 03 单击【信任中心设置】按钮，如图 1-20 所示。

图 1-20　信任中心设置 (2)

步骤 04 弹出【信任中心】对话框，①选择【受信任位置】选项，②单击【添加新位置】按钮，如图 1-21 所示。

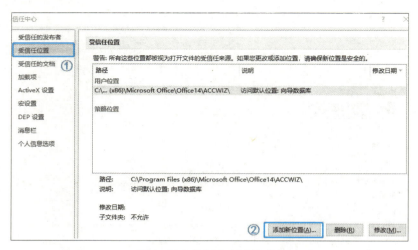

图 1-21 信任中心设置 (3)

步骤 05 ①在【路径】文本框中添加文件所在的文件夹，②勾选【同时信任此位置的子文件夹】复选框，单击【确定】按钮，如图 1-22 所示。

图 1-22 信任中心设置 (4)

在接下来的对话框中单击【确定】按钮，设置信任位置的操作就完成了，关闭 Access 数据库，在下一次打开时，将不再出现安全警告。

4. 首次使用平台

第一次使用快速开发平台时，分为用户正常运行软件和开发者进入设计界面两种情况。另外，在学习 Access 数据库的过程中，经常会遇到错误，可以利用编译 VBA 来排查。

（1）正常运行软件

双击 Main.mdb 运行软件，初始预设有两个用户，分别为管理员用户：用户名为 admin，密码为 admin；测试用户：用户名为 test，密码为 123456。

（2）进入设计界面

如果需要进入 Main.mdb 的设计界面，则先要选中 Main.mdb 文件，再按住 Shift 键不要放开，同时双击或右击打开 Main.mdb 文件，文件打开后，再放开 Shift 键，这时就可以查看 Main.mdb 文件中的表、查询、窗体、宏、模块等内容，也可以进入 VBA 界面查看代码。

（3）利用编译 VBA 排查错误

通过编译 VBA 排查错误的具体操作步骤如下。

步骤 01 进入 Main.mdb 文件设计界面，如图 1-23 所示。

步骤 02 在【所有 Access 对象】导航窗格的右边，①单击下拉按钮，②在菜单中选择【模块】命令，如图 1-24 所示。

图 1-23 编译 VBA(1)

图 1-24 编译 VBA(2)

这时，导航窗格中就只显示模块内容了，如图 1-25 所示。

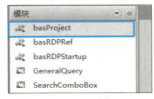

图 1-25 编译 VBA(3)

步骤 03 双击 basProject 模块，打开编译 VBA 设计界面，如图 1-26 所示。

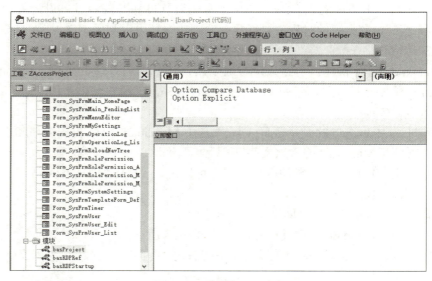

图 1-26　编译 VBA(4)

步骤 04 ①在编译 VBA 窗口的菜单栏中选择【调试】选项卡，打开菜单，②选择【编译 ZAccessProject】命令，如图 1-27 所示。

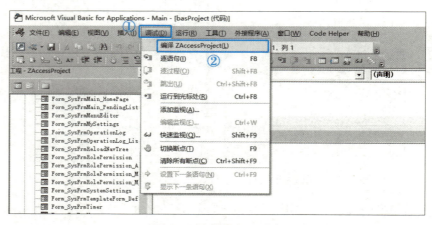

图 1-27　编译 VBA(5)

正常情况下，选择【编译 ZAccessProject】命令后，如果程序没有问题就不会有任何提示，说明编译通过。可以用这个操作来排查如窗体中控件名称和编译 VBA 中代码不一致、编译 VBA 代码中引用错误的过程或是两个过程使用了相同的名称等错误。

如果【编译 ZAccessProject】命令是灰色的，无法选择，则在编译 VBA 代码区任意位置按 Enter 键增加一行空白行，即可选择。

假定一个用户的 Access 版本是 32 位,但下载解压后使用的是 64 位的快速开发平台,选择【编译 ZAccessProject】命令后就会提示错误,如图 1-28 所示。

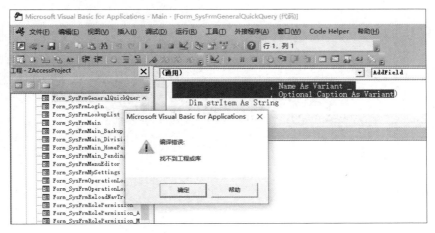

图 1-28 编译 VBA(6)

第 2 章 资料管理的开发

本章导读

本章主要讲解五个方面：一是表设计、创建表及自动创建窗体的操作，特别是自动生成数据维护模块，其比手工创建窗体效率高很多；二是讲解创建自动编号规则；三是讲解实现数据加密与解密；四是讲解添加附件图片功能；五是讲解在登录系统后的主界面放置常用的图片按钮，使软件显得更加专业、美观。

2.1 账号密码管理

一般来说,每个人都会有各类账号密码,如银行卡、网站、App、邮箱、各类软件等的账号密码。人们可能经常会忘记相关账号与密码,从而需要找回账号和密码,费时费力。开发账号密码管理的功能,可以避免这种现象的发生,当人们忘记相关账号和密码时,可以从软件中找到。

账号密码管理的开发主要有新增、修改、删除、查询、导出及敏感信息的加密和解密功能。

2.1.1 表设计及创建

设计一个表,将其命名为 tblPassword。在命名表的名称时,tblPassword 中的 tbl 是英文 table 的缩写,遵循这样的命名规范,可以养成良好的习惯,例如也可以将表命名为"tbl 账号密码"。这样命名的好处是在将来 VBA 代码设计时,能一眼看出这就是一个表。

在创建表之前,要先对字段进行设计。tblpassword 字段设计如表 2-1 所示。

表 2-1 tblPassword 字段设计

字段名称	标题	数据类型	字段大小	必填项	说明
PID	序号	文本	4	是	主键
PName	名称	文本	20	是	
PUserName	用户名	文本	30	否	
Pword	密码	文本	255	否	
PhoneNum	注册手机号	文本	11	否	
PMail	注册邮箱	文本	30	否	
PBrief	备注	文本	备注	否	
PTime	操作时间	日期/时间		否	默认值:Now()

当字段的【必填项】值为"是"时,若用户未录入该项数据,则系统将会自动弹出提示。提前设置好后,用数据模块生成器创建的数据维护窗体将自带检测功能,之后就不需要在窗体上设计相关 VBA 代码用来检测有没有录入该项数据了。创建 tblpassword 表的操作步骤如下。

步骤 01 选中 Data.mdb 文件,如图 2-1 所示。

步骤 02 双击 Data.mdb 打开文件,文件打开后如图 2-2 所示。

图 2-1 选中文件

图 2-2 打开文件

步骤 03 ①选中【创建】选项卡，②单击【表设计】按钮，如图 2-3 所示。

图 2-3 创建 tblPassword 表操作 (1)

步骤 04 单击【表设计】按钮后，按照字段列表创建字段并设置主键，创建 PID 字段，①如果无法单击功能区的【主键】按钮，②则可以在【字段名称】列单击空行，再单击 PID 字段，这样就可以设置主键了，如图 2-4 所示。

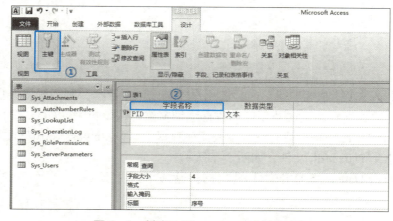

图 2-4 创建 tblPassword 表操作 (2)

步骤 05 设计其他字段，注意设置好每个字段的属性，即①【数据类型】设置为"文本"；②【字段大小】设置为 20；③【标题】设置为"名称"；④【必需】设置为"是"，如图 2-5 所示。

图 2-5　创建 tblPassword 表操作（3）

步骤 06 所有的字段都设计好之后，①单击窗口左上角的 🖫 按钮保存表，②在【表名称】文本框中输入 tblPassword，然后单击【确定】按钮，如图 2-6 所示。

图 2-6　创建 tblPassword 表操作（4）

步骤 07 关闭表设计，这样就完成了第一个 tblPassword 表的创建，如图 2-7 所示。

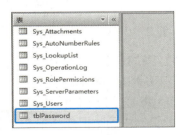

图 2-7　创建 tblPassword 表操作（5）

双击 tblPassword 表，可以打开表，如图 2-8 所示。这时可以在表中进行录入、修改、删除等操作。

如果之前的字段设计需要修改，则可以先把 tblPassword 表关闭，然后选中 tblPassword 表，右击，在弹出的快捷菜单中选择【设计视图】命令，对该表的设计界面进行修改，如图 2-9 所示。

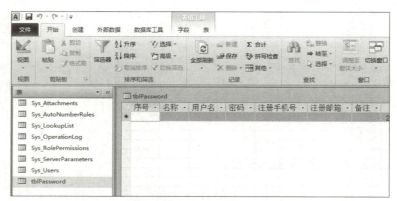

图 2-8　打开 tblPassword 表　　　　　　　　图 2-9　tblPassword 表设计视图

2.1.2　自动编号规则——账号密码 ID

在使用数据模块生成器自动创建窗体之前，要先定义好表中的自动编号规则，这样才能在创建窗体时有自动编号规则可选。在设计表中字段时，Access 的数据类型本身有一个"自动编号"，如图 2-10 所示。

图 2-10　自动编号数据类型

在设计本表时，在【数据类型】下拉列表中选择了"文本"，而没有选择 Access 自带的"自动编号"，为什么呢？这是基于以下因素进行考虑的。

一是自动编号字段是按顺序产生编号，如果删除了记录，列编号就会不连续，出现断号。

二是如果将来需要把 Access 数据库中的数据迁移到 SQL Server 数据库中，很不方便，特别是当作为编码字段被其他表引用时，需要花费很多时间处理相关的影响。

因此，没有选择 Access 自带的"自动编号"数据类型，而是选择"文本"数据类型，通过 VBA 代码实现自动编号。

下面定义 tblPassword 表中的 PID 字段，即序号的自动编号规则，规则名称为账号密码 ID，编号的格式为字母 P + 3 位数字，如 P001。定义自动编号规则的操作步骤如下。

步骤 01 双击 Main.mdb 运行程序，用管理员的账号（用户名：admin，密码：admin）进入系统。

步骤 02 ①选择中的导航菜单【开发者工具】，②双击【自动编号管理】，如图 2-11 所示。

步骤 03 双击【自动编号管理】选项后，弹出【自动编号管理】对话框，如图 2-12 所示。

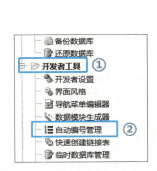

图 2-11 定义自动编号规则 (1)

图 2-12 定义自动编号规则 (2)

步骤 04 单击【新建 (N)】按钮，如图 2-13 所示。

图 2-13 定义自动编号规则 (3)

步骤 05 在各文本框中分别输入：①【* 规则名称】为"账号密码 ID"；②【编号前缀】为 P；③【* 顺序号位数】为 3；④单击【保存 (S)】按钮，如图 2-14 所示。

图 2-14　定义自动编号规则 (4)

步骤 06 单击【保存 (S)】按钮后，PID 字段使用的自动编号规则就定义完成了，如图 2-15 所示。

图 2-15　定义自动编号规则 (5)

步骤 07 关闭【自动编号管理】对话框，在后续的学习中，将会使用"账号密码 ID"这个自动编号规则。

2.1.3　创建【资料管理】导航菜单

由于要对导航菜单进行分类，因此在创建窗体之前就需要把分类菜单创建好，这样将相关的功能菜单归到同一个类别中，可以避免以后还需要对导航菜单进行调整。创建【资料管理】导航菜单的具体操作步骤如下。

步骤 01 在导航菜单【开发者工具】中，双击【导航菜单编辑器】选项，如图 2-16 所示。

步骤 02 双击【导航菜单编辑器】选项后，弹出【导航菜单编辑器】对话框，①选中【89 基础数据】，②单击【添加同级节点】按钮，如图 2-17 所示。

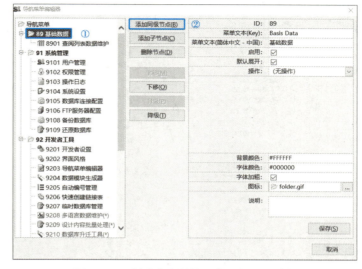

图 2-16　创建【资料管理】导航菜单 (1)

图 2-17　创建【资料管理】导航菜单 (2)

步骤 03 单击【添加同级节点】按钮后，出现新节点界面，如图 2-18 所示。

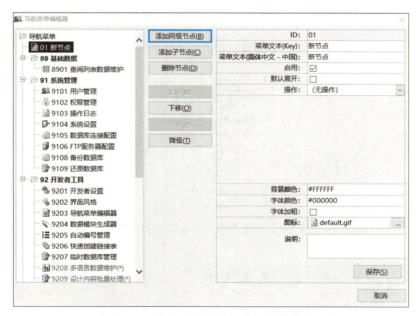

图 2-18　创建【资料管理】导航菜单 (3)

步骤 04 在各文本框中分别输入值：①【菜单文本(Key)】为DataManagement；【菜单文本(简体中文-中国)】为"资料管理"；勾选【启用】复选框和【默认展开】复选框。②单击【图标】下拉列表右边的…按钮，选择一个图标样式。③单击【保存(S)】按钮，完成【资料管理】导航菜单的创建，如图2-19所示。

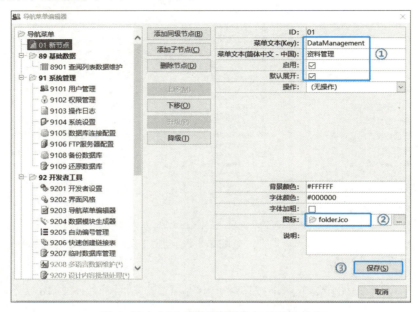

图2-19 创建【资料管理】导航菜单(4)

步骤 05 关闭【导航菜单编辑器】对话框，创建【资料管理】导航菜单后，导航菜单界面如图2-20所示。

图2-20 创建【资料管理】导航菜单(5)

2.1.4 生成【账号密码】数据维护模块

【账号密码】数据维护模块由3个窗体构成，其中一个是主窗体，另一个是新增和修改窗体，还有一个是数据列表窗体。这3个窗体可以利用快速开发平台的数据模块生成器自动生成,具体操作步骤如下。

步骤 01 在【开发者工具】导航菜单中,双击【数据模块生成器】选项,如图2-21所示。

步骤 02 双击【数据模块生成器】后,弹出【数据模块自动生成器】对话框,①单击【主表】下拉列表时,没有tblPassword表可选,②单击【主表】下拉列表右边的…按钮,如图2-22所示。

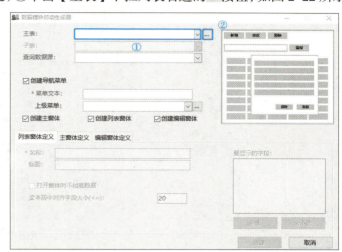

图2-21 生成【账号密码】数据维护模块(1)

图2-22 生成【账号密码】数据维护模块(2)

步骤 03 弹出【快速创建链接表】对话框,①单击选中tblPassword,②单击【创建】按钮,链接表创建成功,如图2-23所示。

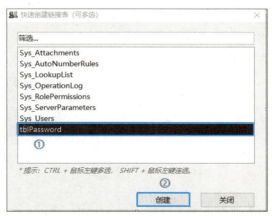

图2-23 生成【账号密码】数据维护模块(3)

步骤 04 关闭【快速创建链接表】对话框,在【主表】下拉列表中选择tblPassword,如图2-24所示。

步骤 05 配置菜单及列表窗体定义,在【*菜单文本】文本框中输入"账号密码",在【上级菜单】下拉列表中选择"资料管理",如图 2-25 所示。

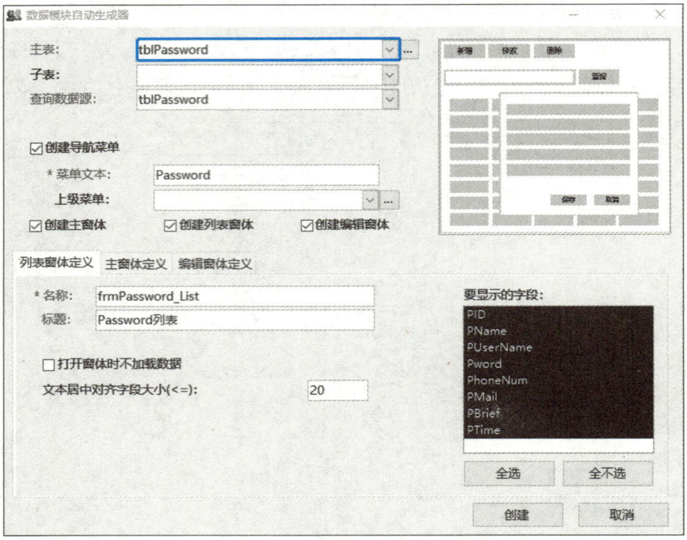

图 2-24　生成【账号密码】数据维护模块 (4)

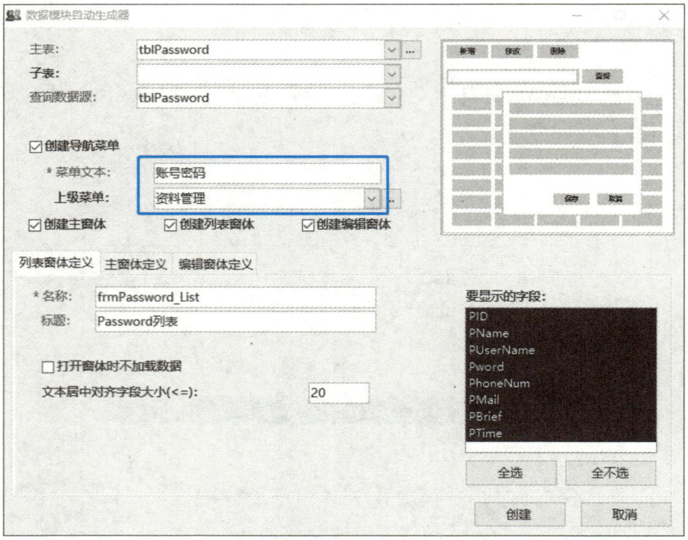

图 2-25　生成【账号密码】数据维护模块 (5)

步骤 06 单击【主窗体定义】选项卡,①在【默认查询字段】下拉列表中选择 PName,②【按钮】列表框中保留新增、编辑、删除、导出、关闭,如图 2-26 所示。

步骤 07 单击【编辑窗体定义】选项卡,①在【标题】文本框中输入"账户密码信息维护"(自动创建窗体时,会将该窗体的标题栏设置为此标题),对自定义自动编号规则进行设置,这里默认为不可用，是灰色的，操作方法是在【自定义自动编号字段】下拉列表中选择 PID，②这时可以在【自定义自动编号规则】下拉列表中选择"账号密码 ID"，③单击【创建】按钮，将自动创建 3 个窗体，如图 2-27 所示。

图 2-26　生成【账号密码】数据维护模块 (6)

图 2-27　生成【账号密码】数据维护模块 (7)

步骤 08 自动创建的 3 个窗体分别是 frmPassword、frmPassword_Edit、frmPassword_List，实现了【账号密码】数据维护模块的开发，效果如图 2-28 所示。

图 2-28　生成【账号密码】数据维护模块 (8)

步骤 09 新增一条记录后，效果如图 2-29 所示。

图 2-29　【账号密码】数据维护模块的功能

2.1.5　敏感数据加密

　　账号密码功能的开发基本完成，并已添加一条记录，数据保存在 Data.mdb 文件的 tblPassword 表中，这时会面临一个问题：当文件被他人获取时，用户名和密码会泄露，存在安全隐患。双击运行 Data.mdb，再双击打开 tblPassword 表，信息如图 2-30 所示。

　　现在的密码是明码，因此需要对密码进行加密。此外，在实际应用中，有的账号不只有一个密码，如银行卡有取款密码、U 盾密码等，第 2 个密码会保存在【备注】这个字段中。接下来我们来实现对【密码】和【备注】两个字段进行加密功能的开发，操作步骤如下。

步骤 01 如果已经打开了 Data.mdb，则关闭此文件。选中 Main.mdb 文件，按住 Shift 键时同时双击或右击打开 Main.mdb 文件，文件打开后，再放开 Shift 键。当 Main.mdb 文件打开后，在底部任务栏单击 Access 图标，可以激活 Access 窗口，①在导航窗格中单击【所有 Access 对象】

下拉列表，②选择【窗体】选项，如图 2-31 所示。

图 2-30 数据加密 (1)

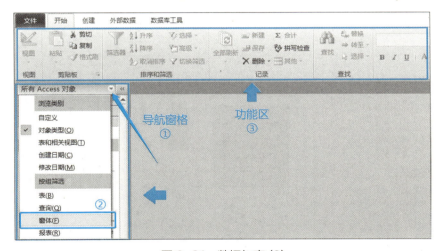

图 2-31 数据加密 (2)

 说明：③为 Access 的功能区，在后面的学习中将经常提及此功能区，所以在此标记出来。

步骤 02 选择下拉列表中的【窗体】之后，将只显示窗体清单，①选中窗体 frmPassword_Edit，右击，②在弹出的快捷菜单中选择【设计视图】命令，如图 2-32 所示。

图 2-32 数据加密(3)

步骤 03 进入窗体的设计视图后,界面如图 2-33 所示。

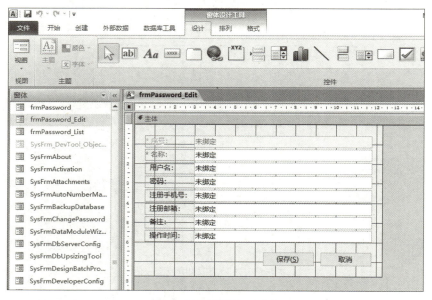

图 2-33 数据加密(4)

步骤 04 在保存数据时,要对【密码】和【备注】两个文本框进行数据加密后保存,该功能是通过【保存(S)】按钮单击事件的代码实现的,①选中【保存(S)】按钮,②单击功能区的【设计】选项卡,③单击【属性表】按钮出现该按钮的属性,④在【事件】选项卡中找到【单击】事件,⑤单击下拉列表右边的...按钮,如图 2-34 所示。

图 2-34 数据加密 (5)

步骤 05 进入【保存(S)】按钮的单击事件后,需要对蓝框内的代码进行修改,如图 2-35 所示。

```
btnSave
    Private Sub btnSave_Click()
        If CanViewVBACode() Then
            On Error GoTo 0
        Else
            On Error GoTo ErrorHandler
        End If

        If Not CheckRequired(Me) Then Exit Sub
        If Not CheckTextLength(Me) Then Exit Sub

        Dim cnn: Set cnn = CurrentProject.Connection   'ADO.Connection()

        'cnn.BeginTrans
        'Dim blnTransBegin As Boolean: blnTransBegin = True

        If Nz(Me![PID]) = "" Then Me![PID] = GetAutoNumber("账号密码ID")
        Dim strSQL: strSQL = "SELECT * FROM [tblPassword] WHERE [PID]=" & SQLText(Me![PID])
        Dim rst:    Set rst = ADO.OpenRecordset(strSQL, adLockOptimistic, cnn)
        If rst.EOF Then rst.AddNew
        UpdateRecord Me, rst
        '你的自定义代码
        'rst!Field1 = Me!Field1
        'rst!Field2 = Me!Field2
        rst.Update
        rst.Close
```

图 2-35 数据加密 (6)

步骤 06 UpdateRecord Me, rst 这一行代码的作用是将窗体上控件的值保存到表中与控件同名的字段中,也就是说,如果控件的名称和表中的字段名不同,就不会保存。因此,只需要修改窗体上密码和备注的名称,然后用自定义代码加密后保存就可以了。在这里,先关闭 VBA 代码窗口,回到窗体设计界面,①选中【密码】文本框,②单击【属性表】按钮出现属性,③单击【其他】选项卡,④将【名称】文本框改为 Pword2(注:之前该名称是 Pword),如图 2-36 所示。

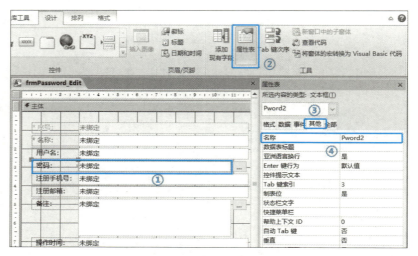

图 2-36 数据加密（7）

步骤 07 同理，选中【备注】文本框，将【名称】文本框改为 PBrief2（注：之前该名称是 PBrief），如图 2-37 所示。

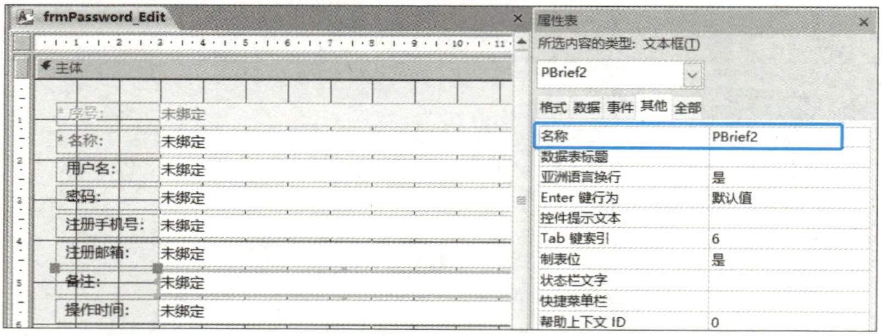

图 2-37 数据加密（8）

步骤 08 改好【密码】和【备注】两个文本框的名称后，选中【保存(S)】按钮，单击功能区的【属性表】按钮出现该按钮的属性，在【事件】选项卡中找到【单击】事件，单击右边的 ... 按钮，回到 VBA 代码设计界面，在 UpdateRecord Me, rst 代码行后面，添加下面的代码。

```
'你的自定义代码
    If Not IsNull(Me!Pword2) Then
        rst!Pword = des(Me!Pword2, "Access")
    End If
    If Not IsNull(Me.PBrief2) Then
        rst!PBrief = des(Me!PBrief2, "Access")
    End If
```

说明：DES 函数是一个加密函数（见表 2-2）。

语法：DES(Expression[, Key][, Operation])

表 2-2　DES 函数

参数名称	必需/可选	数据类型	说　明
Expression	必需	Variant	要加密或解密的文本内容
Key	可选	String	私钥
Operation	可选	DESOperationEnum	doEncryption 加密，doDecryption 解密

步骤 09 添加代码后，效果如图 2-38 所示。

图 2-38　数据加密 (9)

步骤 10 单击 VBA 设计窗口左上角的 按钮，这样【密码】和【备注】两个文本框在保存数据时的加密功能就开发好了，如图 2-39 所示。

图 2-39　数据加密 (10)

步骤 11 单击 VBA 代码窗口右上角的【关闭 (C)】按钮，关闭 VBA 设计窗口，再关闭 frmPassword 窗体的设计视图。

步骤 12 在左侧导航窗格中找到 SysFrmLogin 窗体，双击运行该窗体，进入软件。①双击导航菜单中的【账号密码】选项，②单击【新增】按钮，如图 2-40 所示。

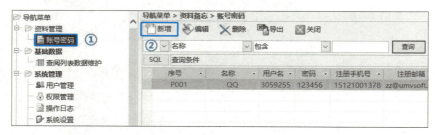

图 2-40　数据加密 (11)

步骤 13 在新增数据界面录入数据，然后单击【保存 (S)】按钮，如图 2-41 所示。

图 2-41　数据加密 (12)

步骤 14 保存数据后，关闭【账户密码信息维护】对话框，可以看到刚才保存的数据是加密过的，如图 2-42 所示。

图 2-42　数据加密 (13)

2.1.6　敏感数据解密

　　账号密码功能的开发基本完成，已添加一条记录，数据保存在 Data.mdb 文件的 tblPassword 表中，打开这个表后，可以看到【密码】和【备注】两项是加密的，数据如图 2-43 所示。

图 2-43　数据解密 (1)

在这种情况下，如果 Data.mdb 文件不小心被泄露，由于是加密后的信息，信息获得者只掌握了用户名，并不知晓密码，这就消除了安全隐患，起到了保密作用。

关闭 Data.mdb 文件，运行 Main.mdb，以管理员 admin 登录系统，在左侧导航菜单中双击【账号密码】选项后出现账号密码信息列表，由于【密码】和【备注】两项是加密的，因此这两项没有必要在数据列表中显示，如图 2-44 所示。

图 2-44　数据解密 (2)

单击图 2-44 中的【关闭 (C)】按钮，再按 F11 键（这是一个快捷键），可以调出左侧的导航窗格，如图 2-45 所示。

图 2-45　数据解密 (3)

①在导航窗格中选中 frmPassword_List 窗体,右击弹出快捷菜单,②选择【设计视图】命令,如图 2-46 所示。

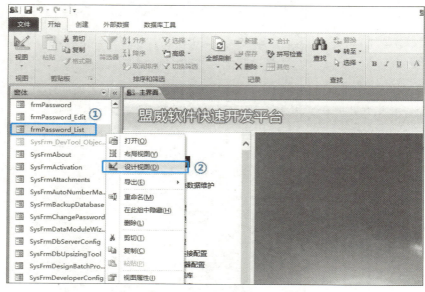

图 2-46　数据解密(4)

进入设计视图后,将①【密码】和②【备注】两项删除,如图 2-47 所示。

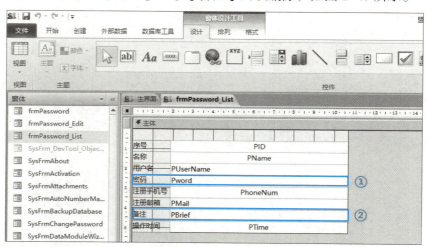

图 2-47　数据解密(5)

删除这两项后,单击窗口左上角的■按钮,保存窗体的设计,如图 2-48 所示。

关闭 frmPassword_List 窗体的设计视图,在主界面导航菜单中双击【账号密码】选项,出现账号密码数据列表,可以看到不再有【密码】和【备注】两项,如图 2-49 所示。

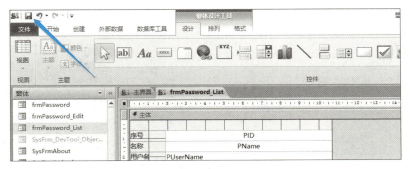

图 2-48　数据解密 (6)

图 2-49　数据解密 (7)

双击序号为 P002 的记录，将弹出该记录的【账户密码信息维护】对话框，①【密码】和②【备注】两项均没有数据，如图 2-50 所示。

图 2-50　数据解密 (8)

【密码】和【备注】两项没有数据是因为表中的字段名和这两项的文本框控件名称不一致，故不会在窗体打开时赋值，而特意让名称不一致是为了在保存数据时进行数据加密。这时，需要在窗体的加载事件中添加给【密码】和【备注】两项赋值的代码，在赋值时对数据进行解密，具体操作步骤如下。

步骤 01　关闭【账户密码信息维护】对话框，在左侧导航窗格中选中 frmPassword_Edit

窗体，如图 2-51 所示。

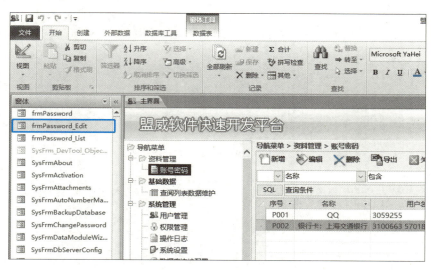

图 2-51　数据解密 (9)

步骤 02 进入 frmPassword_Edit 窗体的设计视图，①双击左上角的■按钮，出现该窗体的属性，②选择【事件】选项卡，③找到【加载】事件，如图 2-52 所示。

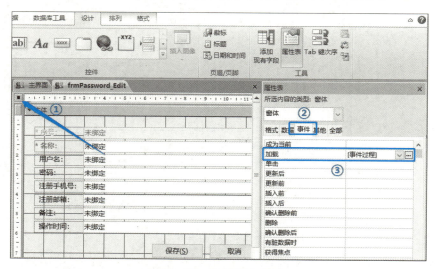

图 2-52　数据解密 (10)

步骤 03 单击【加载】事件右边的…按钮，进入窗体的加载事件代码界面，如图 2-53 所示。

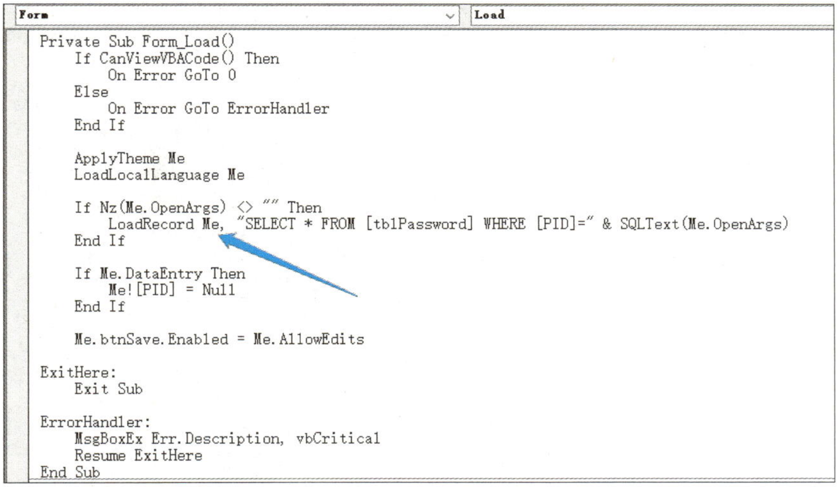

```
Private Sub Form_Load()
    If CanViewVBACode() Then
        On Error GoTo 0
    Else
        On Error GoTo ErrorHandler
    End If
    
    ApplyTheme Me
    LoadLocalLanguage Me
    
    If Nz(Me.OpenArgs) <> "" Then
        LoadRecord Me, "SELECT * FROM [tblPassword] WHERE [PID]=" & SQLText(Me.OpenArgs)
    End If
    
    If Me.DataEntry Then
        Me![PID] = Null
    End If
    
    Me.btnSave.Enabled = Me.AllowEdits
ExitHere:
    Exit Sub

ErrorHandler:
    MsgBoxEx Err.Description, vbCritical
    Resume ExitHere
End Sub
```

图 2-53　数据解密 (11)

步骤 04 LoadRecord Me 这一行代码是给窗体上控件与表中字段名相同的赋值，在这行代码下方，添加如下代码给【密码】和【备注】两项的 Tag 属性（即标签）赋值。

```
Dim cnn: Set cnn = CurrentProject.Connection   'ADO.Connection()
Dim strSQL: strSQL = "SELECT * FROM [TblPassword] WHERE [PID]=" & SQLText(Me.OpenArgs)
Dim rst: Set rst = ADO.OpenRecordset(strSQL, adLockOptimistic, cnn)
If Not IsNull(rst!Pword) Then
    Me!Pword2.Tag = rst!Pword
End If
If Not IsNull(rst!PBrief) Then
    Me!PBrief2.Tag = rst!PBrief
End If
rst.Close
Set rst = Nothing
Set cnn = Nothing
```

步骤 05 给【密码】和【备注】两项的 Tag 属性赋值后，仍然是未解密的数据，之所以不直接解密写入文本框，是为了避免人不在计算机旁边而忘记退出软件时，若有他人双击查看记录，仍然有泄露密码信息的隐患。因此还需要添加一个验证口令的功能，当需要查看【密码】和【备注】这两项敏感数据时，需要口令正确才显示数据。添加代码后如图 2-54 所示。

步骤 06 添加代码后，保存并关闭 VBA 代码设计窗口。在 frmPassword_Edit 窗体上创建一个文本框，单击功能区中的 ab 按钮（即文本框），如图 2-55 所示。

步骤 07 单击 frmPassword_Edit 窗体左下角，创建一个文本框，如图 2-56 所示。

```
Private Sub Form_Load()
    If CanViewVBACode() Then
        On Error GoTo 0
    Else
        On Error GoTo ErrorHandler
    End If
    
    ApplyTheme Me
    LoadLocalLanguage Me
    
    If Nz(Me.OpenArgs) <> "" Then
        LoadRecord Me, "SELECT * FROM [tb1Password] WHERE [PID]=" & SQLText(Me.OpenArgs)
        Dim cnn: Set cnn = CurrentProject.Connection   'ADO.Connection()
        Dim strSQL: strSQL = "SELECT * FROM [Tb1Password] WHERE [PID]=" & SQLText(Me.OpenArgs)
        Dim rst:    Set rst = ADO.OpenRecordset(strSQL, adLockOptimistic, cnn)
        If Not IsNull(rst!Pword) Then
            Me!Pword2.Tag = rst!Pword
        End If
        If Not IsNull(rst!PBrief) Then
            Me!PBrief2.Tag = rst!PBrief
        End If
        rst.Close
        Set rst = Nothing
        Set cnn = Nothing
        
    End If
    
    If Me.DataEntry Then
        Me![PID] = Null
    End If
```

图 2-54　数据解密 (12)

图 2-55　数据解密 (13)

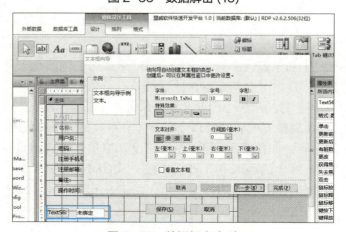

图 2-56　数据解密 (14)

步骤 08 图 2-56 显示了【文本框向导】对话框，这是因为启用了向导，如果没有启用控件向导就不会显示，单击【文本框向导】对话框中的【取消】按钮可关闭向导。①选中刚才创建的文本框，将左边的标签 Text56 处改为"口令"，②单击属性表的【其他】选项卡，③将【名称】文本框中的内容改为 txtPsw，如图 2-57 所示。

图 2-57 数据解密 (15)

步骤 09 ①切换到【数据】选项卡，②在【输入掩码】文本框中输入"密码"，这样的好处是当用户输入口令时，将显示掩码"*"，如图 2-58 所示。

图 2-58 数据解密 (16)

步骤 10 适当调整文本框的位置，让界面变得更美观。同时创建两个 ... 按钮，①选中第一个 ... 按钮，②切换到属性表的【其他】选项卡中，③在将【名称】文本框中输入 cmdSee。

同理，将第二个 ... 按钮命名为 cmdSeeBrief，单击这两个按钮时，分别显示解密后的【密码】和【备注】两项，如图 2-59 所示。

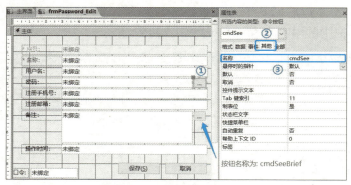

图 2-59　数据解密 (17)

步骤 11 ①选中 ... 按钮，②在属性表中单击【事件】选项卡，③找到【单击】事件，在右边的组合框中选择"[事件过程]"，如图 2-60 所示。

图 2-60　数据解密 (18)

步骤 12 单击"[事件过程]"右边的 ... 按钮，进入该按钮的【单击】事件代码区，如图 2-61 所示。

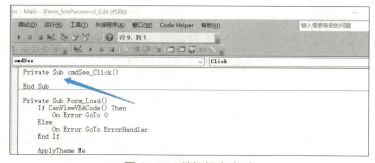

图 2-61　数据解密 (19)

步骤 13 在 Private Sub cmdSee_Click() 过程中，添加如下代码。

```
If Len(Me.Pword2.Tag) > 0 Then
    If Me.txtPsw = 123321 Then
        Me.Pword2 = des(Me.Pword2.Tag, "Access", doDecryption)
    Else
        MsgBox "口令错误！", vbCritical, "警告"
        Me.txtPsw.SetFocus
    End If
End If
```

添加代码后，如图 2-62 所示。

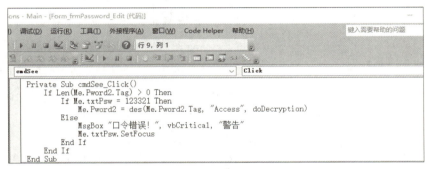

图 2-62　数据解密 (20)

步骤 14 同理，选择【备注】项右边的【cmdSeeBrief】按钮，在该按钮的【单击】事件中添加如下代码。

```
If Len(Me.PBrief2.Tag) > 0 Then
    If Me.txtPsw = 123321 Then
        Me.PBrief2 = des(Me.PBrief2.Tag, "Access", doDecryption)
    Else
        MsgBox "口令错误！", vbCritical, "警告"
        Me.txtPsw.SetFocus
    End If
End If
```

添加代码后，如图 2-63 所示。

步骤 15 对 frmPassword_Edit 窗体进行保存后，关闭该窗体。在主界面导航菜单中双击【账号密码】选项，出现账号密码数据列表，双击序号为 P002 的记录，将弹出该记录的【账户密码信息维护】对话框，单击【密码】和【备注】两项右边的 … 按钮后，输入口令 123321，对数据进行解密，并显示在文本框中，如图 2-64 所示。

043

```
cmdSeeBrief                                    Click
Private Sub cmdSee_Click()
    If Len(Me.Pword2.Tag) > 0 Then
        If Me.txtPsw = 123321 Then
            Me.Pword2 = des(Me.Pword2.Tag, "Access", doDecryption)
        Else
            MsgBox "口令错误！", vbCritical, "警告"
            Me.txtPsw.SetFocus
        End If
    End If
End Sub

Private Sub cmdSeeBrief_Click()
    If Len(Me.PBrief2.Tag) > 0 Then
        If Me.txtPsw = 123321 Then
            Me.PBrief2 = des(Me.PBrief2.Tag, "Access", doDecryption)
        Else
            MsgBox "口令错误！", vbCritical, "警告"
            Me.txtPsw.SetFocus
        End If
    End If
End Sub
```

图 2-63　数据解密 (21)

图 2-64　数据解密 (22)

说明：对于 P001 的记录，由于之前对【密码】项并没有加密，因此需要重新输入数据保存一次，才不会显示加密后的信息。

2.2　扫描件管理

　　扫描件是指一些诸如户口本、不动产证书、合同协议、借条、证书等文件资料通过扫描后形成的图片资料。如果对这些图片资料进行管理，当需要使用时，则可以很方便地找到。
　　扫描件管理的开发主要有新增、修改、删除、查询、导出功能。

2.2.1 表设计及创建

设计一个表,该表命名为 tblScanFile。tblScanFile 字段设计如表 2-3 所示。

表 2-3 tblScanFile 字段设计

字段名称	标题	数据类型	字段大小	必填	说明
SID	序号	文本	4	是	主键
SName	资料名称	文本	50	是	
SCategory	类别	文本	30	否	源于 Sys_LookupList
SBrief	摘要	文本	255	否	
STime	收录时间	日期/时间		否	默认值:Now()

创建 tblScanFile 表的具体操作步骤如下。

步骤 01 选中 Data.mdb 文件,如图 2-65 所示。

步骤 02 双击 Data.mdb 打开文件,文件打开后如图 2-66 所示。

图 2-65 选中文件

图 2-66 打开文件

步骤 03 选中【创建】选项卡,单击【表设计】按钮,如图 2-67 所示。

步骤 04 单击【表设计】按钮后,按照 2.2.1 节中的字段设计列表创建字段(如 SID 字段),如图 2-68 所示。

步骤 05 设计其他字段,如图 2-69 所示。

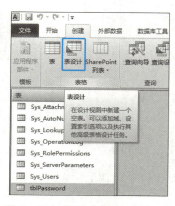

图 2-67　创建 tblScanFile 表操作 (1)

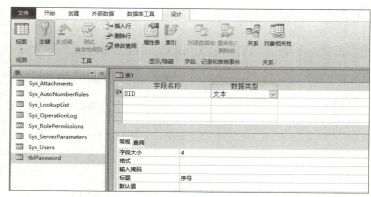

图 2-68　创建 tblScanFile 表操作 (2)

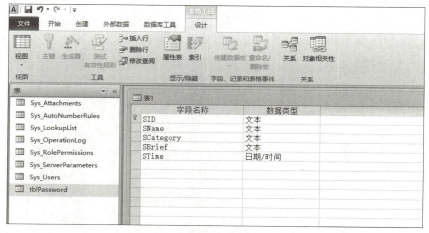

图 2-69　创建 tblScanFile 表操作 (3)

步骤 06 选中 SCategory 字段，①单击【查阅】选项卡，②各文本框内的具体内容如下。
- 显示控件：组合框。
- 行来源类型：表 / 查询。
- 行来源：SELECT Sys_LookupList.Value FROM Sys_LookupList WHERE (((Sys_LookupList.Value)<>"") AND ((Sys_LookupList.Item)=" 扫描件类别 ")) ORDER BY Sys_LookupList.Category。
- 绑定列：1。
- 列数：1。

对 Scategory 字段属性进行设置之后，如图 2-70 所示。

图 2-70 创建 tblScanFile 表操作 (4)

步骤 07 所有的字段都设计好之后，①单击窗口左上角的 ■ 按钮保存表，②将表的名称命名为 tblScanFile，然后单击【确定】按钮，如图 2-71 所示。

关闭表设计，这样就完成了第一个表 tblScanFile 的创建，如图 2-72 所示。

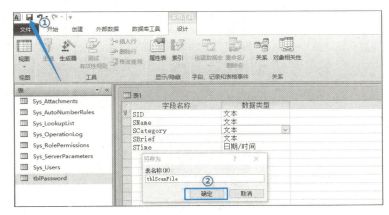

图 2-71 创建 tblScanFile 表操作 (5)

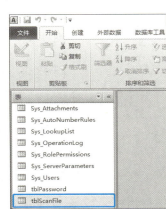

图 2-72 创建 tblScanFile 表操作 (6)

2.2.2 自动编号规则——扫描件 ID

和前面 tblPassword 表中的 PID 字段一样，需要定义 tblScanFile 表中 SID 字段的自动编号规则，规则名称为扫描件 ID，编号的格式为字母 S+3 位数字，如 S001。创建扫描件 ID 的自动编号规则，具体操作步骤如下。

步骤 01 双击 Main.mdb 运行程序，用管理员的账号（用户名：admin，密码：admin）进入系统。

步骤 02 ①选择【开发者工具】导航菜单中,②双击【自动编号管理】选项,如图 2-73 所示。

步骤 03 双击【自动编号管理】选项后,弹出【自动编号管理】对话框,如图 2-74 所示。

图 2-73 定义自动编号规则 (1)

图 2-74 定义自动编号规则 (2)

步骤 04 单击【新建 (N)】按钮,如图 2-75 所示。

图 2-75 定义自动编号规则 (3)

步骤 05 为各文本框分别设置值:【* 规则名称】为"扫描件 ID";【编号前缀】为 S;【* 顺序号位数】为 3。值全部填入后,单击【保存 (S)】按钮,如图 2-76 所示。

图 2-76 定义自动编号规则 (4)

步骤 06 单击【保存(S)】按钮后，tblScanFile 表中 SID 字段用的自动编号规则就定义完成了，如图 2-77 所示，单击【取消】按钮，退出【自动编号管理】对话框。

图 2-77　定义自动编号规则(5)

2.2.3　生成【扫描件】数据维护模块

【扫描件】数据维护模块可以用快速开发平台的数据模块生成器自动生成，具体操作步骤如下。

步骤 01 在【开发者工具】导航菜单中，双击【数据模块生成器】选项，如图 2-78 所示。

步骤 02 双击【数据模块生成器】选项后，弹出【数据模块自动生成器】对话框，①单击【主表】下拉列表时，没有 tblScanFile 表可以选择。②单击【主表】下拉列表右边的...按钮，如图 2-79 所示。

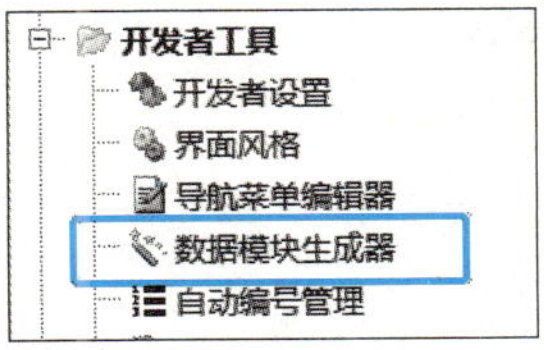

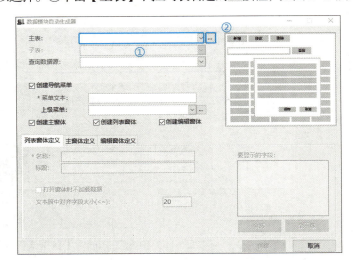

图 2-78　生成【扫描件】数据维护模块(1)

图 2-79　生成【扫描件】数据维护模块(2)

步骤 03 弹出【快速创建链接表】对话框，①单击选中 tblScanFile，②单击【创建】按钮，如图 2-80 所示。

步骤 04 链接表创建成功，关闭【快速创建链接表】对话框，然后在【主表】下拉列表中选择 "tblScanFile"，如图 2-81 所示。

图 2-80　生成【扫描件】数据维护模块 (3)

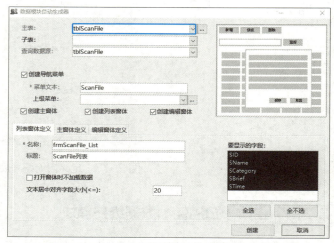

图 2-81　生成【扫描件】数据维护模块 (4)

步骤 05 配置菜单及列表窗体定义，在【*菜单文本】文本框中输入"扫描件"，在【上级菜单】下拉列表中选择"资料管理"，如图 2-82 所示。

图 2-82　生成【扫描件】数据维护模块 (5)

步骤 06 单击【主窗体定义】选项卡，①在【默认查询字段】下拉列表中选择"SName"，②【按钮】项中保留新增、编辑、删除、导出、关闭，如图 2-83 所示。

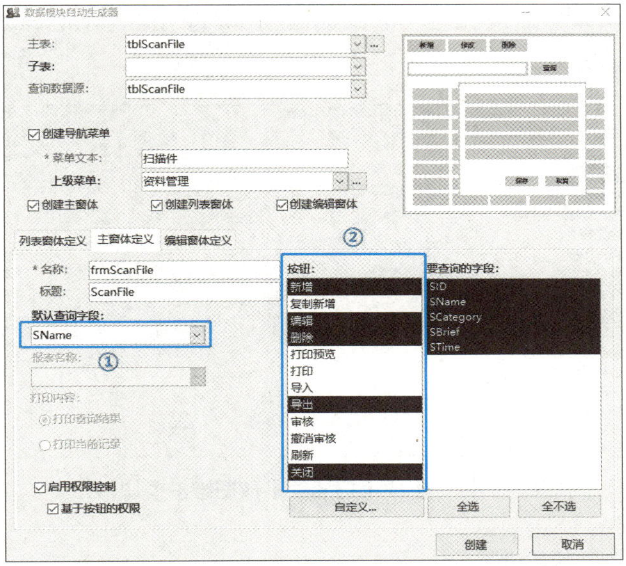

图 2-83 生成【扫描件】数据维护模块 (6)

步骤 07 单击【编辑窗体定义】选项卡,①在【标题】文本框中输入"扫描件信息维护",②对自定义自动编号规则进行设置,这里默认为不可用,呈灰色,操作方法是在【自定义自动编号字段】下拉列表中选择"SID",然后可以在【自定义自动编号规则】下拉列表中选择"扫描件 ID",③单击【创建】按钮,将自动创建 3 个窗体,如图 2-84 所示。

图 2-84 生成【扫描件】数据维护模块 (7)

自动创建的 3 个窗体分别是 frmScanFile、frmScanFile_Edit、frmScanFile_List,实现了【扫描件】数据维护模块的开发,效果如图 2-85 所示。

图 2-85　生成【扫描件】数据维护模块 (8)

2.2.4　添加附件管理功能

前面的学习已实现资料的录入,但没对附件(如 PDF 文件、图片等)的管理,因此,需要对【扫描件信息维护】界面进行完善,添加附件的管理功能。

在对附件进行管理时,一般是将附件存放在一个文件夹中(局域网多用户使用时存放在共享文件夹或 FTP 中,在互联网多用户使用时存放在 FTP 中),这时需要指定共享文件夹的位置。添加附件管理功能的操作步骤如下。

步骤 01 创建一个用于保存附件的文件夹,在本案例中,①打开 D 盘的 HappyLife 文件夹,②创建一个文件夹 MyFiles,如图 2-86 所示。

步骤 02 在【系统管理】导航菜单中双击【系统设置】选项,弹出【系统设置】对话框如图 2-87 所示。

图 2-86　实现附件管理功能 (1)

图 2-87　实现附件管理功能 (2)

步骤 03 ①单击【共享文件夹】选项右边的【浏览】按钮,选择一个文件目录,②本案例【共享文件夹】项为 D:\HappyLife\ MyFiles\,然后单击【保存(S)】按钮,如图 2-88 所示。

图 2-88　实现附件管理功能(3)

这样就完成了对共享文件夹的设置,接下来对 frmScanFile_Edit 窗体进行完善,使之具备维护附件的功能。

步骤 04 ①在导航窗格中选中 frmScanFile_Edit,②右击,在弹出的快捷菜单中选择【设计视图】命令,如图 2-89 所示。

步骤 05 进入 frmScanFile_Edit 窗体的设计视图后,①选择功能区的【设计】选项卡,②找到子窗体/子报表控件,单击【子窗体/子报表】按钮一次,如图 2-90 所示,再单击窗体视图的【收录时间】文本框下方单击。

图 2-89　实现附件管理功能(4)

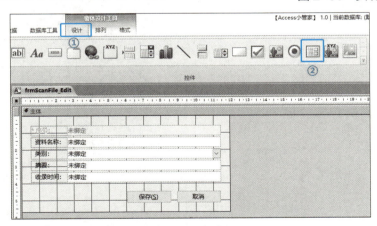

图 2-90　实现附件管理功能(5)

步骤 06 这时出现了一个未绑定的子窗体控件(如果弹出【子窗体向导】对话框,则单击【取消】按钮即可),如图 2-91 所示。

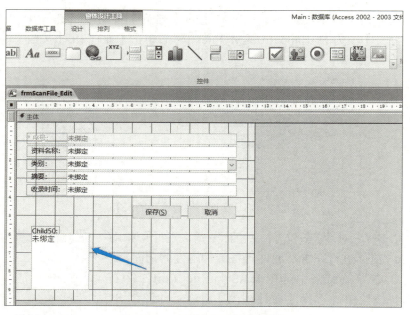

图 2-91 实现附件管理功能 (6)

步骤 07 ①选中子窗体控件,②单击【属性表】按钮,③选择属性表中的【其他】选项卡,如图 2-92 所示。

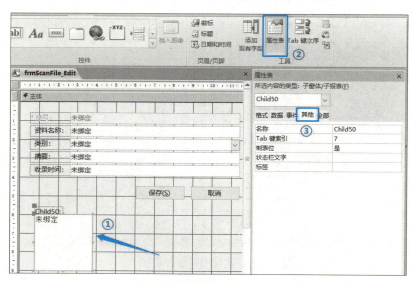

图 2-92 实现附件管理功能 (7)

步骤 08 在【名称】文本框中,将名称改为 sfrAttachments,如图 2-93 所示。

图 2-93 实现附件管理功能 (8)

步骤 09 ①切换到属性表中的【数据】选项卡，②在【源对象】下拉列表中选择"窗体 .SysFrmAttachments"，如图 2-94 所示。

图 2-94 实现附件管理功能 (9)

步骤 10 选择之后，窗体设计界面如图 2-95 所示。

图 2-95 实现附件管理功能 (10)

步骤 11 保存窗体，然后对窗体上的控件位置、大小和子窗体标签（Child50 处）进行界面调整，调整后的窗体界面如图 2-96 所示。

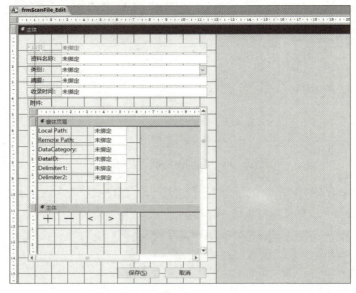

图 2-96　实现附件管理功能 (11)

步骤 12 窗体界面调整好之后，需要为【保存 (S)】按钮添加代码。①选中【保存 (S)】按钮，②在功能区中单击【属性表】按钮，③选择属性表的【事件】选项卡，④找到【单击】事件，如图 2-97 所示。

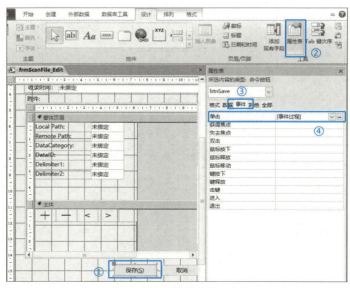

图 2-97　实现附件管理功能 (12)

步骤 13 单击【单击】事件文本框右边的...按钮，进入代码窗口，如图 2-98 所示。

```
Private Sub btnSave_Click()
    If CanViewVBACode() Then
        On Error GoTo 0
    Else
        On Error GoTo ErrorHandler
    End If
    
    If Not CheckRequired(Me) Then Exit Sub
    If Not CheckTextLength(Me) Then Exit Sub
    
    Dim cnn: Set cnn = CurrentProject.Connection  'ADO.Connection()
    
    'cnn.BeginTrans
    'Dim blnTransBegin As Boolean: blnTransBegin = True
    
    If Nz(Me![SID]) = "" Then Me![SID] = GetAutoNumber("扫描件ID")
    Dim strSQL: strSQL = "SELECT * FROM [tb1ScanFile] WHERE [SID]=" & SQLText(Me![SID])
    Dim rst:    Set rst = ADO.OpenRecordset(strSQL, adLockOptimistic, cnn)
    If rst.EOF Then rst.AddNew
    UpdateRecord Me, rst
    '你的自定义代码
    'rst!Field1 = Me!Field1
    'rst!Field2 = Me!Field2
    rst.Update
    rst.Close
    
    'cnn.CommitTrans
    'blnTransBegin = False
    
    RequeryDataObject gsfrList
```

图 2-98　实现附件管理功能 (13)

步骤 14 在代码行 rst.Close 的下方添加如下代码。

```
' "资料"二字不能为变量
Call Me.sfrAttachments.Form.SaveAttachmentData("资料", Me!SID, cnn)
```

添加代码后，如图 2-99 所示。

图 2-99　实现附件管理功能 (14)

步骤 15 这时已实现保存附件的功能。在窗体打开时，还需要在窗体的加载事件中添加显示附件的代码，具体代码如下。

```
Dim cnn: Set cnn = CurrentProject.Connection
Call Me.sfrAttachments.Form.LoadAttachmentData("资料", Me!SID, cnn)
```

步骤 16 另外，由于在新增模式下保存后 frmScanFile_Edit 窗体不会关闭，所以在 InitData() 函数中需要再次调用 LoadAttachmentData 过程进行重新初始化，添加的一行代码如下。

```
Call Me.sfrAttachments.Form.LoadAttachmentData("资料", Me!SID)
```

添加代码后，如图 2-100 所示。

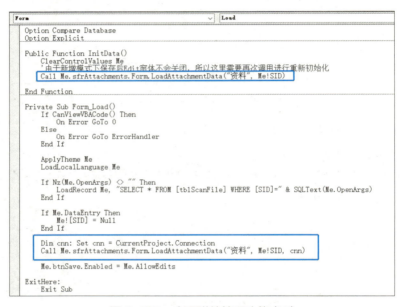

图 2-100　实现附件管理功能 (15)

步骤 17 到这里，附件管理功能的开发已完成。保存后关闭 frmScanFile_Edit 窗体，重新登录软件，在导航菜单中双击【扫描件】选项，然后单击【新增】按钮，这时【扫描件信息维护】对话框如图 2-101 所示。

步骤 18 当单击【类别】下拉列表右边的下拉按钮时，发现没有数据可选，这时我们需要预先设置一些附件的类别，在 2.2.1 节的字段设计【说明】中，类别字段 SCategory 中用的条件是扫描件类别，先记录下来，在下一步【查阅列表数据维护】选项中添加类别时，类别就用扫描件类别。

步骤 19 关闭【扫描件信息维护】对话框，双击【基础数据】导航菜单中的【查阅列表数据维护】选项，出现【查阅列表数据维护】界面，如图 2-102 所示。

步骤 20 ①将"学历"修改为"扫描件类别"，②单击【新增】按钮，如图 2-103 所示。

图 2-101　实现附件管理功能(16)

图 2-102　添加扫描件类别(1)

图 2-103　添加扫描件类别(2)

步骤 21 单击【新增】按钮后，界面如图 2-104 所示。

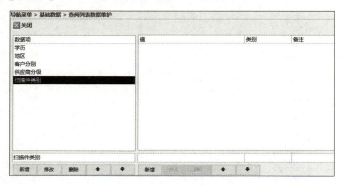

图 2-104 添加扫描件类别 (3)

步骤 22 ①选中【扫描件类别】选项，②在【值】文本框中输入"合同"，③单击【新增】按钮，如图 2-105 所示。

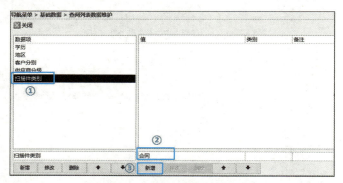

图 2-105 添加扫描件类别 (4)

步骤 23 这样就在扫描件类别中添加了"合同"。同理，再添加一个类别"证书"。添加后，界面如图 2-106 所示。

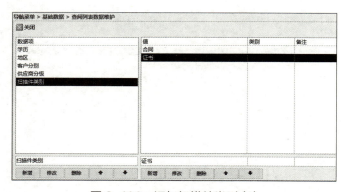

图 2-106 添加扫描件类别 (5)

步骤 24 单击【关闭(C)】按钮,关闭【查阅列表数据维护】界面。

步骤 25 在导航菜单中双击【扫描件】选项,然后单击【新增】按钮,这时【扫描件信息维护】对话框的【类别】下拉列表中就有内容可供选择了,如图 2-107 所示。

图 2-107　添加扫描件类别(6)

步骤 26 添加一条数据,单击➕按钮,选择两张图片,再单击【保存(S)】按钮,如图 2-108 所示。

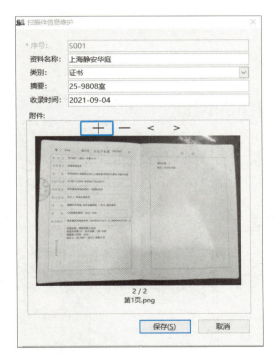

图 2-108　新增扫描件信息

步骤 27 单击【保存(S)】按钮后,就成功添加了一条新记录,双击序号为 S001 的记录,即弹出该记录的信息维护界面,如图 2-109 所示。

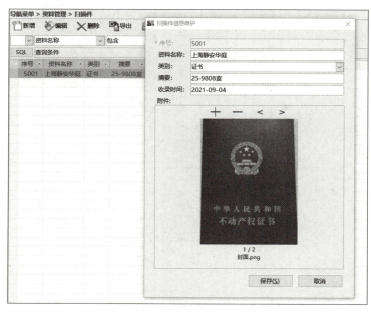

图 2-109　查看扫描件信息

这样扫描件管理的功能就已开发完成。

2.3　首页图片按钮的设计

通过图片按钮，用户可以很方便地执行相应的功能（如打开窗体、报表，执行特定操作等），可以在 SysFrmMain_HomePage 窗体的基础上完成首页功能的设计。

2.3.1　去掉背景图片

通过对资料管理的学习，已开发账号密码和扫描件两个功能，如图 2-110 所示。

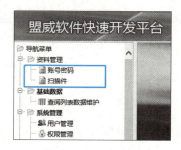

图 2-110　主窗口

当前是通过双击导航菜单中的项目来打开相应的窗体，接下来我们在导航菜单右边的窗口设计两个图片按钮，同样可以实现打开对应菜单的功能，而且图片按钮更醒目一些，可以将重要的常用操作放置在主窗口，具体操作步骤如下。

步骤 01 通过按 F11 键，调出导航窗格，关闭主界面。或者退出 Main.mdb，重新选中 Main.mdb 文件，再按住 Shift 键不要放开，同时双击或右击打开 Main.mdb 文件，文件打开后，再放开 Shift 键，这样也可以显示导航窗格。

步骤 02 ①在导航窗格下拉列表中选择【窗体】，②找到 SysFrmMain_HomePage，如图 2-111 所示。

图 2-111　SysFrmMain_HomePage 窗体

步骤 03 选中 SysFrmMain_HomePage 窗体，右击，在弹出的快捷菜单中选择【设计视图】命令，如图 2-112 所示。

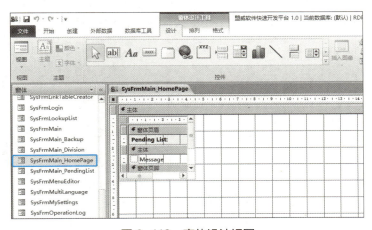

图 2-112　窗体设计视图

步骤 04 ①双击窗体左上角的■按钮，出现该窗体的属性，②选择【事件】选项卡，③找到【加载】事件，如图 2-113 所示。

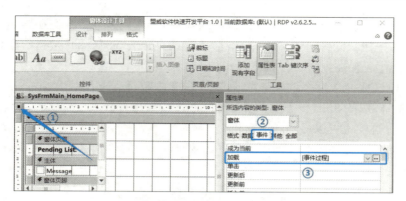

图 2-113　窗体加载事件

步骤 05 单击【加载】事件右边的...按钮，查看窗体的加载事件代码，如图 2-114 所示。

图 2-114　窗体加载事件代码

步骤 06 加载事件代码的作用是随机显示主界面的背景图片。由于要设计图片按钮，因此这行代码不需要，可以注释掉此行代码，或者直接删除。在此，我们以注释此行代码为例，即在代码行的前面加上单引号（注意是半角的单引号），如图 2-115 所示。

图 2-115　注释一行代码

2.3.2　放置图片按钮

创建一个用于保存图片的文件夹（只是为了方便教学，在实际使用过程中并不需要，因为当按钮嵌入图片后，就保存在 Access 数据库的窗体中了，当程序实际投用时，并不需要该文件夹中的图片）。在本案例中，文件夹路径为 D:\HappyLife\Images\button\，在该文件夹中放入两张图片，大小为 128×128 像素，如图 2-116 所示。

图 2-116　按钮图片文件夹

在首页窗体上设置图片按钮的具体操作步骤如下。

步骤 01 回到 Main.mdb 的设计界面，选中 SysFrmMain_HomePage 窗体，右击，在弹出的快捷菜单中选择【设计视图】命令，在 SysFrmMain_HomePage 窗体中创建一个命令按钮，单击功能区的 xxxx 按钮，如图 2-117 所示。

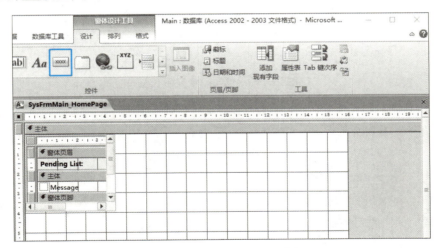

图 2-117　创建命令按钮(1)

步骤 02 在 SysFrmMain_HomePage 窗体上单击，将创建一个命令按钮，如图 2-118 所示。

步骤 03 ①选中命令按钮，②选择属性表的【格式】选项卡，③【背景样式】和④【边框样式】两项均设置为"透明"，如图 2-119 所示。

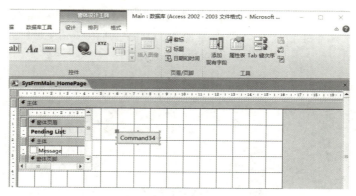

图 2-118 创建命令按钮 (2)

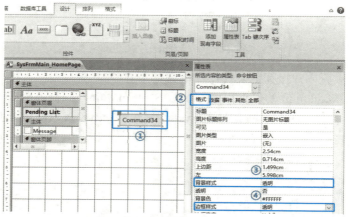

图 2-119 创建命令按钮 (3)

步骤 04 ①单击【图片】下列列表右边的 … 按钮,弹出【图片生成器】对话框,②单击【浏览】按钮,如图 2-120 所示。

图 2-120 创建命令按钮 (4)

步骤 05 单击【浏览】按钮后，选择图片 D:\HappyLife\Images\button\zhmm.png（如果选择其他图片，则显示其他图片的名称）。在选择图片时，如果所在文件夹找不到图片，则需要选择【所有文件(*.*)】选项，选择好图片后，单击【打开】按钮，再单击【确定】按钮，如图 2-121 所示。

图 2-121　创建命令按钮(5)

步骤 06 ①【图片】下拉列表显示为 zhmm.png，②将图片加载到命令按钮上，如图 2-122 所示。

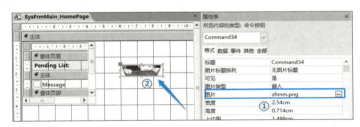

图 2-122　创建命令按钮(6)

步骤 07 对命令按钮的大小和位置进行适当调整，如图 2-123 所示。

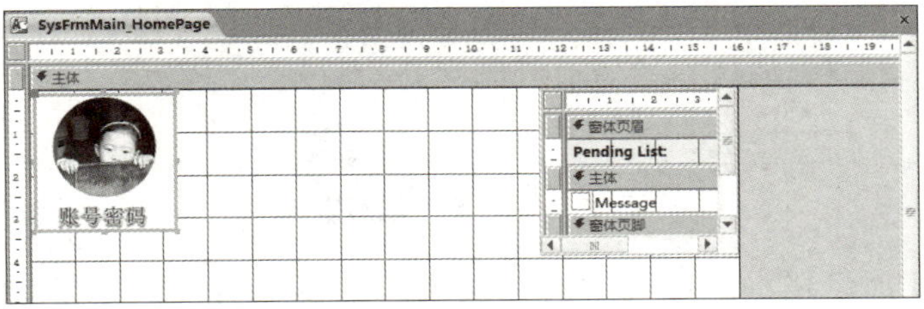

图 2-123　创建命令按钮(7)

步骤 08 保存并关闭 SysFrmMain_HomePage 窗体，双击 SysFrmLogin 窗体登录系统，接下来要让【账号密码】图片按钮实现单击时打开【账号密码】窗体的效果，如同在导航菜单中双击【资料管理】选项中的【账号密码】一样，如图 2-124 所示。

图 2-124　创建命令按钮 (8)

2.3.3　图片按钮单击事件

有了图片按钮后，单击图片没有反应，需要给图片按钮设置单击事件，当用户单击图片按钮时能够打开对应的窗体，具体操作步骤如下。

步骤 01　关闭主界面，重新回到 SysFrmMain_HomePage 窗体的设计视图，①双击窗体左上角的■按钮，出现该窗体的属性，②选择【事件】选项卡，③找到【加载】事件，如图 2-125 所示。

图 2-125　窗体加载事件

步骤 02　单击【加载】事件右边的...按钮，进入该窗体的 VBA 代码设计界面。若要实现单击【账号密码】图片按钮打开对应菜单的功能，则需要用到一个自定义函数 DoMenuCmd，代码如下。

```
Function DoMenuCmd(MenuText As String)
    On Error GoTo ErrorHandler
```

```
    Dim strMenuID As String
    strMenuID = Nz(DLookup("ID", "SysLocalNavigationMenus", "MenuText=" & SQLText(MenuText)))
    If IsChildForm(Me) Then
        Call Me.Parent.DoTreeMenuItemAction(Me.Parent.mclsNavTree.Nodes("K" & strMenuID))
    Else
        RunMenuCommand "" & DLookup("Command", "SysLocalNavigationMenus", "ID='" &
        strMenuID & "'")
    End If
ExitHere:
    Exit Function
ErrorHandler:
    MsgBoxEx Err.Description, vbCritical
    Resume ExitHere
End Function
```

步骤 03 将上面函数的代码添加到窗体中,如图 2-126 所示。

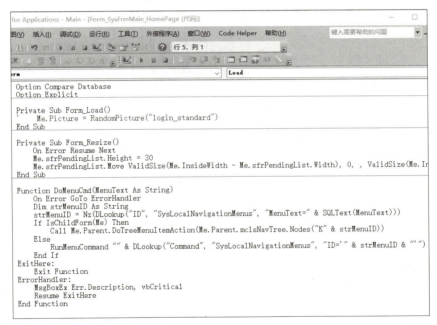

图 2-126 DoMenuCmd() 函数

步骤 04 保存并关闭 VBA 代码设计窗口。回到 SysFrmMain_HomePage 窗体的设计视图,①选中【账号密码】图片按钮,②选择属性表的【事件】选项卡,③找到【单击】事件,输入:=DoMenuCmd(" 账号密码 "),然后保存窗体,如图 2-127 所示。

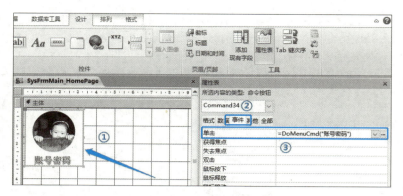

图 2-127 图片按钮单击事件

步骤 05 接下来创建一个扫描件图片按钮。选中【账号密码】图片按钮，将光标移至图片上方，然后右击，在弹出的快捷菜单中选择【复制】命令，如图 2-128 所示。

步骤 06 ①在蓝色圆圈处单击，然后右击，②选择【粘贴】命令，如图 2-129 所示。

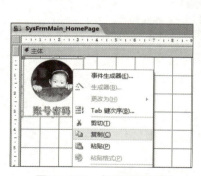

图 2-128 复制图片按钮

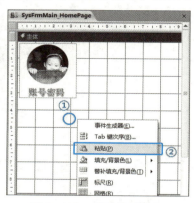

图 2-129 粘贴图片按钮

步骤 07 这时在窗体上粘贴了一个【账号密码】图片按钮，可能会和之前的图片重叠在一起，可以选中图片，按→键移动图片按钮，如图 2-130 所示。

图 2-130 设计扫描件图片按钮 (1)

步骤 08 选中从左往右数的第二张图片，①切换到【格式】选项卡，②在【图片】下拉列表中的 zhmm.png 处单击，出现 ... 按钮，如图 2-131 所示。

图 2-131　设计扫描件图片按钮（2）

步骤 09 单击 ... 按钮更换一张图片，如图 2-132 所示。

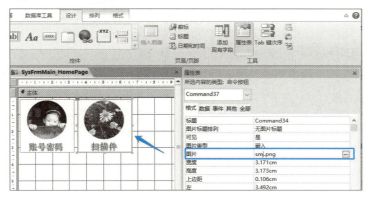

图 2-132　设计扫描件图片按钮（3）

步骤 10 ①切换到【事件】选项卡中，②找到【单击】事件，输入 =DoMenuCmd(" 扫描件 ")，如图 2-133 所示。

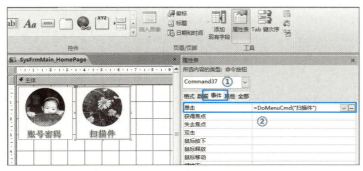

图 2-133　设计扫描件图片按钮（4）

步骤 11 保存并关闭 SysFrmMain_HomePage 窗体,在左侧导航窗格中找到 SysFrmLogin 窗体,双击运行该窗体,用 admin 账号登录系统,这时单击两个图片按钮,都可以打开对应的窗体。可以单击某个图片按钮试试效果,如图 2-134 所示。

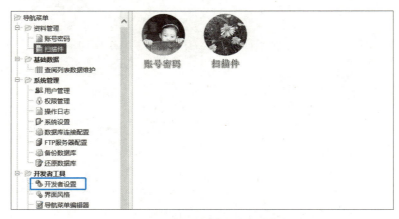

图 2-134　设计扫描件图片按钮(5)

步骤 12 学习完本节,已经完成了资料管理的开发,可以看到软件的整体效果,如果我们开发的软件只需要账号密码和扫描件功能,那么该软件就相当于一个完整软件了。接下来配置相关的参数,双击【开发者工具】导航菜单中的【开发者设置】选项,弹出的对话框如图 2-135 所示。

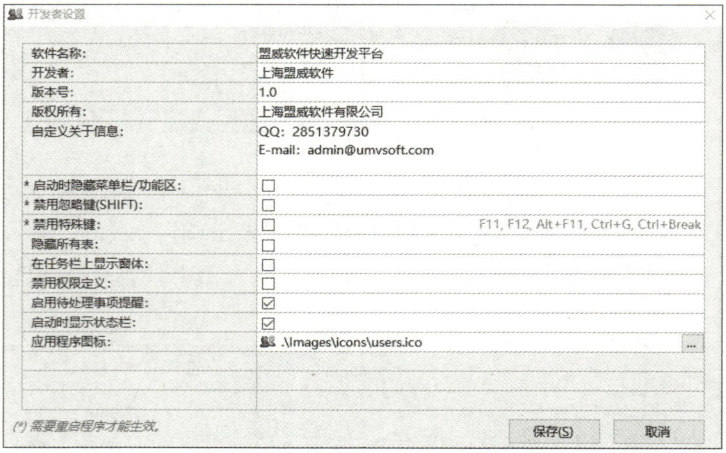

图 2-135　开发者设置(1)

步骤 13 在【开发者设置】对话框中对相关的信息进行设置,然后单击【保存(S)】按钮,对信息进行保存,再单击【取消】按钮退出【开发者设置】对话框,如图 2-136 所示。

步骤 14 接下来看一下软件的效果,先退出 Access 程序,再次双击打开 Main.mdb,用普通用户 test 账号进入系统(默认密码是 123456),如图 2-137 所示。

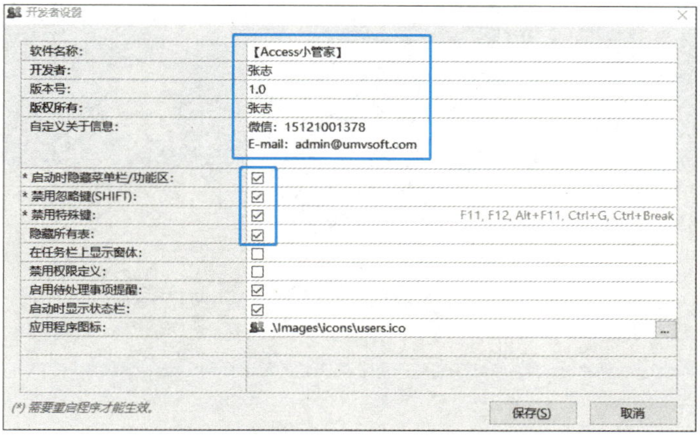

图 2-136　开发者设置 (2)

图 2-137　登录系统

步骤 15　单击【登录】按钮进入系统后，系统主界面如图 2-138 所示。

图 2-138　系统主界面

步骤 16　已完成资料管理模块的开发，可以对账号密码和重要文件等资料进行管理了。

第 3 章

资金管理的开发

> **本章导读**
>
> 　　本章主要讲解收支计划、实际收支、收支统计和图表分析的开发。涉及的知识点有删除查询、选择查询、追加查询、更新查询、连续窗体、柱形图、折线图、饼图等。

3.1 收支计划

在【资金管理】模块中，主要学习收支管理，用户可以在此基础上添加其他相关功能，因此没有将其命名为收支管理。

首先针对日常收支做一个月度收支计划，这样可以和实际收支进行对比，找出其中的差距并进行适当控制，使之尽量接近自己的收支计划，避免收入低于预期或支出超出预算。

3.1.1 表设计及创建

设计一个表，命名为 tblMoneyPlan。其字段设计列表如表 3-1 所示。

表 3-1　tblMoneyPlan 字段设计列表

字段名称	标　题	数据类型	字段大小/字符	必　填	说　明
MPID	序号	文本	6	是	主键
MPMonth	计划月份	文本	6	是	
MPIncome	是否收入	是/否		否	默认值：0
MCategory	类别	文本	255	否	
MPMoney	计划金额	数字		是	默认值：0
MPBrief	摘要	文本	255	否	

MCategory 字段的数据来自 Sys_LookupList 表中的 Value 字段，条件是 Value<>"" AND Item=" 收支类别 "，并按 Category 进行排序。

根据表 3-1 创建表，具体操作步骤如下。

步骤 01　选中 Data.mdb 文件，如图 3-1 所示。

图 3-1　选中 Data.mdb 文件

步骤 02 双击打开 Data.mdb 文件，文件打开后如图 3-2 所示。

步骤 03 ①选中【创建】选项卡，②单击【表设计】按钮，如图 3-3 所示。

图 3-2 打开 Data.mdb 文件

图 3-3 创建 tblMoneyPlan 表操作 (1)

步骤 04 单击【表设计】按钮后，按照表 3-1 创建字段，例如 MPID 字段，如图 3-4 所示。

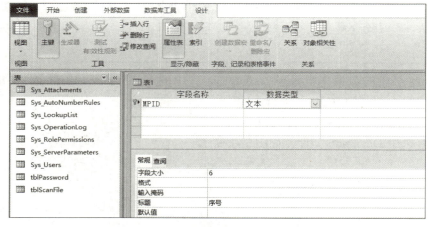
图 3-4 创建 tblMoneyPlan 表操作 (2)

步骤 05 创建其他字段，结果如图 3-5 所示。

步骤 06 选中 MCategery 字段，①单击【查阅】选项卡，②设置各项目的属性值如下：
- 显示控件：组合框
- 行来源类型：表/查询
- 行来源：SELECT Sys_LookupList.Value FROM Sys_LookupList WHERE (((Sys_LookupList.

Value)<>"") AND ((Sys_LookupList.Item)=" 收支类别 ")) ORDER BY Sys_LookupList.Category
- 绑定列：1
- 列数：1

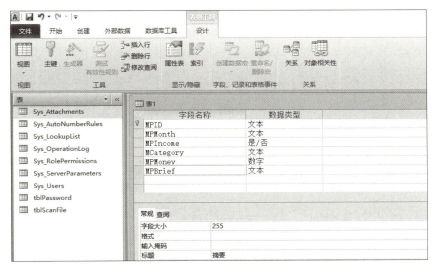

图 3-5　创建 tblMoneyPlan 表操作（3）

对 MCategery 字段属性进行设置之后，如图 3-6 所示。

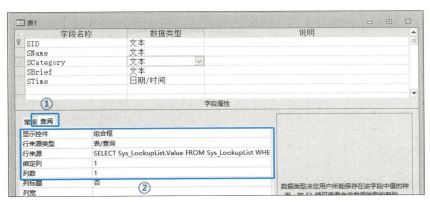

图 3-6　创建 tblMoneyPlan 表操作（4）

步骤 07 所有的字段都设计好之后，①单击窗口左上角的 ■ 按钮保存，将表命名为 tblMoneyPlan，②单击【确定】按钮，如图 3-7 所示。

关闭窗口，这样就完成了 tblMoneyPlan 表的创建，结果如图 3-8 所示。

图 3-7　创建 tblMoneyPlan 表操作 (5)

图 3-8　tblMoneyPlan
　　　　表创建完成

关闭 Data.mdb 文件，接下来开始设计与收支计划相关的窗体。

3.1.2　定义自动编号规则——收支计划 ID

需要定义 tblMoneyPlan 表中 MPID 字段的自动编号规则，规则名称为收支计划 ID，编号的格式为字母 P+5 位数字，如 P00001，具体操作步骤如下。

步骤 01　双击 Main.mdb 文件运行程序，用管理员的账号（用户名：admin，密码：admin）进入系统。

步骤 02　①选择【开发者工具】导航菜单，②双击【自动编号管理】选项，如图 3-9 所示。

步骤 03　双击【自动编号管理】选项后，弹出【自动编号管理】对话框，如图 3-10 所示。

图 3-9　定义自动编号
　　　　规则 (1)

图 3-10　定义自动编号规则 (2)

步骤 04　单击【新建 (N)】按钮，如图 3-11 所示。

图 3-11　定义自动编号规则 (3)

步骤 05 在各项目中分别填入内容：①【*规则名称】为"收支计划ID"；②【编号前缀】为P；③【*顺序号位数】为"5"。④单击【保存(S)】按钮，如图 3-12 所示。

图 3-12　定义自动编号规则 (4)

步骤 06 至此 tblMoneyPlan 表中 MPID 字段用的自动编号规则已定义完成，单击【取消】按钮，退出【自动编号管理】对话框，如图 3-13 所示。

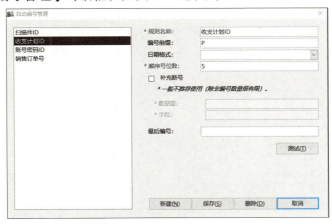

图 3-13　定义自动编号规则 (5)

3.1.3 创建【资金管理】导航菜单

需要创建【资金管理】的导航菜单分类，从而将【收支计划】模块放置到【资金管理】模块的下一级。具体操作步骤如下。

步骤 01 在导航菜单的【开发者工具】菜单中，双击【导航菜单编辑器】选项，如图 3-14 所示。

图 3-14 创建【资金管理】导航菜单 (1)

步骤 02 ①选中【01 资料管理】选项，②单击【添加同级节点】按钮，如图 3-15 所示。

图 3-15 创建【资金管理】导航菜单 (2)

步骤 03 单击【添加同级节点】按钮后，界面如图 3-16 所示。

图 3-16 创建【资金管理】导航菜单 (3)

步骤 04 ①设置以下项目的属性值：
- 【菜单文本(Key)】：MoneyManagement
- 【菜单文本(简体中文-中国)】：资金管理
- 【启用】：勾选
- 【默认展开】：勾选

②单击【图标】右边的【…】按钮，选择一个图标样式，之后单击【保存(S)】按钮，如图3-17所示。

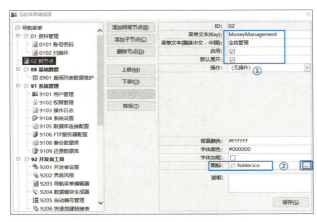

图3-17 创建【资金管理】导航菜单(4)

步骤 05 这样就完成了【资金管理】导航菜单的创建。单击【导航菜单编辑器】对话框的【取消】按钮，关闭对话框。创建【资金管理】导航菜单后的导航菜单界面如图3-18所示。

图3-18 创建【资金管理】导航菜单(5)

步骤 06 图3-18所示为软件正常使用时的界面，在开发设计阶段，需要进入设计界面，让上方的功能区和左边的导航窗体显示出来，因此，要在【开发者设置】对话框中进行设置，使程序回到设计界面。双击【开发者工具】菜单中的【开发者设置】选项，弹出如图3-19所示【开发者设置】对话框。

步骤 07 在【开发者设置】对话框中对相关的信息进行设置，如图3-20所示，然后单击

【保存(S)】按钮,对信息进行保存,再单击【取消】按钮退出开发者设置。

图 3-19 【开发者设置】对话框(1)

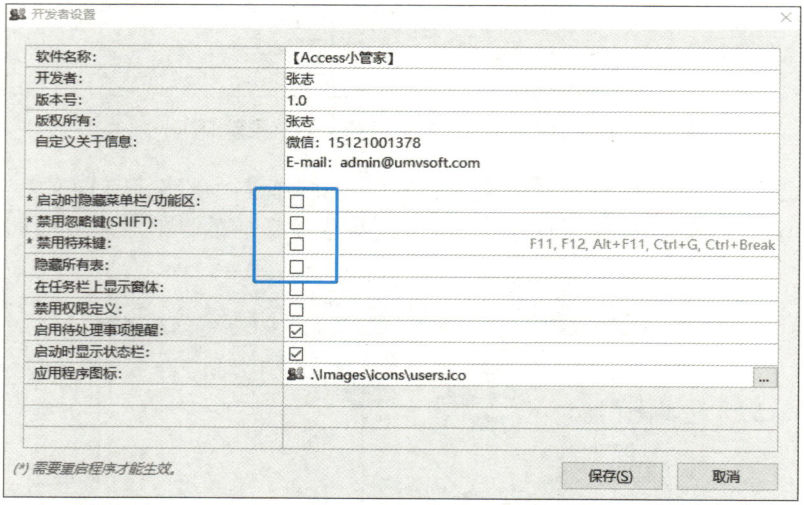

图 3-20 【开发者设置】对话框(2)

步骤 08 上述设置需要重启程序才能生效。退出 Access 程序,选中 Main.mdb 文件,再按住 Shift 键不放开,同时双击或右击打开 Main.mdb 文件,文件打开后,再放开 Shift 键,进入设计模式。

步骤 09 双击【SysFrmLogin】窗体(见图 3-21),用管理员的账号 admin(密码:admin)进入系统。

步骤 10 进入设计模式后,界面如图 3-22 所示。

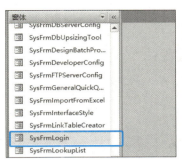

图 3-21　双击窗体

图 3-22　设计模式：主界面

3.1.4　生成【收支计划】数据维护模块

【收支计划】数据维护模块可以用快速开发平台的数据模块生成器自动生成，具体操作步骤如下。

步骤 01 在【开发者工具】导航菜单中，双击【数据模块生成器】选项，弹出【数据模块自动生成器】对话框，①单击【主表】组合框时，没有 tblMoneyPlan 表可以选择。②单击【主表】项右边的 ... 按钮，如图 3-23 所示。

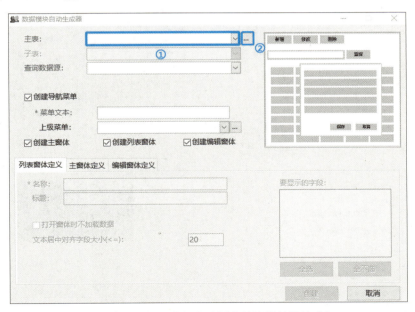

图 3-23　生成【收支计划】数据维护模块(1)

步骤 02 弹出【快速创建链接表】对话框，①单击选中"tblMoneyPlan"，②单击【创建】按钮，如图 3-24 所示。

图 3-24 生成【收支计划】数据维护模块 (2)

链接表创建成功后，关闭【快速创建链接表】对话框。

步骤 03 在【数据模块自动生成器】对话框的组合框中选择"tblMoneyPlan"，如图 3-25 所示。

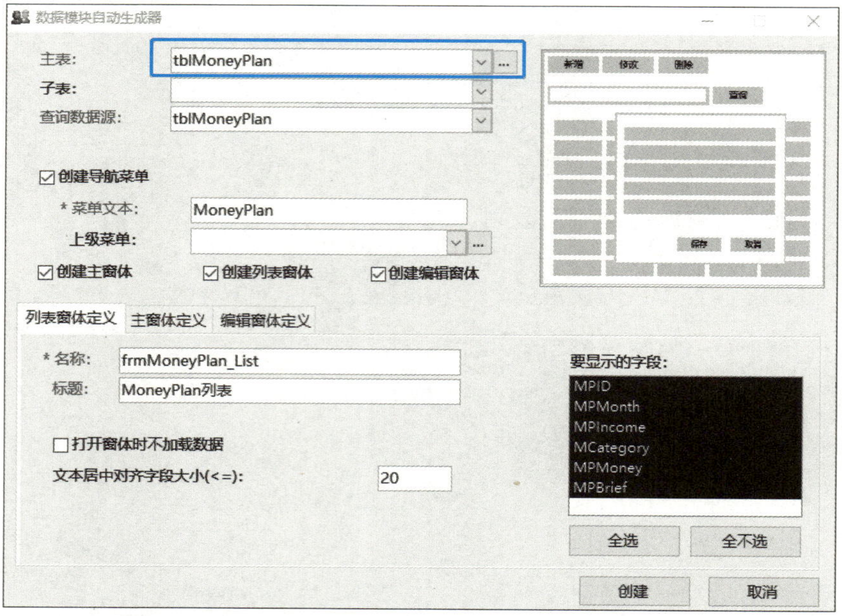

图 3-25 生成【收支计划】数据维护模块 (3)

步骤 04 配置菜单及列表窗体定义。在【*菜单文本】文本框中输入"收支计划"，在【上级菜单】下拉列表中选择"资金管理"，如图 3-26 所示。

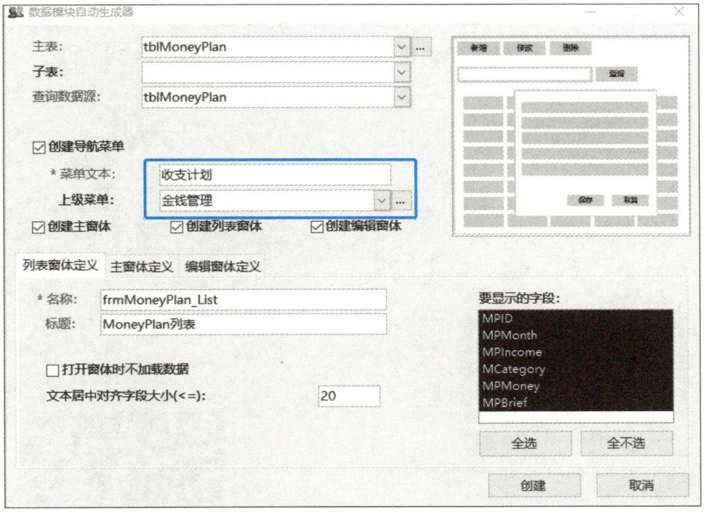

图 3-26 生成【收支计划】数据维护模块 (4)

步骤 05 单击【主窗体定义】选项卡，①【默认查询字段】选择"MCategery"，②【按钮】项中保留"新增、编辑、删除、导出、关闭"，如图 3-27 所示。

图 3-27 生成【收支计划】数据维护模块 (5)

步骤 06 单击【编辑窗体定义】选项卡，①在【标题】文本框中输入"收支计划信息维护"，对【自定义自动编号规则】进行设置，这里默认为不可用，呈灰色，操作方法是在【自定义自动编号字段】项中选择"MPID",②然后在【自定义自动编号规则】项中选择"收支计划 ID",③单击【创建】按钮,将自动创建 3 个窗体,如图 3-28 所示。

图 3-28　生成【收支计划】数据维护模块 (6)

步骤 07 自动创建的 3 个窗体分别是 frmMoneyPlan、frmMoneyPlan_Edit、frmMoneyPlan_List。①双击导航菜单中的【收支计划】选项,②单击【新增】按钮,效果如图 3-29 所示。

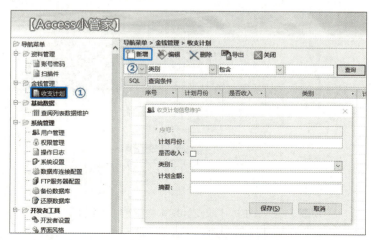

图 3-29　生成【收支计划】数据维护模块 (7)

3.1.5 根据是否收入显示收支类别

在录入数据时，如果是收入就显示收入的类别，如果是支出就显示支出的类别，而不是让所有的收支类别都显示，这样的操作更人性化。先预设收支类别的数据，然后用 VBA 代码根据是否收入来限制类别，具体操作步骤如下。

步骤 01　关闭【收支计划信息维护】对话框，双击导航菜单【基础数据】中的【查阅列表数据维护】选项，出现【查阅列表数据维护】界面，如图 3-30 所示。

图 3-30　添加收支类别(1)

步骤 02　①将【数据项】中的"学历"修改为"收支类别"，②单击【新增】按钮，如图 3-31 所示。

图 3-31　添加收支类别(2)

步骤 03　①在【值】项中输入"工资收入"，②在【类别】项中输入"收入"，③单击【新增】按钮，如图 3-32 所示。

步骤 04　这样就在【收支类别】项目中添加了"工资收入"类别，同理，再添加其他类别，添加后的界面如图 3-33 所示。

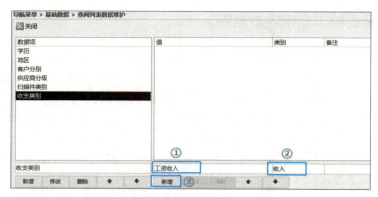

图 3-32　添加收支类别 (3)

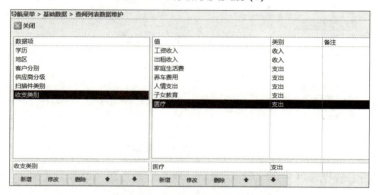

图 3-33　添加收支类别 (4)

步骤 05 单击【关闭 (C)】按钮，关闭【查阅列表数据维护】界面。①双击导航菜单中的【收支计划】选项，②单击【新增】按钮，③单击【类别】下拉按钮列表，可以看到添加的类别选项如图 3-34 所示。

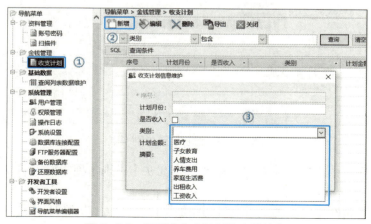

图 3-34　新增【收支计划信息维护】

步骤 06 当【是否收入】复选框没有被勾选时,说明是支出,因此在【类别】下拉列表中,就不该显示【出租收入】和【工资收入】选项,因此需要在窗体的加载事件中添加限制组合框行来源的代码,具体代码如下。

```
Me.MCategory.RowSource = "SELECT Sys_LookupList.Value " _
    & "FROM Sys_LookupList " _
    & "WHERE (((Sys_LookupList.Value) <> '') And ((Sys_LookupList.Item) = '收支类别') " _
    & "And ((Sys_LookupList.Category) = '支出')) " _
    & "ORDER BY Sys_LookupList.Category"
```

步骤 07 关闭【收支计划信息维护】对话框,再关闭主界面。①选中 frmMoneyPlan_Edit 窗体,右击,②在快捷菜单中选择【设计视图】命令,如图 3-35 所示。

步骤 08 进入窗体设计视图后,界面如图 3-36 所示。

图 3-35 进入窗体设计视图　　　　图 3-36 窗体设计视图界面

步骤 09 ①双击左上角的■按钮,出现该窗体的属性表,②选择【事件】选项卡,③找到【加载】事件,如图 3-37 所示。

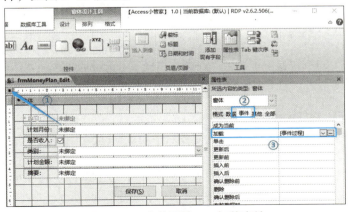

图 3-37 窗体属性——加载事件

步骤 10 单击【加载】事件右边的 ... 按钮，进入窗体加载事件代码区，添加限制组合框行来源的代码，结果如图 3-38 所示。

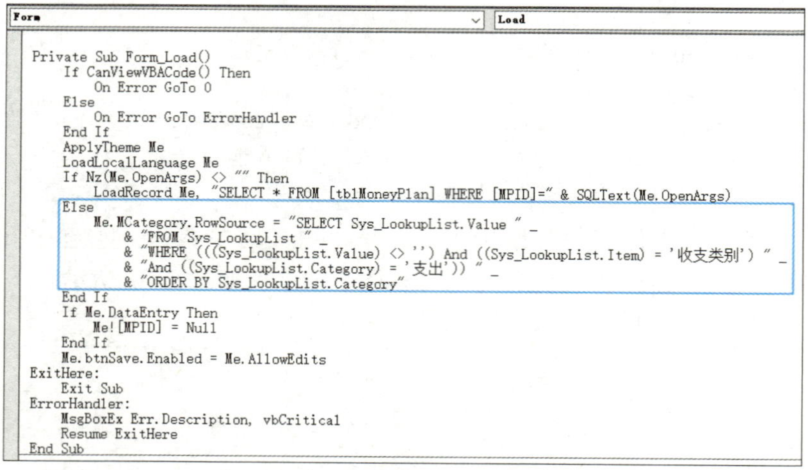

```
Private Sub Form_Load()
    If CanViewVBACode() Then
        On Error GoTo 0
    Else
        On Error GoTo ErrorHandler
    End If
    ApplyTheme Me
    LoadLocalLanguage Me
    If Nz(Me.OpenArgs) <> "" Then
        LoadRecord Me, "SELECT * FROM [tblMoneyPlan] WHERE [MPID]=" & SQLText(Me.OpenArgs)
        Me.MCategory.RowSource = "SELECT Sys_LookupList.Value " _
            & "FROM Sys_LookupList " _
            & "WHERE (((Sys_LookupList.Value) <> '') And ((Sys_LookupList.Item) = '收支类别') " _
            & "And ((Sys_LookupList.Category) = '支出')) " _
            & "ORDER BY Sys_LookupList.Category"
    End If
    If Me.DataEntry Then
        Me![MPID] = Null
    End If
    Me.btnSave.Enabled = Me.AllowEdits
ExitHere:
    Exit Sub
ErrorHandler:
    MsgBoxEx Err.Description, vbCritical
    Resume ExitHere
End Sub
```

图 3-38　修改窗体加载事件代码

步骤 11 要根据【是否收入】复选框是否勾选来相应地限制类别的行来源，就需要在【是否收入】复选框的【更新后】事件中添加代码，具体代码如下。

```
Private Sub MPIncome_AfterUpdate()
    If Me.MPIncome = True Then
        Me.MCategory.RowSource = "SELECT Sys_LookupList.Value " _
            & "FROM Sys_LookupList " _
            & "WHERE (((Sys_LookupList.Value) <> '') And ((Sys_LookupList.Item) = " _
            & "'收支类别') And ((Sys_LookupList.Category) = '收入')) " _
            & "ORDER BY Sys_LookupList.Category"
    Else
        Me.MCategory.RowSource = "SELECT Sys_LookupList.Value " _
            & "FROM Sys_LookupList " _
            & "WHERE (((Sys_LookupList.Value) <> '') And ((Sys_LookupList.Item) = " _
            & "'收支类别') And ((Sys_LookupList.Category) = '支出')) " _
            & "ORDER BY Sys_LookupList.Category"
    End If
    Me.MCategory.SetFocus
    Me.MCategory.Dropdown
End Sub
```

步骤 12 选中复选框，①选择【属性表】对话框中的【事件】选项卡，②找到【更新后】事件，选择"[事件过程]"，然后单击右边的 ... 按钮，如图 3-39 所示，进入 VBA 代码设计窗口。

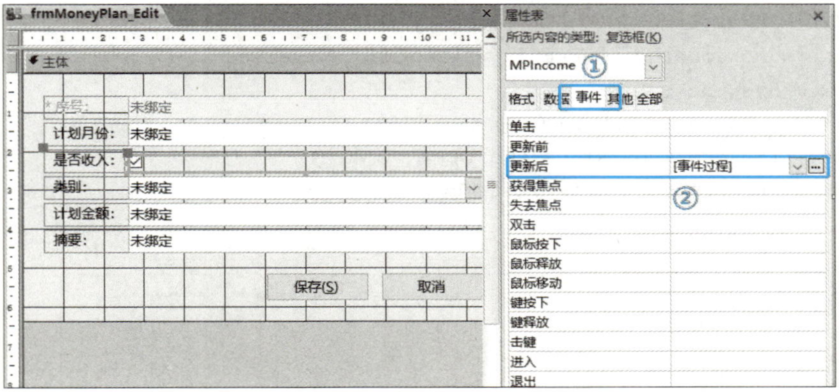

图 3-39 设置【更新后】事件

步骤 13 进入 VBA 代码设计窗口后，添加【更新后】事件代码，如图 3-40 所示。

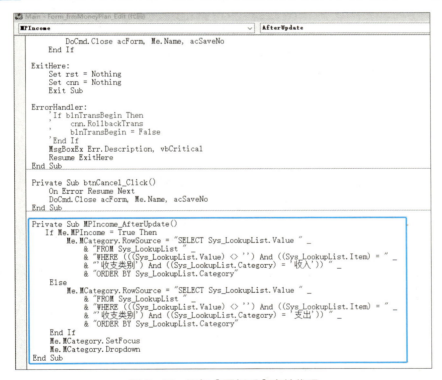

图 3-40 添加【更新后】事件代码

步骤 14 当录入一条记录后,【是否收入】复选框会重置为不勾选状态,重新限制【类别】组合框的行来源（因为有可能上一条记录添加的是收入），另外，保存上一次录入的月份，需要在【保存(S)】按钮的【单击】事件中添加代码，具体代码如下。

```
Me.MPMonth = DMax("[MPMonth]", "tblMoneyPlan")
Me.MCategory.RowSource = "SELECT Sys_LookupList.Value " _
    & "FROM Sys_LookupList " _
    & "WHERE (((Sys_LookupList.Value) <> '') And ((Sys_LookupList.Item) = '收支类别') " _
    & "And ((Sys_LookupList.Category) = '支出')) " _
    & "ORDER BY Sys_LookupList.Category"
```

步骤 15 在【保存 (S)】按钮的【单击】事件中添加代码后，界面如图 3-41 所示。

```
btnSave                                          Click
Private Sub btnSave_Click()
    If CanViewVBACode() Then
        On Error GoTo 0
    Else
        On Error GoTo ErrorHandler
    End If

    If Not CheckRequired(Me) Then Exit Sub
    If Not CheckTextLength(Me) Then Exit Sub

    Dim strWhere As String
    strWhere = "[MPID]<>" & SQLText(Me![MPID]) & " AND [MPID]=" & SQLText(Me![MPID])
    If ACount("*", "tblMoneyPlan", strWhere) > 0 Then
        MsgBoxEx "【MPID】已存在，不允许重复录入。", vbCritical
        Exit Sub
    End If
    Dim cnn: Set cnn = CurrentProject.Connection  'ADO.Connection()
    'cnn.BeginTrans
    'Dim blnTransBegin As Boolean: blnTransBegin = True
    If Nz(Me![MPID]) = "" Then Me![MPID] = GetAutoNumber("收支计划ID")
    Dim strSQL: strSQL = "SELECT * FROM [tblMoneyPlan] WHERE [MPID]=" & SQLText(Me![MPID])
    Dim rst:    Set rst = ADO.OpenRecordset(strSQL, adLockOptimistic, cnn)
    If rst.EOF Then rst.AddNew
    UpdateRecord Me, rst
    '你的自定义代码
    'rst!Field1 = Me!Field1
    'rst!Field2 = Me!Field2
    rst.Update
    rst.Close
    'cnn.CommitTrans
    'blnTransBegin = False
    RequeryDataObject gsfrList
    MsgBoxEx LoadString("Saved Successfully."), vbInformation

    If Me.DataEntry Then
     Me.InitData
     Me.MPMonth = DMax("[MPMonth]", "tblMoneyPlan")
     Me.MCategory.RowSource = "SELECT Sys_LookupList.Value " _
        & "FROM Sys_LookupList " _
        & "WHERE (((Sys_LookupList.Value) <> '') And ((Sys_LookupList.Item) = '收支类别') " _
        & "And ((Sys_LookupList.Category) = '支出')) " _
        & "ORDER BY Sys_LookupList.Category"
    Else
        DoCmd.Close acForm, Me.Name, acSaveNo
    End If
```

图 3-41　添加【保存 (S)】按钮单击事件代码

步骤 16 保存并关闭 frmMoneyPlan_Edit 窗体，双击导航菜单中的【收支计划】选项，再单击【新增】按钮录入一条记录，效果如图 3-42 所示。

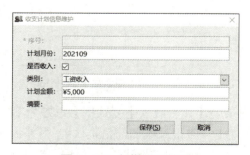

图 3-42　新增记录效果

步骤 17 单击【保存(S)】按钮,保存记录,如图3-43所示。

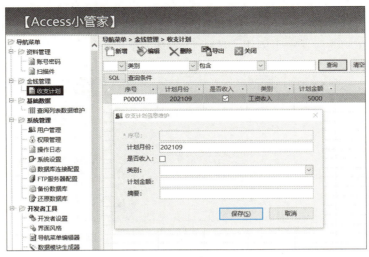

图3-43 保存记录

步骤 18 关闭窗体,然后退出Access。

3.2 实际收支

实际收支是对实际收支的情况进行登记,为了方便,可以按日进行登记,也可以按月进行登记。

3.2.1 表设计及创建

设计一个表,将表命名为tblMoneyActuality。其字段设计列表如表3-2所示。

表3-2 tblMoneyActuality 字段设计列表

字段名称	标题	数据类型	字段大小/字符	必填	说明
MAID	序号	文本	7	是	主键
MADate	日期	日期/时间		是	
MAIncome	是否收入	是/否		否	默认值:0
MCategory	类型	文本	255	否	源自 Sys_LookupList
MAMoney	实际金额	数字	单精度	是	格式:货币,默认值:0
MABrief	摘要	文本	255	否	

根据表 3-2 创建表，具体操作步骤如下。

步骤 01 选中 Data.mdb 文件，如图 3-44 所示。

步骤 02 双击打开 Data.mdb 文件，文件打开后如图 3-45 所示。

步骤 03 ①在功能区选中【创建】选项卡，②单击【表设计】按钮，如图 3-46 所示。

图 3-44　选中 Data.mdb 文件　　图 3-45　打开 Data.mdb 文件　　图 3-46　创建 tblMoneyActuality 表操作 (1)

步骤 04 单击【表设计】按钮后，按照表 3-2 创建字段，如 MAID 字段，如图 3-47 所示。

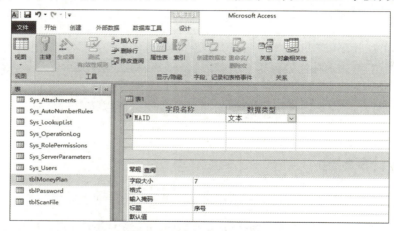

图 3-47　创建 tblMoneyActuality 表操作 (2)

步骤 05 接下来创建其他字段，结果如图 3-48 所示。

①选中 MCategory 字段，②单击【查阅】选项卡，设置各项目的属性值如下。

- 显示控件：组合框
- 行来源类型：表/查询
- 行来源：SELECT Sys_LookupList.Value FROM Sys_LookupList WHERE (((Sys_LookupList.Value) <>"") AND ((Sys_LookupList.Item)=" 收支类别 ")) ORDER BY Sys_LookupList.Category
- 绑定列：1

- 列数：1

对 MCategory 字段属性进行设置之后，如图 3-49 所示。

图 3-48　创建 tblMoneyActuality 表操作（3）

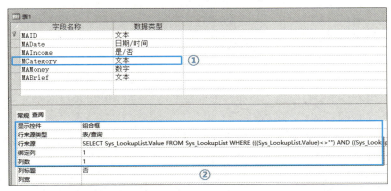

图 3-49　创建 tblMoneyActuality 表操作（4）

步骤 06 所有的字段都设计好之后，单击左上角的 🔲 按钮保存表，将表命名为 tblMoneyActuality，然后单击【确定】按钮，如图 3-50 所示。

图 3-50　创建 tblMoneyActuality 表操作（5）

步骤 07 关闭表设计窗口，这样就完成了 tblMoneyActuality 表的创建，结果如图 3-51 所示。

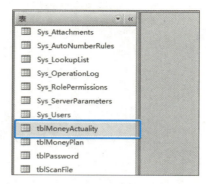

图 3-51　tblMoneyActuality 表创建完成

步骤 08 关闭 Data.mdb 文件，接下来开始设计实际收支的相关窗体。

3.2.2　定义自动编号规则——实际收支 ID

需要定义 tblMoneyActuality 表中 MAID 字段的自动编号规则，规则名称为：实际收支 ID。编号的格式为字母 M+6 位数字，如 M000001。创建实际收支 ID 的自动编号规则的具体操作步骤如下。

步骤 01 双击 Main.mdb 文件，用管理员的账号（用户名：admin，密码：admin）进入系统。

步骤 02 在导航菜单的【开发者工具】菜单中，双击【自动编号管理】选项，如图 3-52 所示。

图 3-52　定义自动编号规则 (1)

步骤 03 双击【自动编号管理】选项后,弹出【自动编号管理】对话框,如图 3-53 所示。

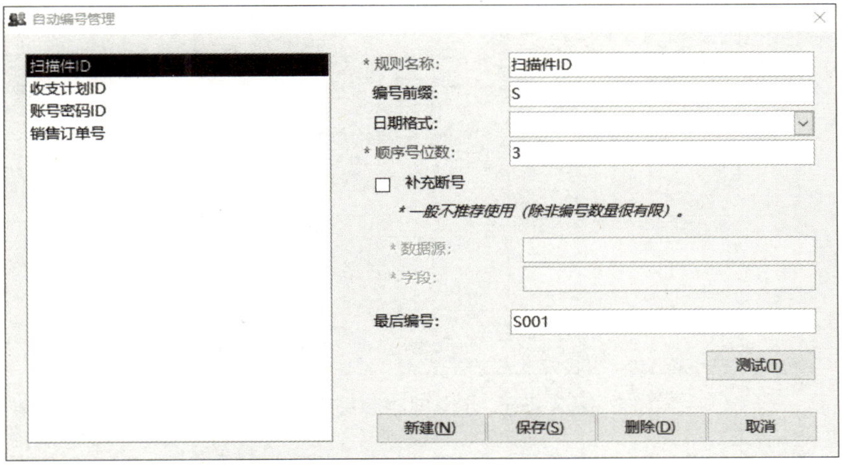

图 3-53 定义自动编号规则(2)

步骤 04 单击【新建(N)】按钮,如图 3-54 所示。

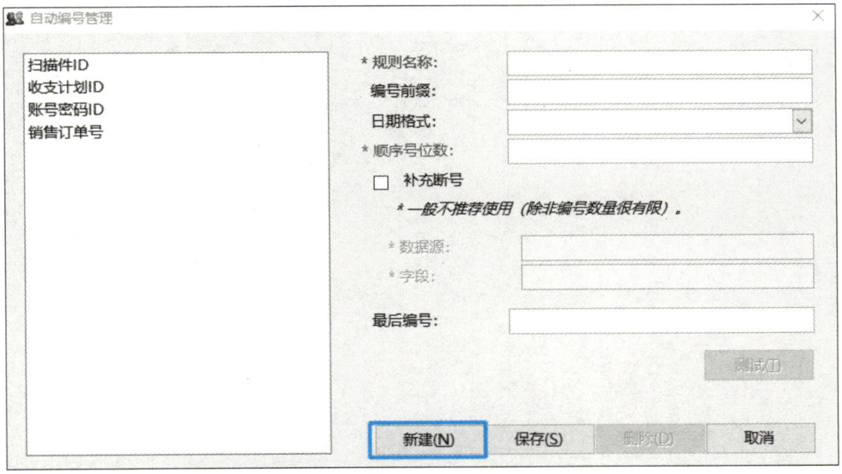

图 3-54 定义自动编号规则(3)

步骤 05 在各项目中分别填入下列内容。
- 【*规则名称】:实际收支 ID
- 【编号前缀】:M
- 【*顺序号位数】:6

填入内容后如图 3-55 所示,再单击【保存(S)】按钮。

图 3-55 定义自动编号规则 (4)

步骤 06 单击【保存(S)】按钮后，tblMoneyActuality 表中 MAID 字段用的自动编号规则已定义完成，如图 3-56 所示。

图 3-56 定义自动编号规则 (5)

步骤 07 单击图 3-56 中的【取消】按钮，退出【自动编号管理】对话框。

3.2.3 生成【实际收支】数据维护模块

【实际收支】数据维护模块可以用快速开发平台的数据模块生成器自动生成，具体操作步骤如下。

步骤 01 在导航菜单的【开发者工具】菜单中，双击【数据模块生成器】选项，弹出【数据模块自动生成器】对话框，①单击【主表】组合框时，没有 tblMoneyActuality 表可以选择，②单击【主表】项右边的 ... 按钮，如图 3-57 所示。

图 3-57　生成【实际收支】数据维护模块 (1)

步骤 02 弹出【快速创建链接表】对话框，①单击选中 "tblMoneyActuality"，②单击【创建】按钮，如图 3-58 所示。

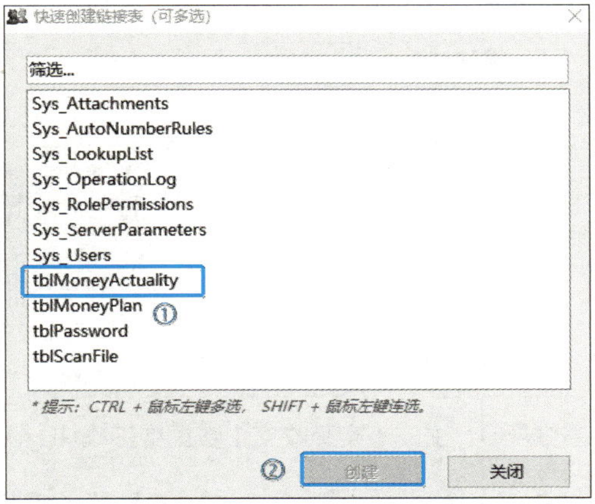

图 3-58　生成【实际收支】数据维护模块 (2)

步骤 03 链接表创建成功后，关闭【快速创建链接表】对话框，然后在【主表】项的组合框中选择 "tblMoneyActuality"，如图 3-59 所示。

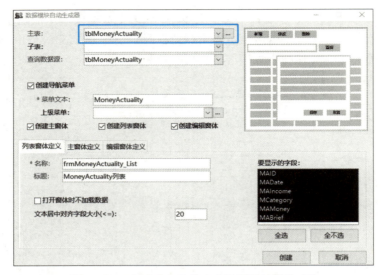

图 3-59　生成【实际收支】数据维护模块（3）

步骤 04 配置菜单及列表窗体定义。在【*菜单文本】文本框中输入"实际收支",在【上级菜单】下拉列表中选择"资金管理",如图 3-60 所示。

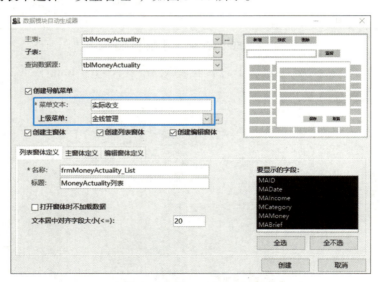

图 3-60　生成【实际收支】数据维护模块（4）

步骤 05 单击【主窗体定义】选项卡,①【默认查询字段】选择"MCategory",②【按钮】项中保留"新增、编辑、删除、导出、关闭",如图 3-61 所示。

步骤 06 单击【编辑窗体定义】选项卡,①在【标题】文本框中输入"实际收支信息维护",对【自定义自动编号规则】进行设置,这里默认为不可用,呈灰色,操作方法是在【自定义自动编号字段】项中选择"MAID",②然后就可以在【自定义自动编号规则】项中选择"实际收支ID"了,③单击【创建】按钮,将自动创建3个窗体,如图3-62所示。

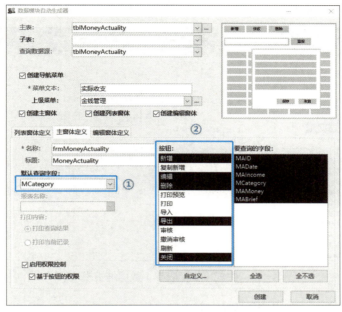

图 3-61　生成【实际收支】数据维护模块 (5)

图 3-62　生成【实际收支】数据维护模块 (6)

步骤 07 自动创建的 3 个窗体分别是 frmMoneyActuality、frmMoneyActuality_Edit、frmMoneyActuality_List，实现了【实际收支】数据模块的开发。①双击导航菜单中的【实际收支】选项，②单击【新增】按钮，效果如图 3-63 所示。

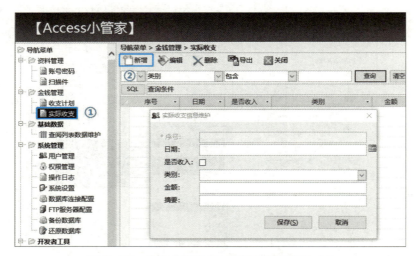

图 3-63　生成【实际收支】数据维护模块 (7)

3.2.4　根据是否收入选择收支类别

　　与【收支计划】模块一样，在录入数据时，要根据【是否收入】来决定【类别】组合框的选择项，因此需要在窗体的加载事件中添加限制组合框行来源的代码，具体代码如下。

```
Me.MCategory.RowSource = "SELECT Sys_LookupList.Value " _
    & "FROM Sys_LookupList " _
    & "WHERE (((Sys_LookupList.Value) <> '') And ((Sys_LookupList.Item) = '收支类别') " _
    & "And ((Sys_LookupList.Category) = '支出')) " _
    & "ORDER BY Sys_LookupList.Category"
```

关闭【实际收支信息维护】对话框，再关闭主界面。

根据是否收入来选择收支类别的具体操作步骤如下。

步骤 01 如果 Access 的导航窗格没有显示，按 F11 键，调出左侧的导航窗格，①选中 frmMoneyActuality_Edit 窗体，②右击，在快捷菜单中选择【设计视图】命令，如图 3-64 所示。

步骤 02 进入窗体设计视图后，界面如图 3-65 所示。

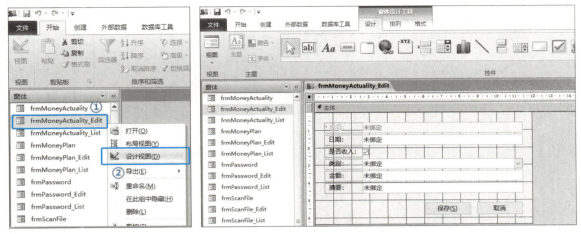

图 3-64　进入窗体设计视图　　　　图 3-65　窗体设计视图

步骤 03 ①双击左上角的■按钮，出现该窗体的属性表，②选择【事件】选项卡，③找到【加载】事件，如图 3-66 所示。

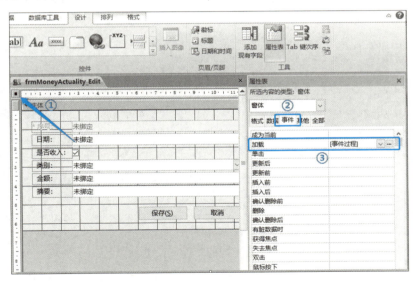

图 3-66　窗体属性——加载事件

步骤 04 单击【加载】事件右边的...按钮，进入窗体加载事件代码区，添加限制组合框行来源的代码，结果如图 3-67 所示。

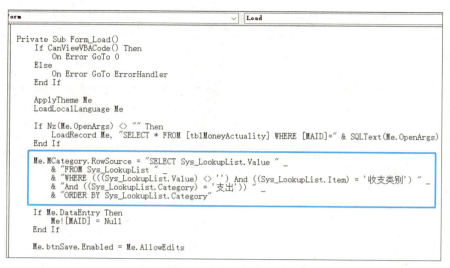

图 3-67　修改窗体加载事件代码

步骤 05 要根据【是否收入】复选框是否勾选来相应地限制类别的行来源，因此需要在【是否收入】复选框的【更新后】事件中添加代码，具体代码如下。

```
Private Sub MAIncome_AfterUpdate()
    If Me.MAIncome = True Then
        Me.MCategory.RowSource = "SELECT Sys_LookupList.Value " _
         & "FROM Sys_LookupList " _
         & "WHERE (((Sys_LookupList.Value) <> '') And ((Sys_LookupList.Item) = " _
         & "'收支类别') And ((Sys_LookupList.Category) = '收入')) " _
         & "ORDER BY Sys_LookupList.Category"
    Else
        Me.MCategory.RowSource = "SELECT Sys_LookupList.Value " _
         & "FROM Sys_LookupList " _
         & "WHERE (((Sys_LookupList.Value) <> '') And ((Sys_LookupList.Item) = " _
         & "'收支类别') And ((Sys_LookupList.Category) = '支出')) " _
         & "ORDER BY Sys_LookupList.Category"
    End If
    Me.MCategory.SetFocus
Me.MCategory.Dropdown
End Sub
```

步骤 06 ①选中复选框，②选择【属性表】对话框中的【事件】选项卡，③找到【更新后】事件，选择"［事件过程］"，然后单击右边的…按钮，如图 3-68 所示。

步骤 07 进入 VBA 代码设计窗口后，添加【更新后】事件的代码，如图 3-69 所示。

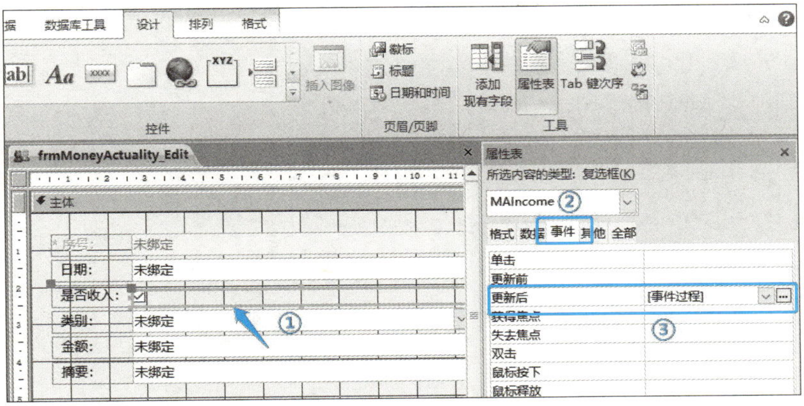

图 3-68 设置【更新后】事件

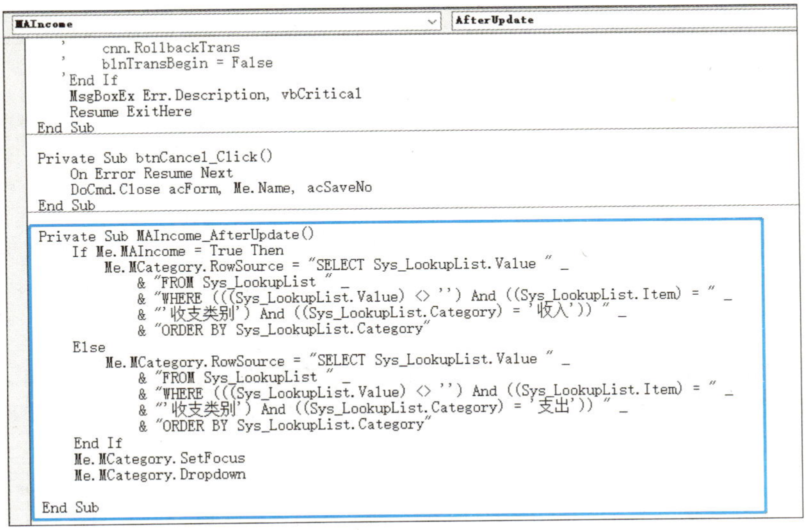

图 3-69 添加【更新后】事件代码

步骤 08 录入一条记录后,【是否收入】复选框会重置为不勾选状态,需要以重新限制【类别】组合框的行来源(因为有可能上一条记录添加的是收入),需要在【保存(S)】按钮的【单击】事件中添加代码,具体代码如下。

```
Me.MCategory.RowSource = "SELECT Sys_LookupList.Value " _
    & "FROM Sys_LookupList " _
    & "WHERE (((Sys_LookupList.Value) <> '') And ((Sys_LookupList.Item) = '收支类别') " _
    & "And ((Sys_LookupList.Category) = '支出')) " _
    & "ORDER BY Sys_LookupList.Category"
```

步骤 09 在【保存(S)】按钮的单击事件中添加代码后,界面如图 3-70 所示。

图 3-70　添加【保存 (S)】按钮单击事件代码

步骤 10 保存并关闭 frmMoneyActuality_Edit 窗体，在左侧导航窗格中找到 SysFrmLogin 窗体，双击运行该窗体，进入软件。双击导航菜单中的【实际收支】选项，单击【新增】按钮录入一条记录，效果如图 3-71 所示。

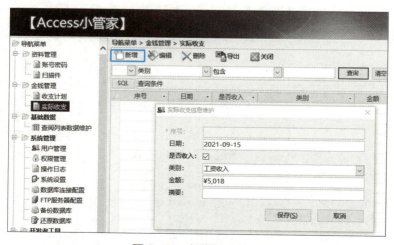

图 3-71　新增记录效果

步骤 11 单击【保存 (S)】按钮，保存记录，如图 3-72 所示。

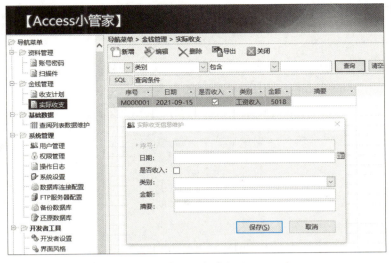

图 3-72　保存记录

3.3 收支统计和图表分析

收支统计是按类别（如月计划、年计划、月实际、年实际）统计收入和支出，并利用图表（如年度支出按类别百分比饼图和按类别支出分月趋势图）对收支情况进行分析。

按类别统计收支情况，收支统计目标表如表 3-3 所示。

表 3-3　收支统计目标表

类　别	收入 / 元				支出 / 元			
	月计划	月实际	年计划	年实际	月计划	月实际	年计划	年实际
工资收入								
出租收入								
养车费用								
医疗								
……								

收支统计开发思路：

（1）创建一个临时表 tblMoney_Temp，表中字段有类别、收入月计划、收入月实际、收入年计划、收入年实际、支出月计划、支出月实际、支出年计划、支出年实际。

（2）每次统计数据时，先清空 tblMoney_Temp 表，以便再次追加符合日期区间的数据。

（3）将符合日期区间的收支明细追加到 tblMoney_Temp 表对应的字段中。

（4）对 tblMoney_Temp 表的每一列数据按类别进行汇总求和。

3.3.1 临时表和条件参数表

1. 创建临时表

临时表是指处理临时数据所用的表，这个表的数据只在统计时才起作用，表名称为 tblMoney_Temp。字段设计列表如表 3-4 所示。

表 3-4　tblMoney_Temp 字段设计列表

字段名称	标题	数据类型	字段大小	必填	说明
MCategory	类别	文本	255	否	
MPMoney_Income	收入月计划	数字	长整型	否	格式：货币，默认值：0
MAMoney_Income	收入月实际	数字	单精度	否	格式：货币，默认值：0
YPMoney_Income	收入年计划	数字	长整型	否	格式：货币，默认值：0
YAMoney_Income	收入年实际	数字	单精度	否	格式：货币，默认值：0
MPMoney_Pay	支出月计划	数字	长整型	否	格式：货币，默认值：0
MAMoney_Pay	支出月实际	数字	单精度	否	格式：货币，默认值：0
YPMoney_Pay	支出年计划	数字	长整型	否	格式：货币，默认值：0
YAMoney_Pay	支出年实际	数字	单精度	否	格式：货币，默认值：0

需要注意的是，这个临时表是在 Main.mdb 文件中创建，而不是在 Data.mdb 文件中创建。

如果 Main.mdb 文件处于打开状态，则关闭主界面（若此时 Main.mdb 文件没有打开，则选中 Main.mdb 文件，再按住 Shift 键不放开，同时双击或右击打开 Main.mdb 文件，文件打开后，再放开 Shift 键），从而进入设计界面，根据本节的字段设计列表创建 tblMoney_Temp 表，如图 3-73 所示。

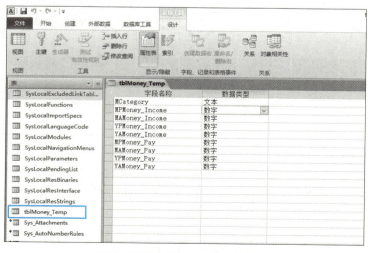

图 3-73　tblMoney_Temp 表

单击 tblMoney_Temp 表设计视图右上角的 × 按钮，关闭该表设计视图，如图 3-74 所示。

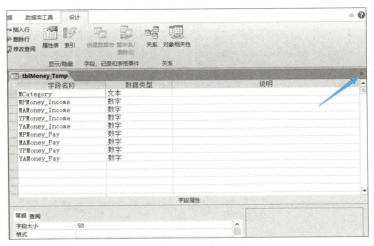

图 3-74　关闭表设计视图

2. 删除查询清空临时表

删除查询是 Access 数据库查询中的一个类型，可以通过删除查询删除表中部分或全部记录。

在统计数据时，每次都会在 tblMoney_Temp 表中追加明细数据，因此需要对该表以前存在的数据进行清空，以免多次追加数据后导致明细数据增加，发生错误。

通过建立删除查询来实现清空数据，具体操作步骤如下。

步骤 01　①选中功能区的【创建】选项卡，②单击【查询设计】按钮，如图 3-75 所示。

步骤 02　①在弹出的【显示表】对话框中选择 tblMoney_Temp，②单击【添加 (A)】按钮，③单击【关闭 (C)】按钮，关闭【显示表】对话框，如图 3-76 所示。

图 3-75　创建删除查询 (1)

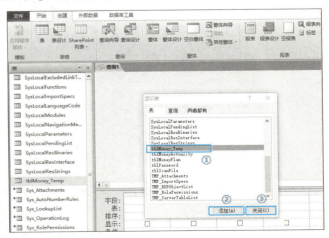

图 3-76　创建删除查询 (2)

步骤 03　①在功能区的【设计】选项卡中单击【删除】按钮，②双击"查询1"中的＊号（或者用鼠标拖动＊号移动至下方的列中），如图3-77所示。

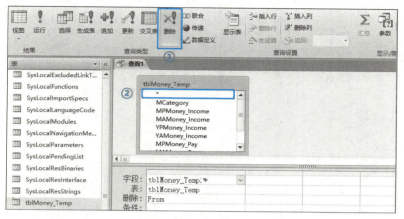

图3-77　创建删除查询(3)

步骤 04　①单击Access窗口左上角的 按钮，②在【查询名称】文本框中输入qryMoney_Temp_Del（qry是英文query的缩写），③单击【确定】按钮，保存这个查询，如图3-78所示。

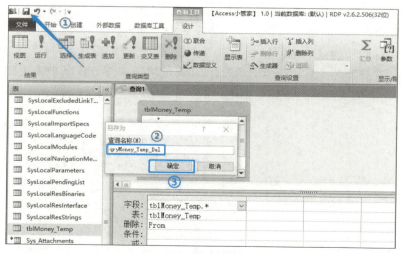

图3-78　创建删除查询(4)

步骤 05　单击qryMoney_Temp_Del查询设计视图右上角的 按钮，关闭该查询设计视图，如图3-79所示。

步骤 06　单击导航窗格箭头处的下拉按钮，选择【查询】，即可看到刚刚建立的qryMoney_Temp_Del查询，双击qryMoney_Temp_Del查询，可以清空tblMoney_Temp表中的所有数据,如图 3-80 所示。

图 3-79 创建删除查询(5)　　　　图 3-80 创建删除查询(6)

3. 条件参数表

明细数据需要按月/年进行确定,当选择月度/年度后,就需要将月初第 1 天、月末最后 1 天、年初第 1 天、年末最后 1 天保存到一个表中,创建表 tblParameter。字段设计列表如表 3-5 所示。

表 3-5　tblParameter 字段设计列表

字段名称	标　题	数据类型	字段大小	必　填	说　明
PYear	年度	数字	长整型	是	主键
PMonth	月度	数字	字节型	否	
MonthFirstDay	月初第 1 天	日期/时间		否	
MonthLastDay	月末最后 1 天	日期/时间		否	
YearFirstDay	年初第 1 天	日期/时间		否	
YearLastDay	年末最后 1 天	日期/时间		否	
MoneyItem	收支类别	文本	20	否	
TimeItem	时间类别	文本	20	否	
PItem	类别	文本	20	否	
MItem	健康监测项目	文本	20	否	
StartDate	开始日期	日期/时间		否	
EndDate	结束日期	日期/时间		否	

说明：MoneyItem、TimeItem、PItem、MItem、StartDate、EndDate 字段在后续教学中会用到，在此一起创建这 6 个字段。

由于统计时是用户根据自己确定的条件进行统计，当有多个用户使用程序时，用户间相互无影响，因此要在 Main.mdb 文件中创建条件参数表，而不是在 Data.mdb 文件中创建（如果创建在 Data.mdb 文件中，那么多用户使用时，会产生条件参数的变化，从而影响统计结果）。

创建条件参数表的具体操作步骤如下。

步骤 01 ①在功能区单击【创建】选项卡，②单击【表设计】按钮，如图 3-81 所示。

步骤 02 根据字段设计列表，在表中创建字段，如图 3-82 所示。

图 3-81　创建条件参数表（1）　　　　图 3-82　创建条件参数表（2）

步骤 03 ①单击 Access 左上角的 按钮，②在【表名称】文本框中输入 "tblParameter"，单击【确定】按钮，保存这个表，如图 3-83 所示。

图 3-83　创建条件参数表（3）

步骤 04 保存后，该表创建成功，单击表设计视图右上角的 按钮，关闭表设计视图，如图 3-84 所示。

图 3-84 创建条件参数表 (4)

步骤 05 双击导航窗格中的 tblParameter，打开表，录入一条记录，如图 3-85 所示。

图 3-85 创建条件参数表 (5)

步骤 06 tblParameter 表是参数表，有且只有一条记录。单击 tblParameter 表右上角的 ×按钮，关闭表，本表已完成创建并录入了一条记录。

3.3.2 录入测试数据

为了方便后面的学习，需要一些测试数据，在【收支计划】选项中添加如图 3-86 所示测试数据。从数据列表可以看出，最新录入的数据显示在下方，当记录数超过屏幕显示时，就不会显示，用户需要移动滚动条才能看到最新录入的数据，这一点并不友好，因此需要对子窗体的数据按【序号】进行降序排列。

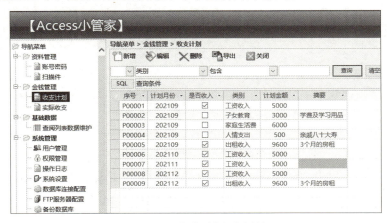

图 3-86 收支计划测试数据

关闭【收支计划】窗口，对子窗体的数据按【序号】进行降序排列，具体操作步骤如下。

步骤 01 ①在导航窗格中选择 frmMoneyPlan_List，右击，②在快捷菜单中选择【设计视图】命令，如图 3-87 所示。

图 3-87　进入窗体设计视图

步骤 02 进入 frmMoneyPlan_List 窗体的设计视图，①双击左上角的■按钮，出现该窗体的属性，②选择【数据】选项卡，③找到【记录源】，在【记录源】处选择"tblMoneyPlan"，右边出现…按钮，单击该按钮，如图 3-88 所示。

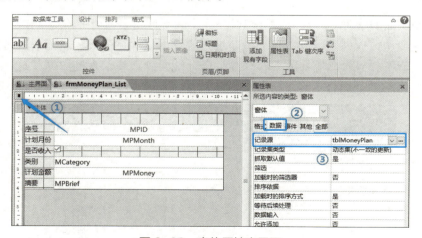

图 3-88　窗体属性表界面

步骤 03 弹出【查询生成器】对话框，单击【是(Y)】按钮，如图 3-89 所示。
步骤 04 出现【查询生成器】设计界面，如图 3-90 所示。

图 3-89 查询生成器确认提示框

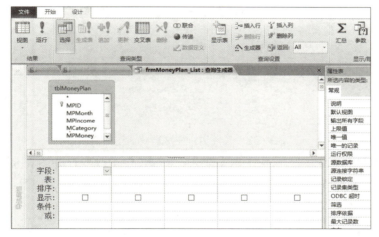

图 3-90 查询生成器设计界面（1）

步骤 05 ①双击【查询生成器】中的 * 号（或者用鼠标拖动 * 号移动至下方的列中），再双击 MPID 移至下方列中，②在【排序】中将 MPID 设置为"降序"，③在【显示】中设置为不勾选，如图 3-91 所示。

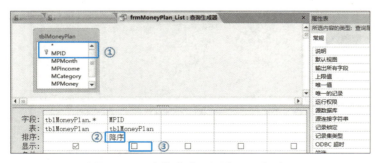

图 3-91 查询生成器设计界面（2）

步骤 06 单击【查询生成器】右上角的 × 按钮，关闭【查询生成器】，如图 3-92 所示。

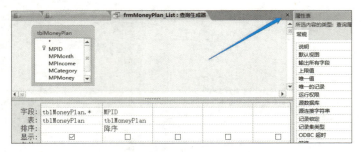

图 3-92　关闭查询生成器

步骤 07 关闭【查询生成器】时，在弹出的对话框中单击【是(Y)】按钮，如图 3-93 所示。

图 3-93　关闭查询生成器确认对话框

步骤 08 回到窗体属性表界面，可以看到记录源发生了改变，如图 3-94 所示。

图 3-94　窗体属性表界面

步骤 09 ①单击 Access 窗口左上角的 按钮，保存窗体，②单击 按钮，关闭窗体，如图 3-95 所示。

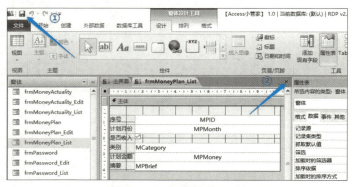

图 3-95　保存窗体设计

步骤 10 双击导航菜单中的【收支计划】选项，数据列表就实现了将最新录入的数据显示在最上方，如图 3-96 所示。

图 3-96　收支计划列表数据降序显示

步骤 11 与【收支计划】选项一样，对【实际收支】选项的数据列表窗体 fimMoneym Actuality_List 也进行记录源的排序设计，并录入几条测试数据，如图 3-97 所示。

图 3-97　实际收支列表数据降序显示

3.3.3　用选择查询选取符合条件的数据

选择查询是 Access 数据库查询中的一个类型，可以用选择查询来选择一个表中的部分或全部记录，还可以用选择查询进行计算，例如求和、求平均值、加减乘除运算等。

在统计月数据时，以【计划收支】为例，需要选择某月第 1 天至最后 1 天的明细数据，由于计划收支在同一个表中，假定统计本月的【计划收入】，还必须加上条件【是否收入】为"是"，这样就可以通过选择查询选取符合条件的明细数据。

1. 月计划收入明细

在【计划收支】tblMoneyPlan 表中有计划收入的明细数据，如图 3-98 所示。

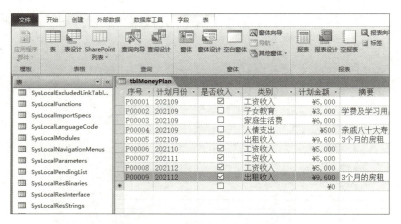

图 3-98　tblMoneyPlan 表

以 2021 年 9 月为例，那么【月计划收入】选择的数据就是日期区间从 2021-9-1 至 2021-9-30 并且在【是否收入】条件为"是"的明细数据。下面创建一个选择查询，具体操作步骤如下。

步骤 01 ①在功能区单击【创建】选项卡，②单击【查询设计】按钮，如图 3-99 所示。

步骤 02 ①在【显示表】对话框中单击选中 tblMoneyPlan 表（收支计划表），②单击【添加 (A)】按钮，③单击【关闭 (C)】按钮，如图 3-100 所示。

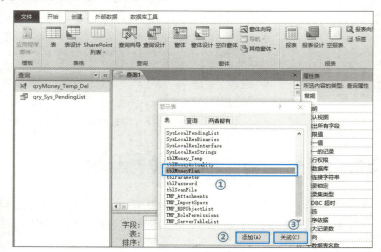

图 3-99　创建月计划收入查询 (1)　　　　图 3-100　创建月计划收入查询 (2)

步骤 03 双击【查询 1】中的"MPMonth、MPIncome、MCategory、MPMoney"4 个字段，使其显示在下方列表中，如图 3-101 所示。

步骤 04 ①在【条件】所在行的 MPIncome 列输入条件 1，②此时会自动变为 True，即只选择【是否收入】条件为"是"的数据，如图 3-102 所示。

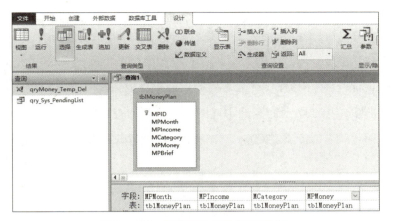

图 3-101 创建月计划收入查询(3)

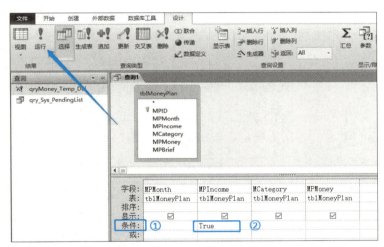

图 3-102 创建月计划收入查询(4)

步骤 05 单击图 3-102 中功能区的【运行】按钮可以查看效果，如图 3-103 所示。

图 3-103 创建月计划收入查询(5)

步骤 06 这时明细数据中只有月份，没有日期。条件参数表 tblParameter 中的参数是月初第 1 天、月末最后 1 天、年初第 1 天、年末最后 1 天，因此需要添加新的一列 MPDate，值就取【计划月份】的第 1 天，代码如下。

```
MPDate: CDate(Left([MPMonth],4) & "-" & Right([MPMonth],2) & "-1")
```

步骤 07 单击图 3-103 中功能区的【视图】可以返回查询的设计视图，如图 3-104 所示。

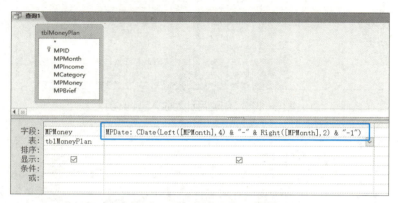

图 3-104　创建月计划收入查询(6)

步骤 08 ①单击 Access 窗口左上角的 ![按钮] 按钮，②在【查询名称】文本框中输入 "qryIncomePlanList_M"，③单击【确定】按钮保存，如图 3-105 所示。

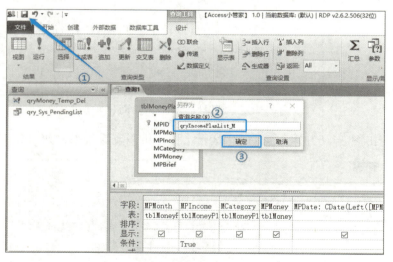

图 3-105　创建月计划收入查询(7)

步骤 09 在条件所在行的 MPDate 列输入条件，代码如下。

```
Between DLookUp("MonthFirstDay","tblParameter") And DLookUp("MonthLastDay","tblParameter")
```

步骤 10 这个条件是选择月初第 1 天至月末最后 1 天的数据，DLookUp("MonthFirstDay", "tblParameter") 是选择月初第 1 天，DLookUp("MonthLastDay","tblParameter") 是选择月末最后 1 天，如图 3-106 所示。

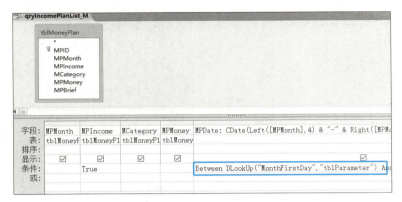

图 3-106　创建月计划收入查询(8)

步骤 11 保存并关闭 qryIncomePlanList_M 查询。在导航窗格中双击 qryIncomePlanList_M 查询，打开后的数据就是符合日期区间的收入的明细数据，如图 3-107 所示。

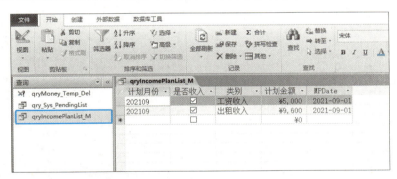

图 3-107　创建月计划收入查询(9)

这样就完成了月计划收入明细的选择查询设计。

2. 月计划支出明细

月计划支出明细和月计划收入明细的数据来源一样，都来自于计划收支 tblMoneyPlan 表，条件也是两个：一是【是否收入】项为不勾选状态，二是日期条件为月初第 1 天至月末最后 1 天。因此，可以参考月计划收入明细来设计月计划支出明细的查询，不过，还有更简单的方法，就是复制 qryIncomePlanList_M 查询，粘贴为 qryPayPlanList_M 查询，然后把条件中的【是否收入】设置为 False（输入 0 也可以），具体操作步骤如下。

步骤 01 在导航窗格中，①选中 qryIncomePlanList_M，右击，②在快捷菜单中选择【复制】命令，如图 3-108 所示。

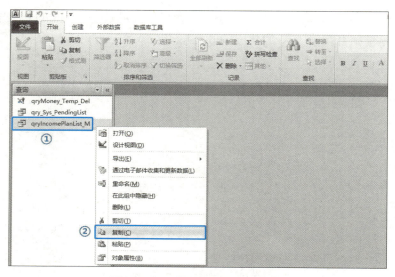

图 3-108　复制月计划收入查询

步骤 02 选择【复制】命令后，在导航窗格空白区域（即圆圈处）右击，在快捷菜单中选择【粘贴】命令，如图 3-109 所示。

步骤 03 选择【粘贴】命令后，如图 3-110 所示。

图 3-109　粘贴月计划收入查询(1)

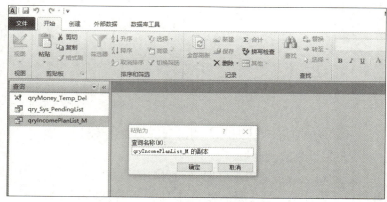

图 3-110　粘贴月计划收入查询(2)

步骤 04 将【查询名称】改为 qryPayPlanList_M，然后单击【确定】按钮，如图 3-111 所示。

步骤 05 这样就复制粘贴了一个查询 qryPayPlanList_M，①在导航窗格中选中 qryPayPlanList_M，然后右击，②在快捷菜单中选择【设计视图】命令，如图 3-112 所示。

图 3-111　粘贴月计划收入查询（3）

图 3-112　进入查询设计视图

步骤 06 进入设计视图后，在条件所在行对 MPIncome 的条件由之前的 True 改为 0（值会自动变为 False），如图 3-113 所示。

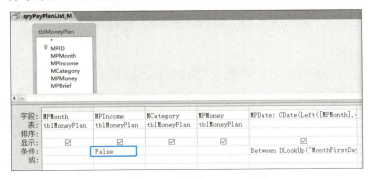

图 3-113　更改查询条件

步骤 07 保存并关闭 qryPayPlanList_M 查询，这样就完成了月计划支出明细查询的设计。双击 qryPayPlanList_M 查询，数据显示如图 3-114 所示。

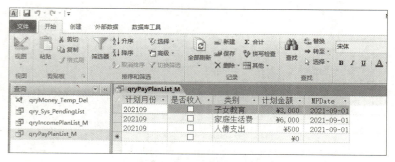

图 3-114　月计划支出明细

3. 年计划收入明细

年计划收入明细和 qryIncomePlanList_M 查询的区别就是日期区间不一样，是从年初第 1 天至年末最后 1 天，在参数表 tblParameter 中有这两个参数，分别是 YearFirstDay、YearLastDay，所以，只需要复制 qryIncomePlanList_M 查询，粘贴为 qryIncomePlanList_Y 查询，再进入 qryIncomePlanList_Y 查询的设计视图，更改一下日期 MPDate 条件即可，代码如下：

```
Between DLookUp("YearFirstDay","tblParameter") And DLookUp("YearLastDay","tblParameter")
```

查询条件更改后，如图 3-115 所示。

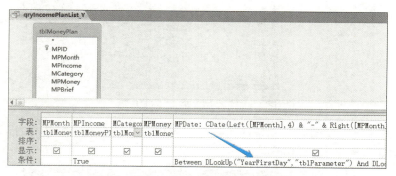

图 3-115　更改年计划收入查询条件

4. 年计划支出明细

同理，年计划支出明细和年计划收入明细一样，进行类似的处理即可，年计划支出明细和 qryPayPlanList_M 查询的区别就是日期区间不一样，把 qryPayPlanList_M 查询粘贴为 qryPayPlanList_Y 查询，再进入 qryPayPlanList_Y 查询的设计视图，更改一下日期 MPDate 条件即可，代码如下：

```
Between DLookUp("YearFirstDay","tblParameter") And DLookUp("YearLastDay","tblParameter")
```

查询条件更改后，如图 3-116 所示。

学习到这里，已经创建了 4 个选择查询，如图 3-117 所示。

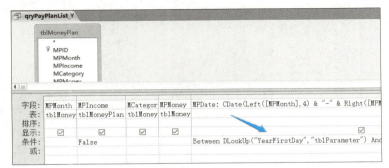

图 3-116　更改年计划支出查询条件

图 3-117　创建的 4 个选择查询

5. 月实际收入明细

创建月实际收入明细选择查询的具体操作步骤如下。

步骤 01 在功能区的【创建】选项卡中单击【查询设计】按钮，①在【显示表】对话框中单击选中 tblMoneyActuality，②单击【添加 (A)】按钮，③单击【关闭 (C)】按钮，如图 3-118 所示。

图 3-118　创建月实际收入查询 (1)

步骤 02 双击【查询 1】中的 MADate、MAIncome、MCategory、MAMoney 4 个字段，使其显示在下方列表中，如图 3-119 所示。

步骤 03 在【条件】所在行输入两个条件。

① MADate 列输入条件，代码如下：

Between DLookUp("MonthFirstDay","tblParameter") And DLookUp("MonthLastDay","tblParameter")

② MAIncome 列输入条件 1，会自动变为 True，如图 3-120 所示。

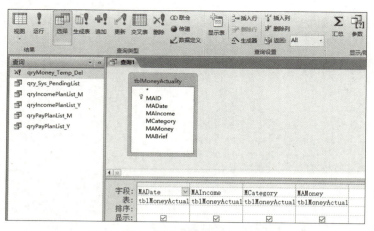

图 3-119 创建月实际收入查询 (2)

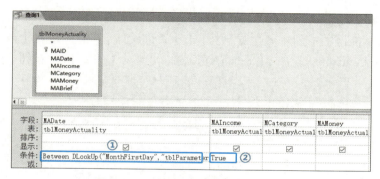

图 3-120 创建月实际收入查询 (3)

步骤 04 单击 Access 窗口左上角的 ■ 按钮，在【查询名称】文本框中输入 qryIncomeActualityList_M，单击【确定】按钮，月实际收入明细查询 qryIncomeActualityList_M 创建完成。

6. 月实际支出明细

复制 qryIncomeActualityList_M 查询，粘贴为查询对象 qryPayActualityList_M，进入 qryPayActualityList_M 查询的设计视图，在条件所在行更改一下条件，操作如下：

> MAIncome 列输入条件：0，会自动变为 False

保存并关闭 qryPayActualityList_M 查询，月实际支出明细查询 qryPayActualityList_M 创建完成。

7. 年实际收入明细

复制 qryIncomeActualityList_M 查询，粘贴为查询对象 qryIncomeActualityList_Y，进入 qryIncomeActualityList_Y 查询的设计视图，在条件所在行更改一下条件即可。

MADate 列输入如下条件：

Between DLookUp("YearFirstDay","tblParameter") And DLookUp("YearLastDay","tblParameter")

保存并关闭 qryIncomeActualityList_Y 查询，年实际收入明细查询 qryIncomeActualityList_Y 创建完成。

8. 年实际支出明细

复制 qryPayActualityList_M 查询，粘贴为查询对象 qryPayActualityList_Y，进入 qryPayActualityList_Y 查询的设计视图，在条件所在行更改一下条件即可。

MADate 列输入如下条件：

Between DLookUp("YearFirstDay","tblParameter") And DLookUp("YearLastDay","tblParameter")

保存并关闭 qryPayActualityList_Y 查询，年实际支出明细查询 qryPayActualityList_Y 创建完成。

3.3.4 创建收支统计窗体

在 3.3.3 小节实现了根据日期区间进行数据选择，接下来需要将相应的查询中的明细数据添加到临时表 tblMoney_Temp 对应的字段中。设计一个窗体，通过对年度/月度的选择，单击一个按钮，实现数据选择查询并添加到表 tblMoney_Temp 中的功能开发，具体操作步骤如下。

步骤 01 ①单击功能区中的【创建】选项卡，②单击【窗体设计】按钮，如图 3-121 所示。

图 3-121　创建收支统计窗体 (1)

步骤 02 进入窗体设计界面，在属性表①【数据】选项卡中找到②【记录源】，如图 3-122 所示。

图 3-122　创建收支统计窗体 (2)

步骤 03 在【记录源】中选择 tblParameter，这个窗体的数据来自于 tblParameter，如图 3-123 所示。

图 3-123　创建收支统计窗体 (3)

步骤 04 ①在功能区中单击【添加现有字段】按钮，②出现字段列表，如图 3-124 所示。

图 3-124　创建收支统计窗体 (4)

步骤 05 分别将字段列表中的 PYear、PMonth 用鼠标拖入窗体中，如图 3-125 所示。

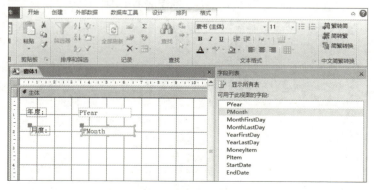

图 3-125　创建收支统计窗体 (5)

步骤 06 由于月度是 12 个月，即数字 1 ~ 12，这里更改为组合框让用户选择更加方便，①选中 PMonth 文本框，右击，②在快捷菜单中选择【更改为】命令，③再选择【组合框】命令，如图 3-126 所示。

图 3-126　创建收支统计窗体(6)

步骤 07 单击字段列表右边的 × 按钮，关闭字段列表，如图 3-127 所示。

图 3-127　创建收支统计窗体(7)

步骤 08 ①用鼠标选中 PMonth 组合框，②在功能区中单击【设计】选项卡，③单击【属性表】按钮，④在属性表中单击【数据】选项卡，⑤找到【行来源】属性，如图 3-128 所示。

步骤 09 对组合框的以下属性进行设置。
- 行来源：1;2;3;4;5;6;7;8;9;10;11;12（注意分号是半角的）
- 行来源类型：值列表

- 绑定列：1
- 限于列表：是
- 允许编辑值列表：否

上述属性设置好之后，如图 3-129 所示。

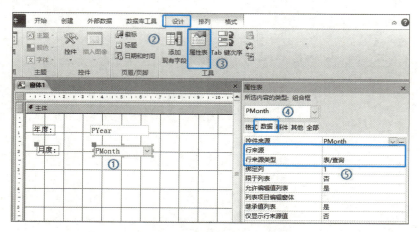

图 3-128　创建收支统计窗体 (8)

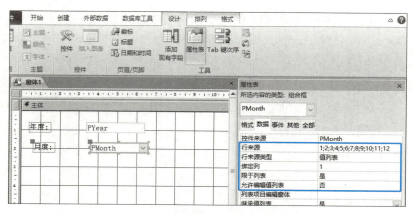

图 3-129　创建收支统计窗体 (9)

步骤 10　对年度和月度控件位置进行适当调整，如图 3-130 所示。

步骤 11　①双击窗体左上角的■按钮，出现该窗体的属性，②单击【数据】选项卡，③找到【允许添加】，设置为"否"，如图 3-131 所示。

步骤 12　①切换到【格式】选项卡，②对以下属性进行设置。

- 【记录选择器】：否
- 【导航按钮】：否
- 【滚动条】：两者均无

上述属性设置好之后，如图 3-132 所示。

图 3-130　创建收支统计窗体 (10)

图 3-131　创建收支统计窗体 (11)

图 3-132　创建收支统计窗体 (12)

步骤 13 单击 Access 窗口左上角的 按钮，保存窗体，如图 3-133 所示。

图 3-133 创建收支统计窗体 (13)

步骤 14 将窗体名称更改为"frmMoneyCount"（frm 是英文 form 的缩写），如图 3-134 所示。

图 3-134 创建收支统计窗体 (14)

步骤 15 关闭窗体设计视图，这样 frmMoneyCount 窗体就创建成功了，如图 3-135 所示。

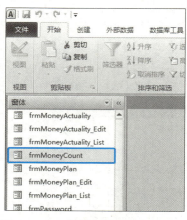

图 3-135 创建收支统计窗体 (15)

步骤 16 ①选中 frmMoneyCount 窗体，右击，②在弹出的快捷菜单中选择【设计视图】命令，进入该窗体的设计视图，如图 3-136 所示。

步骤 17 在收支统计的窗体上，需要创建两个命令按钮，分别是【重新计算】按钮和【关闭(C)】按钮，【重新计算】按钮用于用户选择了不同的月份后重新统计数据，【关闭(C)】按钮用来返回主界面。

步骤 18 ①单击功能区中的【设计】选项卡，②单击 xxxx 按钮，如图 3-137 所示。

图 3-136　收支统计窗体设计 (1)

图 3-137　收支统计窗体设计 (2)

步骤 19 在 frmMoneyCount 窗体上单击，将创建一个命令按钮，如图 3-138 所示。

图 3-138　收支统计窗体设计 (3)

步骤 20 将按钮标题更改为"重新计算"，①在属性表中单击【其他】选项卡，②将【名称】改为"cmdOK"（cmd 是命令按钮 Command 的缩写），如图 3-139 所示。

图 3-139 收支统计窗体设计 (4)

步骤 21 再创建一个【关闭(C)】按钮，①在属性表中单击【其他】选项卡，②将【名称】改为"cmdClose"，如图 3-140 所示。

图 3-140 收支统计窗体设计 (5)

步骤 22 ①选中【重新计算】按钮，②在属性表中单击【事件】选项卡，③在【单击】下拉列表中选择"[事件过程]"，如图 3-141 所示。

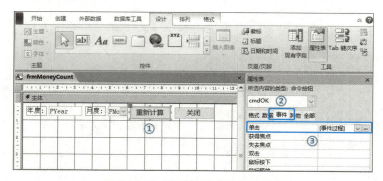

图 3-141 收支统计窗体设计 (6)

步骤 23 单击【单击】下拉列表右边的...按钮，进入【重新计算】按钮的单击事件代码区，如图 3-142 所示。

在 3.3.1 小节中，创建了 qryMoney_Temp_Del 查询，用来清空临时 tblMoney_Temp 表中的数据，可以通过双击此查询来实现清空数据。这里学习另一种方式，用 VBA 代码来实现。

步骤 24 ①在导航窗格中单击下拉按钮，②在弹出的菜单中选择【查询】命令，如图 3-143 所示。

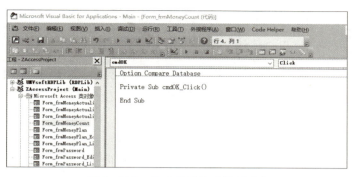

图 3-142 收支统计窗体设计 (7)

图 3-143 收支统计窗体设计 (8)

步骤 25 ①选中【qryMoney_Temp_Del】查询，右击，②在快捷菜单中选择【设计视图】命令，如图 3-144 所示。

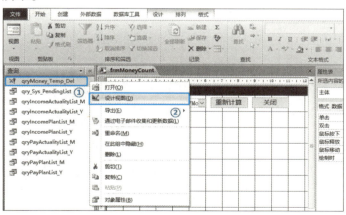

图 3-144 收支统计窗体设计 (9)

步骤 26 进入【qryMoney_Temp_Del】查询的设计视图后，单击左上角【视图】下方的下拉按钮，如图 3-145 所示。

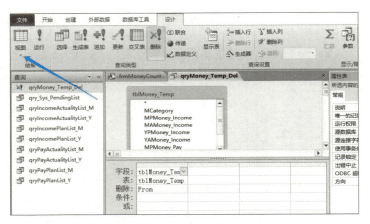

图 3-145　收支统计窗体设计 (10)

步骤 27 在菜单中选择【SQL 视图】命令，如图 3-146 所示。

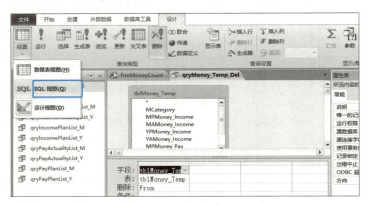

图 3-146　收支统计窗体设计 (11)

步骤 28 进入 SQL 视图后，就可以看到 Access 自动生成的 SQL 代码，选中全部 SQL 代码，右击，在快捷菜单中选择【复制】命令，如图 3-147 所示。

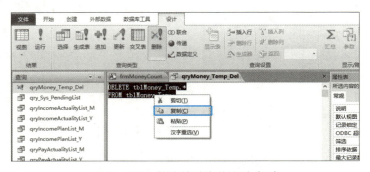

图 3-147　收支统计窗体设计 (12)

步骤 29 关闭【qryMoney_Temp_Del】查询设计视图，回到【重新计算】按钮的单击事件 VBA 代码区，粘贴刚才复制的 SQL 代码，如图 3-148 所示。

图 3-148　收支统计窗体设计 (13)

步骤 30 声明变量、屏蔽系统警告并执行 SQL 代码。

声明一个文本型的变量：

`Dim strSQL As String`

添加屏蔽系统警告代码：

`DoCmd.SetWarnings False`

该行代码的作用是执行删除查询时，不弹出如图 3-149 所示提示框。

图 3-149　收支统计窗体设计 (14)

对 SQL 代码进行修改，修改为：

`strSQL = "DELETE tblMoney_Temp.* FROM tblMoney_Temp;"`

最后添加执行 SQL 代码的命令：

`DoCmd.RunSQL strSQL`

如图 3-150 所示。

步骤 31 关闭 VBA 设计窗口，回到 frmMoneyCount 窗体设计视图，①选中【关闭 (C)】按钮，②在属性表中单击【事件】选项卡，③【单击】事件选择"[事件过程]"，然后单击【单击】下拉列表右边的 ... 按钮，如图 3-151 所示。

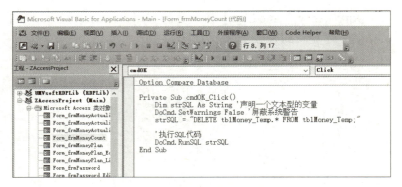

图 3-150　收支统计窗体设计 (15)

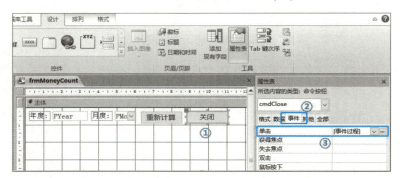

图 3-151　收支统计窗体设计 (16)

步骤 32 在【关闭 (C)】按钮的单击事件中添加如下代码。

```
RDPCloseForm Me
```

这行代码的作用是关闭窗体，如果 SysFrmMain 窗体处于打开状态，要先关闭窗体再返回主界面，因此没有使用代码 DoCmd.Close 来关闭窗体，如图 3-152 所示。

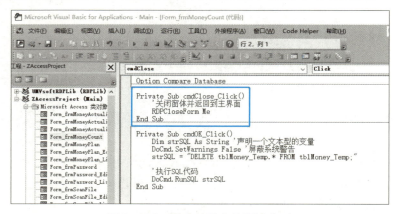

图 3-152　收支统计窗体设计 (17)

保存并关闭 frmMoneyCount 窗体，这时就用 VBA 代码清空了 tblMoney_Temp 表，因此之前创建的 qryMoney_Temp_Del 查询就不需要了，在导航窗格中找到并选中 qryMoney_Temp_Del 查询，按 Delete 键，删除这个查询。

既然不需要 qryMoney_Temp_Del 查询，那为什么要在教程中进行讲解呢？基于以下两方面考虑。

一是学习如何建立、删除查询。

二是学习如何查看 Access 查询自动生成的 SQL 代码，将其复制到 VBA 代码中作适当修改即可实现需要功能，从而可以解决初学者不会写 SQL 代码的问题。

3.3.5 追加查询添加数据至临时表

追加查询是 Access 数据库查询中的一个类型，可以通过追加查询将一个表或一个查询中的数据追加到另一个表中。追加查询添加数据至临时表的具体操作步骤如下。

步骤 01 ①在功能区中单击【创建】选项卡，②单击【查询设计】按钮，如图 3-153 所示。

步骤 02 ①在【显示表】对话框中单击【查询】选项卡，②选中 qryIncomePlanList_M 查询，③单击【添加(A)】按钮，④单击【关闭(C)】按钮关闭【显示表】对话框，如图 3-154 所示。

图 3-153　创建追加查询 (1)

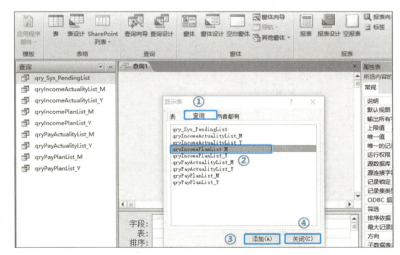

图 3-154　创建追加查询 (2)

步骤 03 在功能区的【设计】选项卡中单击【追加】按钮，如图 3-155 所示。

步骤 04 在【表名称】下拉列表中选择 "tblMoney_Temp"，单击【确定】按钮，如图 3-156 所示。

步骤 05 双击类别 MCategory 和计划金额 MPMoney，将字段显示在下方列中，由于 tblMoney_Temp 表中有 MCategory 字段，因此默认将数据追加至同名字段中，而表 tblMoney_Temp 中没有 MPMoney 字段，故需要去指定目标字段，如图 3-157 所示。

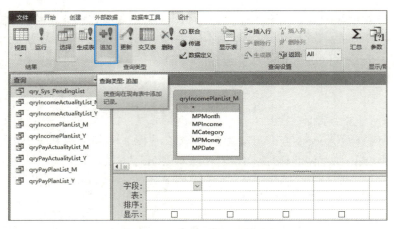

图 3-155　创建追加查询(3)

图 3-156　创建追加查询(4)

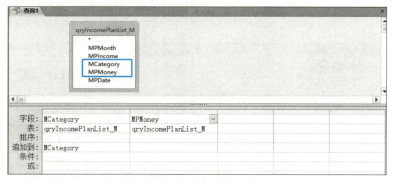

图 3-157　创建追加查询(5)

步骤 06 将 MPMoney 字段追加到收入月计划 MPMoney_Income 中，如图 3-158 所示。

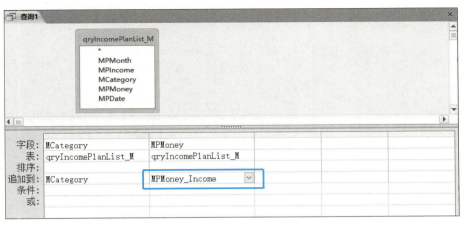

图 3-158　创建追加查询 (6)

步骤 07 ①单击 Access 窗口左上角的 按钮，②在【查询名称】文本框中输入 "qryPlanIncome_M"，③单击【确定】按钮保存查询，如图 3-159 所示。

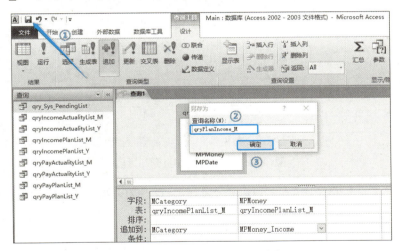

图 3-159　创建追加查询 (7)

步骤 08 关闭 qryPlanIncome_M 查询的设计视图，这样就创建完成了一个追加查询，如图 3-160 所示。

步骤 09 接下来测试一下追加查询的效果，首先在导航窗格中打开 tblMoney_Temp 表，可以看到表中没有数据，如图 3-161 所示。

步骤 10 关闭 tblMoney_Temp 表，然后在导航窗格中双击 qryPlanIncome_M 查询，如果没有屏蔽系统警告的话，会弹出对话框，单击对话框中的【是 (Y)】按钮，如图 3-162 所示。

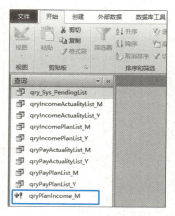

图 3-160　创建追加查询 (8)

图 3-161　tblMoney_Temp 表

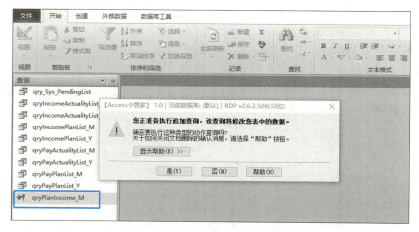

图 3-162　执行追加查询对话框

步骤 11　单击【是 (Y)】按钮后，会再次提示是否追加，如图 3-163 所示，单击【是 (Y)】按钮，完成数据的追加。

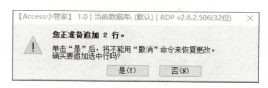

图 3-163　确认是否追加数据对话框

步骤 12　若之前执行过 DoCmd.SetWarnings False 代码，就不会弹出图 3-163 所示的提示框。①在导航窗格中打开 tblMoney_Temp，②可以看到表中成功追加了两条记录，如图 3-164 所示。

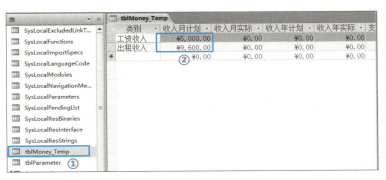

图 3-164　追加数据至 tblMoney_Temp 表中

步骤 13 关闭 tblMoney_Temp 表。如同 3.3.4 小节步骤 28 的学习一样，可以从 qryPlanIncome_M 查询的 SQL 视图中获得 SQL 代码，选择【复制】命令复制 SQL 代码，如图 3-165 所示。

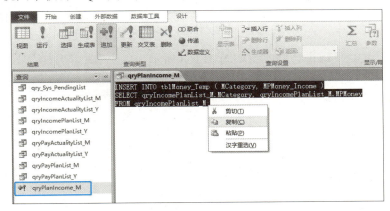

图 3-165　查询的 SQL 视图

步骤 14 进入 frmMoneyCount 窗体的设计视图，①选中【重新计算】按钮，②选择属性表中的【事件】选项卡，③找到【单击】事件，如图 3-166 所示。

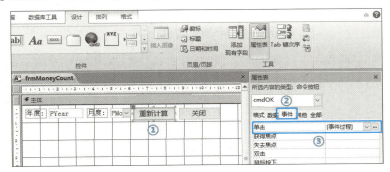

图 3-166　frmMoneyCount 窗体设计视图

步骤 15 单击【单击】事件右边的 ... 按钮，进入【重新计算】按钮单击事件代码界面，粘贴刚才复制的 SQL 代码，如图 3-167 所示。

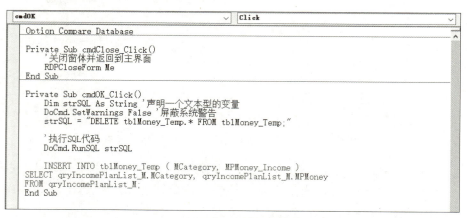

图 3-167　【重新计算】单击事件代码

步骤 16 将 SQL 代码进行修改，如图 3-168 所示。

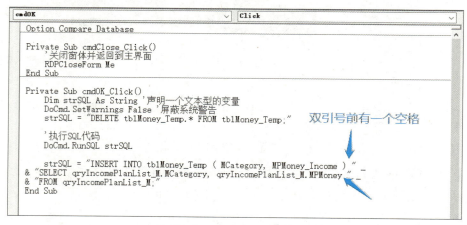

图 3-168　修改 SQL 代码 (1)

特别注意双引号前面有一个空格，如果没有空格，则连接符 & 会将上下行连接在一起，比如第二行最后的 MPMoney 和第三行最前面的 FROM 就会连接起来变成 MPMoneyFROM，代码出错。

这段 SQL 代码还可以优化一下，需要优化的代码如下。

qryIncomePlanList_M.MCategory, qryIncomePlanList_M.MPMoney

前面的 qryIncomePlanList_M. 可以去掉，因为后面 FROM 指明了 qryIncomePlanList_M。优化之后，如图 3-169 所示。

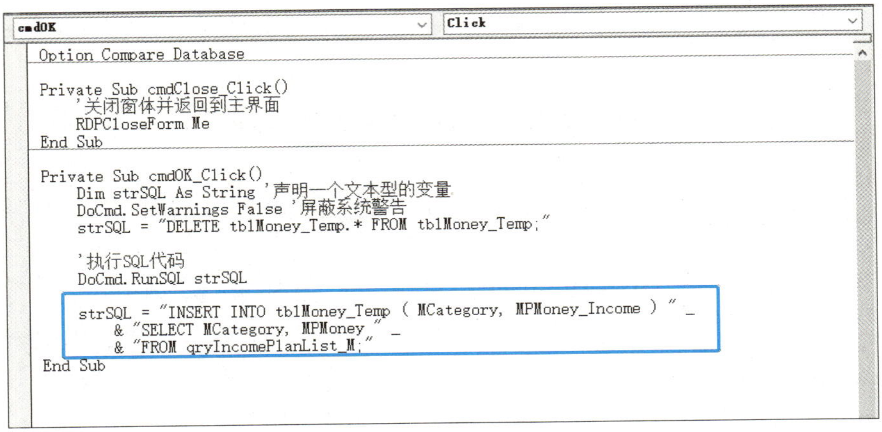

```
cmdOK                                    Click
Option Compare Database
Private Sub cmdClose_Click()
    '关闭窗体并返回到主界面
    RDPCloseForm Me
End Sub

Private Sub cmdOK_Click()
    Dim strSQL As String  '声明一个文本型的变量
    DoCmd.SetWarnings False  '屏蔽系统警告
    strSQL = "DELETE tblMoney_Temp.* FROM tblMoney_Temp;"

    '执行SQL代码
    DoCmd.RunSQL strSQL

    strSQL = "INSERT INTO tblMoney_Temp ( MCategory, MPMoney_Income ) " _
           & "SELECT MCategory, MPMoney " _
           & "FROM qryIncomePlanList_M;"
End Sub
```

图 3-169 修改 SQL 代码(2)

步骤 17 把图 3-169 框中第二行代码右移对齐，如图 3-170 所示。

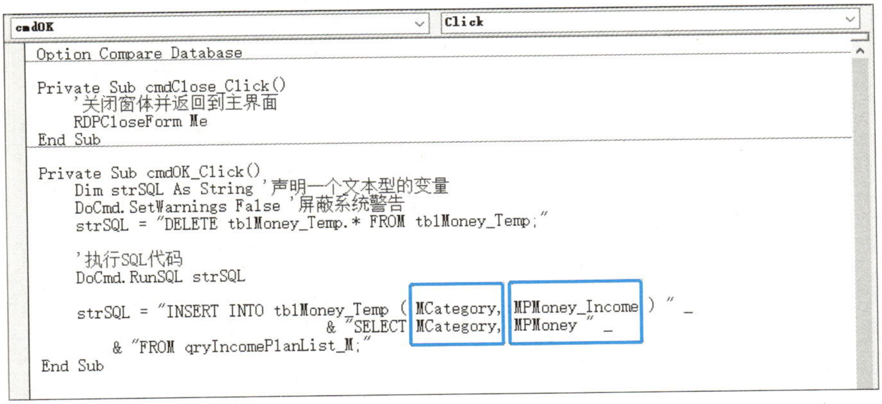

```
cmdOK                                    Click
Option Compare Database
Private Sub cmdClose_Click()
    '关闭窗体并返回到主界面
    RDPCloseForm Me
End Sub

Private Sub cmdOK_Click()
    Dim strSQL As String  '声明一个文本型的变量
    DoCmd.SetWarnings False  '屏蔽系统警告
    strSQL = "DELETE tblMoney_Temp.* FROM tblMoney_Temp;"

    '执行SQL代码
    DoCmd.RunSQL strSQL

    strSQL = "INSERT INTO tblMoney_Temp ( MCategory, MPMoney_Income ) " _
                 & "SELECT MCategory, MPMoney " _
           & "FROM qryIncomePlanList_M;"
End Sub
```

图 3-170 修改 SQL 代码(3)

- INSERT INTO tblMoney_Temp 是指追加数据至 tblMoney_Temp 表中。
- SELECT MCategory, MPMoney 是指选择 MCategory 和 MPMoney 列。
- FROM qryIncomePlanList_M 是指数据从 qryIncomePlanList_M 查询。

从图 3-170 中可以看出，追加数据时，列的顺序要对应，MPMoney 列的数据就追加到 MPMoney_Income 中了。

追加月计划收入明细的代码如下。

```
strSQL = "INSERT INTO tblMoney_Temp ( MCategory, MPMoney_Income ) " _
    & "SELECT MCategory, MPMoney " _
    & "FROM qryIncomePlanList_M;"
DoCmd.RunSQL strSQL                  '追加月计划收入明细
```

步骤 18 月计划支出明细、年计划收入明细、年计划支出明细也可以通过 SQL 代码来实现，代码如下。

```vb
strSQL = "INSERT INTO tblMoney_Temp ( MCategory, MPMoney_Pay ) " _
    & "SELECT MCategory, MPMoney " _
    & "FROM qryPayPlanList_M;"
DoCmd.RunSQL strSQL                   '追加月计划支出明细

strSQL = "INSERT INTO tblMoney_Temp ( MCategory, YPMoney_Income ) " _
    & "SELECT MCategory, MPMoney " _
    & "FROM qryIncomePlanList_Y;"
DoCmd.RunSQL strSQL                   '追加年计划收入明细

strSQL = "INSERT INTO tblMoney_Temp ( MCategory, YPMoney_Pay ) " _
    & "SELECT MCategory, MPMoney " _
    & "FROM qryPayPlanList_Y;"
DoCmd.RunSQL strSQL                   '追加年计划支出明细
```

比较一下以上 SQL 代码，主要的区别就在于从不同的查询追加数据和将计划金额 MPMoney 追加到不同的字段中，如图 3-171 所示。

```vb
Private Sub cmdOK_Click()
    Dim strSQL As String  '声明一个文本型的变量
    DoCmd.SetWarnings False  '屏蔽系统警告
    strSQL = "DELETE tblMoney_Temp.* FROM tblMoney_Temp;"
    
    '执行SQL代码
    DoCmd.RunSQL strSQL
    
    strSQL = "INSERT INTO tblMoney_Temp ( MCategory, MPMoney_Income ) " _
        & "SELECT MCategory, MPMoney " _
        & "FROM qryIncomePlanList_M;"
    DoCmd.RunSQL strSQL   '追加月计划收入明细
    
    strSQL = "INSERT INTO tblMoney_Temp ( MCategory, MPMoney_Pay ) " _
        & "SELECT MCategory, MPMoney " _
        & "FROM qryPayPlanList_M;"
    DoCmd.RunSQL strSQL   '追加月计划支出明细
    
    strSQL = "INSERT INTO tblMoney_Temp ( MCategory, YPMoney_Income ) " _
        & "SELECT MCategory, MPMoney " _
        & "FROM qryIncomePlanList_Y;"
    DoCmd.RunSQL strSQL   '追加年计划收入明细
    
    strSQL = "INSERT INTO tblMoney_Temp ( MCategory, YPMoney_Pay ) " _
        & "SELECT MCategory, MPMoney " _
        & "FROM qryPayPlanList_Y;"
    DoCmd.RunSQL strSQL   '追加年计划支出明细
End Sub
```

图 3-171 追加计划数据 SQL 代码

步骤 19 同理，实际收支数据是把实际金额 MPMoney 从月实际收入明细、月实际支出明细、年实际收入明细、年实际支出明细中追加到 tblMoney_Temp 表相应的字段中，直接复制计划的代码，粘贴后进行修改，最终代码如图 3-172 所示。

```
Private Sub cmdOK_Click()
    Dim strSQL As String '声明一个文本型的变量
    DoCmd.SetWarnings False '屏蔽系统警告
    strSQL = "DELETE tblMoney_Temp.* FROM tblMoney_Temp;"
    
    '执行SQL代码
    DoCmd.RunSQL strSQL
    
    strSQL = "INSERT INTO tblMoney_Temp ( MCategory, MPMoney_Income ) " _
        & "SELECT MCategory, MPMoney " _
        & "FROM qryIncomePlanList_M;"
    DoCmd.RunSQL strSQL '追加月计划收入明细
    
    strSQL = "INSERT INTO tblMoney_Temp ( MCategory, MPMoney_Pay ) " _
        & "SELECT MCategory, MPMoney " _
        & "FROM qryPayPlanList_M;"
    DoCmd.RunSQL strSQL '追加月计划支出明细
    
    strSQL = "INSERT INTO tblMoney_Temp ( MCategory, YPMoney_Income ) " _
        & "SELECT MCategory, MPMoney " _
        & "FROM qryIncomePlanList_Y;"
    DoCmd.RunSQL strSQL '追加年计划收入明细
    
    strSQL = "INSERT INTO tblMoney_Temp ( MCategory, YPMoney_Pay ) " _
        & "SELECT MCategory, MPMoney " _
        & "FROM qryPayPlanList_Y;"
    DoCmd.RunSQL strSQL '追加年计划支出明细
    
    strSQL = "INSERT INTO tblMoney_Temp ( MCategory, MAMoney_Income ) " _
        & "SELECT MCategory, MAMoney " _
        & "FROM qryIncomeActualityList_M;"
    DoCmd.RunSQL strSQL '追加月实际收入明细
    
    strSQL = "INSERT INTO tblMoney_Temp ( MCategory, MAMoney_Pay ) " _
        & "SELECT MCategory, MAMoney " _
        & "FROM qryPayActualityList_M;"
    DoCmd.RunSQL strSQL '追加月实际支出明细
    
    strSQL = "INSERT INTO tblMoney_Temp ( MCategory, YAMoney_Income ) " _
        & "SELECT MCategory, MAMoney " _
        & "FROM qryIncomeActualityList_Y;"
    DoCmd.RunSQL strSQL '追加年实际收入明细
    
    strSQL = "INSERT INTO tblMoney_Temp ( MCategory, YAMoney_Pay ) " _
        & "SELECT MCategory, MAMoney " _
        & "FROM qryPayActualityList_Y;"
    DoCmd.RunSQL strSQL '追加年实际支出明细
End Sub
```

图 3-172　追加实际数据 SQL 代码

步骤 20 保存并关闭 frmMoneyCount 窗体设计视图。通过本节的学习，可以体会使用 VBA 代码的优点，否则需要建立 8 个追加查询才能将相关数据追加到 tblMoney_Temp 表中。

步骤 21 在导航窗格中双击 frmMoneyCount 窗体，选择 9 月份，再单击【重新计算】按钮，代码执行一次。此时打开 tblMoney_Temp 表，就能看到所有列都追加进了数据，如图 3-173 所示。

步骤 22 由于在【重新计算】按钮的单击事件中已经实现了对月计划收入明细的数据追加功能，因此之前创建的追加查询 qryPlanIncome_M 就用不上了，在导航窗格中选中 qryPlanIncome_M，予以删除。

3.3.6 选择查询对临时表数据求和

tblMoney_Temp

类别	收入月计划	收入月实际	收入年计划	收入年实际	支出月计划	支出月实际	支出年计
工资收入	¥5,000.00	¥0.00	¥0.00	¥0.00	¥0.00	¥0.00	¥0
出租收入	¥9,600.00	¥0.00	¥0.00	¥0.00	¥0.00	¥0.00	¥0
子女教育	¥0.00	¥0.00	¥0.00	¥0.00	¥3,000.00	¥0.00	¥0
家庭生活费	¥0.00	¥0.00	¥0.00	¥0.00	¥6,000.00	¥0.00	¥0
人情支出	¥0.00	¥0.00	¥0.00	¥0.00	¥500.00	¥0.00	¥0
工资收入	¥0.00	¥0.00	¥5,000.00	¥0.00	¥0.00	¥0.00	¥0
出租收入	¥0.00	¥0.00	¥9,600.00	¥0.00	¥0.00	¥0.00	¥0
工资收入	¥0.00	¥0.00	¥5,000.00	¥0.00	¥0.00	¥0.00	¥0
工资收入	¥0.00	¥0.00	¥5,000.00	¥0.00	¥0.00	¥0.00	¥0
工资收入	¥0.00	¥0.00	¥5,000.00	¥0.00	¥0.00	¥0.00	¥0
出租收入	¥0.00	¥0.00	¥9,600.00	¥0.00	¥0.00	¥0.00	¥0
子女教育	¥0.00	¥0.00	¥0.00	¥0.00	¥0.00	¥0.00	¥3,00
家庭生活费	¥0.00	¥0.00	¥0.00	¥0.00	¥0.00	¥0.00	¥6,00
人情支出	¥0.00	¥0.00	¥0.00	¥0.00	¥0.00	¥0.00	¥50
工资收入	¥0.00	¥5,018.00	¥0.00	¥0.00	¥0.00	¥0.00	¥0
出租收入	¥0.00	¥9,600.00	¥0.00	¥0.00	¥0.00	¥0.00	¥0
子女教育	¥0.00	¥0.00	¥0.00	¥0.00	¥0.00	¥300.00	¥0
家庭生活费	¥0.00	¥0.00	¥0.00	¥0.00	¥0.00	¥4,500.00	¥0
工资收入	¥0.00	¥0.00	¥0.00	¥5,018.00	¥0.00	¥0.00	¥0
出租收入	¥0.00	¥0.00	¥0.00	¥9,600.00	¥0.00	¥0.00	¥0
子女教育	¥0.00	¥0.00	¥0.00	¥0.00	¥0.00	¥0.00	¥0

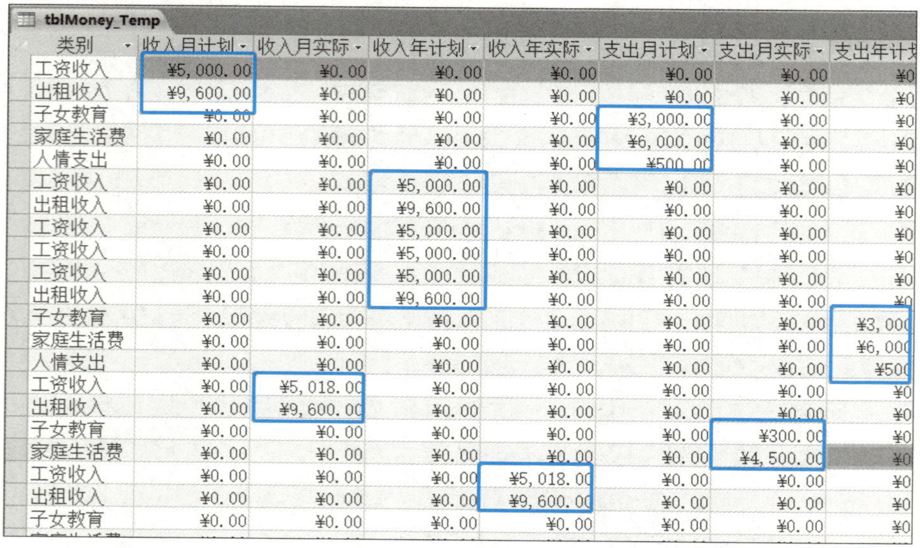

图 3-173　tblMoney_Temp 表

从图 3-173 可以看出，tblMoney_Temp 表中的记录是明细，需要按类别进行汇总求和，这时可以利用选择查询来实现对每一列的求和，具体操作步骤如下。

步骤 01 ①在功能区中单击【创建】选项卡，②单击【查询设计】按钮，如图 3-174 所示。

步骤 02 在【显示表】对话框中选中 tblMoney_Temp 后单击【添加 (A)】按钮，然后单击【关闭 (C)】按钮，关闭【显示表】，如图 3-175 所示。

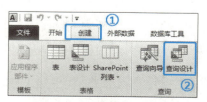

图 3-174　用选择查询求和 (1)

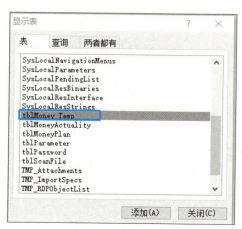

图 3-175　用选择查询求和 (2)

步骤 03 通过双击字段，或是全选蓝框中的字段用鼠标拖动到下方列中，如图 3-176 所示。

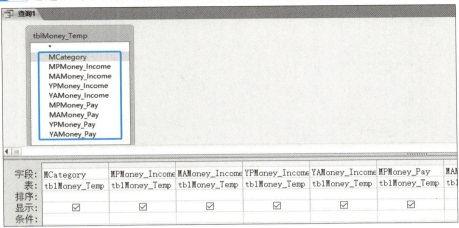

图 3-176 用选择查询求和（3）

步骤 04 将光标移至蓝框内的区域并右击，如图 3-177 所示。

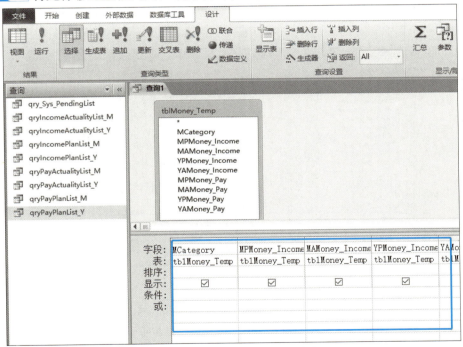

图 3-177 用选择查询求和（4）

步骤 05 右击后，在快捷菜单中选择【汇总】命令，如图 3-178 所示。

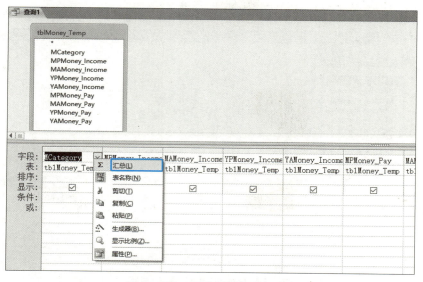

图 3-178　用选择查询求和 (5)

步骤 06 选择【汇总】命令后，出现【总计】行，Group By 是指分组，如图 3-179 所示。

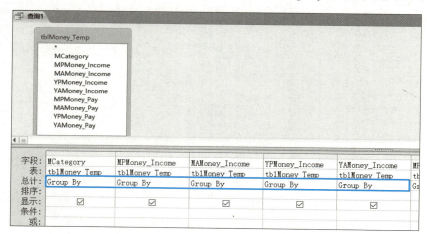

图 3-179　用选择查询求和 (6)

步骤 07 对除 MCategory 列之外的所有列，①将 Group By 改为"合计"，也就是说按照收支类别 MCategory 分组，②对各列进行求和，如图 3-180 所示。

步骤 08 在功能区的【设计】选项卡中单击【运行】按钮，可以查看按收支类别分组求和的效果，如图 3-181 所示。

分组求和后，结果如图 3-182 所示。

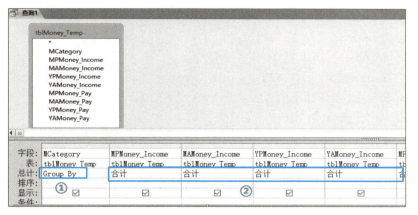

图 3-180　用选择查询求和 (7)

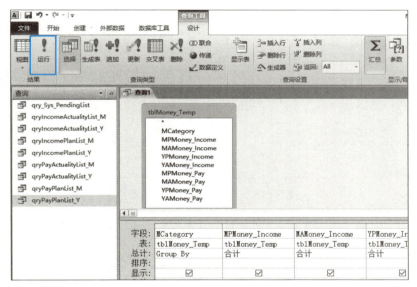

图 3-181　用选择查询求和 (8)

类别	MPMoney_Income之合计	MAMoney_Income之合计	YPMoney_Income之合计	YAMoney_Inco
出租收入	9600	9600	19200	
工资收入	5000	5018	20000	
家庭生活费	0	0	0	
人情支出	0	0	0	
子女教育	0	0	0	

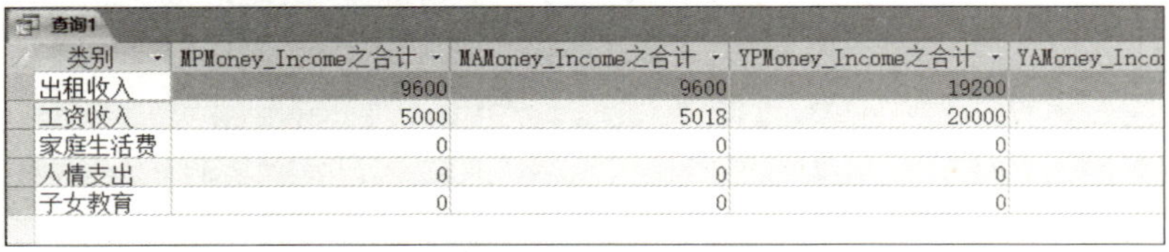

图 3-182　用选择查询求和 (9)

步骤 09 若感觉列标题【MPMoney_Income 之合计】太长，可以改一下，改为 MPI（M：Month，P：Plan，I：Income）。

后面的列同理，Pay 也简写为 P，即列名称修改如下。

【MPMoney_Income 之合计】：MPI

【MAMoney_Income 之合计】：MAI

【YPMoney_Income 之合计】：YPI

【YAMoney_Income 之合计】：YAI

【MPMoney_Pay 之合计】：MPP

【MAMoney_Pay 之合计】：MAP

【YPMoney_Pay 之合计】：YPP

【YAMoney_Pay 之合计】：YAP

对列名称修改后，如图 3-183 所示。

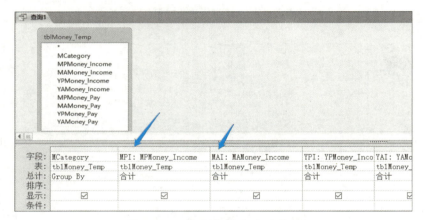

图 3-183　用选择查询求和(10)

步骤 10 在功能区的【设计】选项卡中单击【运行】按钮，数据显示如图 3-184 所示。

类别	MPI	MAI	YPI	YAI	MPP	MAP	YPP	YAP
出租收入	9600	9600	19200	9600	0	0	0	0
工资收入	5000	5018	20000	5018	0	0	0	0
家庭生活费	0	0	0	0	6000	4500	6000	4500
人情支出	0	0	0	0	500	0	500	0
子女教育	0	0	0	0	3000	300	3000	300

图 3-184　用选择查询求和(11)

步骤 11 ①单击 Access 窗口左上角的 ■ 按钮，②在【查询名称】文本框中输入 qryMoneyCount，③单击【确定】按钮保存该查询，如图 3-185 所示。

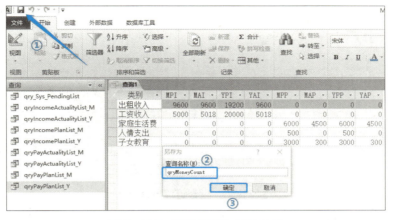

图 3-185　用选择查询求和 (12)

步骤 12 关闭 qryMoneyCount 查询，这样对 tblMoney_Temp 表按类别分组求和的选择查询 qryMoneyCount 就创建好了。

3.3.7　连续窗体显示数据

采用连续窗体来显示收支统计数据，和数据表窗体相比，优点是列标题可以灵活设置窗体背景颜色。创建连续窗体的具体操作步骤如下。

步骤 01 ①单击功能区中的【创建】选项卡，②单击【窗体设计】按钮，如图 3-186 所示。

图 3-186　创建连续窗体 (1)

步骤 02 进入窗体设计界面，①在属性表中单击【数据】选项卡，②找到【记录源】，如图 3-187 所示。

图 3-187　创建连续窗体 (2)

步骤 03 在【记录源】中选择"qryMoneyCount"表示，这个窗体的数据来自于 qryMoneyCount，如图 3-188 所示。

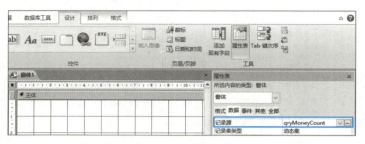

图 3-188　创建连续窗体 (3)

步骤 04 在功能区中单击【添加现有字段】按钮，出现字段列表，如图 3-189 所示。

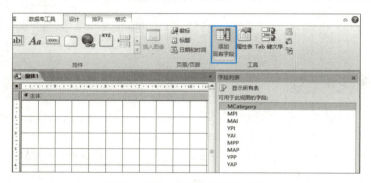

图 3-189　创建连续窗体 (4)

步骤 05 单击选中第一个字段 MCategory，按住 Shift 键不放开，同时单击选中最后一个字段 YAP，将字段列表中的全部字段用鼠标拖入窗体中，然后单击右上角的 ✕ 按钮，关闭字段列表窗口，如图 3-190 所示。

图 3-190　创建连续窗体 (5)

步骤 06 右击主体下方，在弹出的快捷菜单中选择【窗体页眉/页脚】命令，如图 3-191 所示。

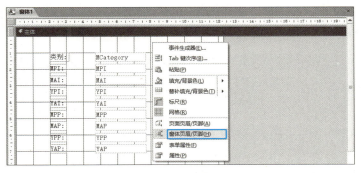

图 3-191 创建连续窗体(6)

步骤 07 出现窗体页眉/页脚后,窗体设计视图如图 3-192 所示。

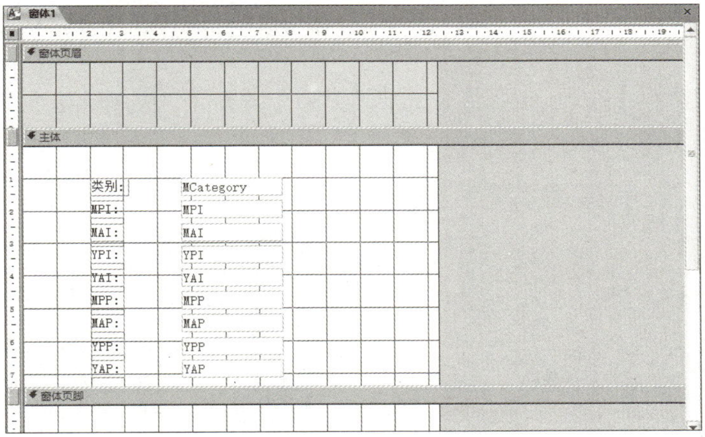

图 3-192 创建连续窗体(7)

步骤 08 单击【窗体页脚】,在属性表的【格式】选项卡中,将【高度】设置为 0,将所有标签全部选中,剪切后粘贴至窗体页眉,并调整为适当的宽度、高度和位置,调整后页面如图 3-193 所示。

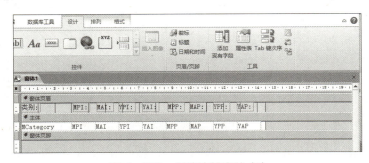

图 3-193 创建连续窗体(8)

步骤 09 ①双击左上角的■按钮,出现该窗体的属性,②选择【格式】选项卡,③【默认视图】设置为"连续窗体",如图 3-194 所示。

图 3-194　创建连续窗体(9)

步骤 10 在【格式】选项卡中,将【记录选择器】和【导航按钮】均设置为"否",如图 3-195 所示。

步骤 11 在【数据】选项卡中,将【记录集类型】设置为"快照",快照指数据将不能新增、修改、删除,如图 3-196 所示。

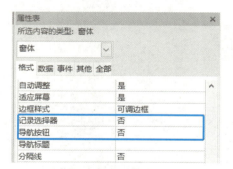

图 3-195　创建连续窗体(10)

图 3-196　创建连续窗体(11)

步骤 12 调高窗体页眉,创建 4 个标签并对所有标签进行命名,如图 3-197 所示。

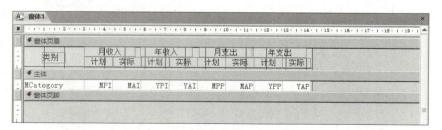

图 3-197　创建连续窗体(12)

步骤 13 保存窗体,将窗体命名为"frmMoneyCountList"。关闭 frmMoneyCountList 窗体的设计视图,在导航窗格中双击 frmMoneyCountList,如图 3-198 所示。

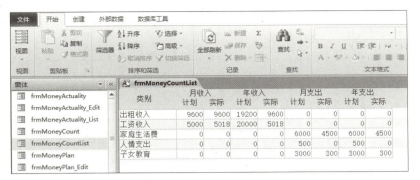

图 3-198　创建连续窗体 (13)

关闭 frmMoneyCountList 窗体，接下来要把 frmMoneyCountList 窗体作为 frmMoneyCount 窗体的子窗体，用子窗体控件实现，具体操作步骤如下。

步骤 01 在导航窗格中选中 frmMoneyCount，进入窗体设计视图，①选择功能区中的【设计】选项卡，②找到【子窗体/子报表】控件，单击【子窗体/子报表】控件，在窗体视图的【年度】下方单击，如图 3-199 所示。

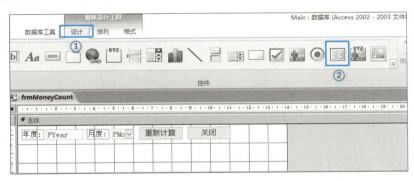

图 3-199　子窗体控件设计 (1)

步骤 02 出现了一个未绑定的子窗体控件（如果弹出【子窗体向导】，则单击【取消】按钮），如图 3-200 所示。

图 3-200　子窗体控件设计 (2)

步骤 03 选中子窗体控件，再单击【属性表】按钮，①选择属性表中的【其他】选项卡，②找到【名称】项，如图 3-201 所示。

图 3-201　子窗体控件设计 (3)

步骤 04 将【名称】改为"sfrList"（sfr 是英文 SubForm 的缩写），如图 3-202 所示。

图 3-202　子窗体控件设计 (4)

步骤 05 ①切换到属性表中的【数据】选项卡，②在【源对象】中选择"frmMoneyCountList"，如图 3-203 所示。

图 3-203　子窗体控件设计 (5)

步骤 06 ①切换到【格式】选项卡，②将【垂直定位点】设置为"两者"，这样子窗体的高度会和设计时距离上下边距保持不变，如图 3-204 所示。

步骤 07 对子窗体上的控件位置和大小进行调整，删除子窗体标签 (Child7)，调整后的窗体界面如图 3-205 所示。

图 3-204 子窗体控件设计 (6)

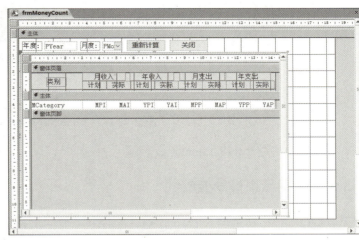

图 3-205 子窗体控件设计 (7)

步骤 08 保存并关闭 frmMoneyCount 窗体，在导航窗格中选中 frmMoneyCount 并双击打开窗体，效果如图 3-206 所示。

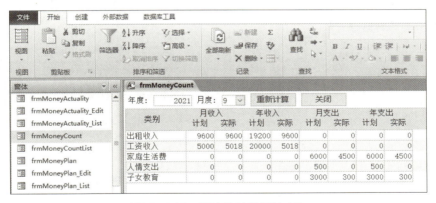

图 3-206 子窗体控件设计 (8)

步骤 09 当在【月度】组合框中选择一个别的月份时，单击【重新计算】按钮，子窗体中的数据并没有任何变化，这是因为还没有写 VBA 代码去实现根据月度的变化来改变月初和月末日期，在导航窗格中双击打开 tblParameter 表可以看到显示效果，如图 3-207 所示。

图 3-207　tblParameter 表

步骤 10 关闭 tblParameter 表。

3.3.8　更新查询改变参数

更新查询是 Access 数据库查询中的一个类型，可以用来改变表中的值。通过建立更新查询更改参数表 tblParameter 中值的具体操作步骤如下。

步骤 01 ①在功能区中单击【创建】选项卡，②单击【查询设计】按钮，如图 3-208 所示。

步骤 02 ①在弹出的【显示表】对话框中选择"tblParameter"，②单击【添加(A)】按钮，③单击【关闭(C)】按钮，关闭【显示表】对话框，如图 3-209 所示。

图 3-208　创建更新查询(1)

图 3-209　创建更新查询(2)

步骤 03 在功能区的【设计】选项卡中，①单击【更新】按钮，②双击查询 1 中的"MonthFirstDay"（或者用鼠标拖至下方的列中），如图 3-210 所示。

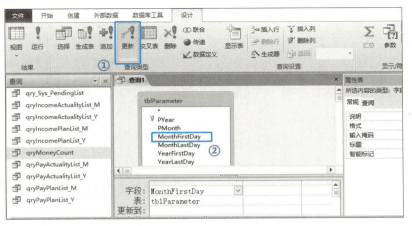

图 3-210 创建更新查询(3)

步骤 04 在【更新到】所在行的 MonthFirstDay 列中，输入值 2021-5-1，会自动改变为：#2021-05-01#，如图 3-211 所示。

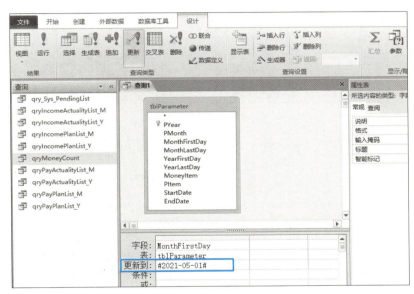

图 3-211 创建更新查询(4)

将图 3-212 中的【更新到】理解为"更新为"会更易理解，即把这个字段的值更新为某值。

步骤 05 单击 Access 窗口左上角的 ■ 按钮，在【查询名称】文本框中输入 qryParameter，单击【确定】按钮保存查询，如图 3-212 所示。

步骤 06 单击 qryParameter 查询设计视图右上角的 ✕ 按钮，关闭该查询设计视图，如图 3-213 所示。

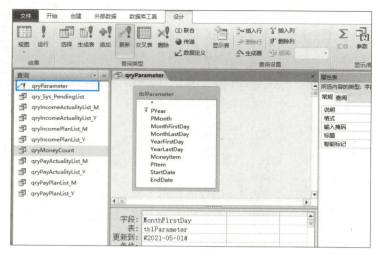

图 3-212　创建更新查询(5)

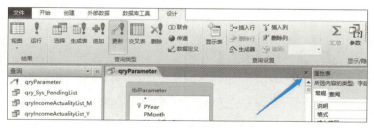

图 3-213　创建更新查询(6)

步骤 07 在导航窗格中双击 qryParameter 查询,打开 tblParameter 表可以看到表中的月初日期更新为"2021-05-01",如图 3-214 所示。

图 3-214　创建更新查询(7)

步骤 08 更新查询和删除查询一样,可以用 VBA 代码执行,从 qryParameter 查询的 SQL 视图中复制 SQL 代码以供 VBA 代码使用。

VBA 代码执行更新查询的具体操作步骤如下。

步骤 01 ①在导航窗格中选中 qryParameter 查询,右击,②在快捷菜单中选择【设计视图】命令,如图 3-215 所示。

图 3-215　获得查询中的 SQL 代码（1）

步骤 02 进入 qryParameter 查询的设计视图后，单击左上角【视图】下方的下拉按钮，如图 3-216 所示。

图 3-216　获得查询中的 SQL 代码（2）

步骤 03 在菜单中选择【SQL 视图】命令，如图 3-217 所示。

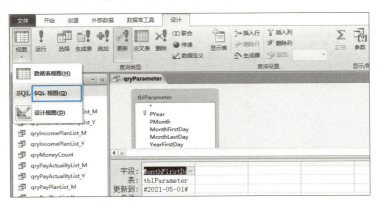

图 3-217　获得查询中的 SQL 代码（3）

步骤 04 进入 SQL 视图后，就可以查看 Access 自动生成的 SQL 代码，选中全部 SQL 代码，右击，在快捷菜单中选择【复制】命令，如图 3-218 所示。

图 3-218　获得查询中的 SQL 代码 (4)

步骤 05 关闭 qryParameter 查询设计视图，回到 frmMoneyCount 窗体的【重新计算】按钮的单击事件 VBA 代码区，粘贴刚才复制的 SQL 代码，如图 3-219 所示。

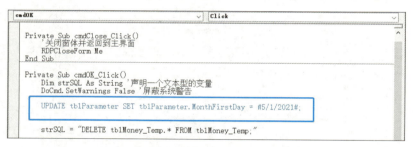

图 3-219　获得查询中的 SQL 代码 (5)

步骤 06 对代码进行修改，如图 3-220 所示。

图 3-220　获得查询中的 SQL 代码 (6)

步骤 07 这样就实现了用 VBA 代码来更新 tblParameter 表中 MonthFirstDay 列的值的目的。只是这个日期是固定日期，接下来的设计是将【5/1/2021】作为一个变量，根据用户对月份的选择来确定为相应月份的 1 日。

已知年份为 2021，月份为 5，如何得到月初第一天的日期呢？可以使用 DateSerial 函数，返回包含指定的年、月、日的日期。

语法：

```
DateSerial(year, month, day)
```

示例代码：

```
DateSerial(2021,5,1)  '2021 年 5 月 1 日
```

在 frmMoneyCount 窗体的设计视图中，①选中【月度】组合框，②可以看到【名称】为 PMonth，当选中年度文本框时，可看到名称为 PYear，如图 3-221 所示。

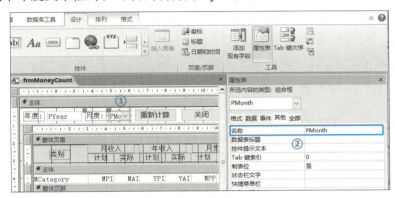

图 3-221　VBA 执行更新查询 (1)

步骤 08 在【重新计算】按钮的单击事件中添加如下代码。

```
Dim M_FirstDay As Date                       '声明一个日期型的变量
M_FirstDay = DateSerial(Me.PYear, Me.PMonth, 1)
```

写入上面的两行代码后，【重新计算】按钮的单击事件代码如图 3-222 所示。

图 3-222　VBA 执行更新查询 (2)

步骤 09 将 SQL 代码中的 5/1/2021 由常量改为变量 M_FirstDay，即把以下代码：

```
"UPDATE tblParameter SET tblParameter.MonthFirstDay = #5/1/2021#;"
```

改为：

```
"UPDATE tblParameter SET tblParameter.MonthFirstDay = #" & M_FirstDay & "#"
```

修改为变量后的代码如图 3-223 所示。

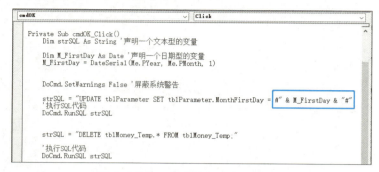

图 3-223　VBA 执行更新查询(3)

步骤 10　同理，对月末最后 1 天、年初第 1 天、年末最后 1 天的参数进行更改，具体代码如下。

```
Dim M_LastDay As Date            '声明一个日期型的变量  月末最后 1 天
M_LastDay = DateSerial(Me.PYear, Me.PMonth + 1, 0)
strSQL = "UPDATE tblParameter SET tblParameter.MonthLastDay = #" & M_LastDay & "#"
DoCmd.RunSQL strSQL              '执行 SQL 代码
Dim Y_FirstDay As Date           '声明一个日期型的变量  年初第 1 天
Y_FirstDay = DateSerial(Me.PYear, 1, 1)
strSQL = "UPDATE tblParameter SET tblParameter.YearFirstDay = #" & Y_FirstDay & "#"
DoCmd.RunSQL strSQL              '执行 SQL 代码
Dim Y_LastDay As Date            '声明一个日期型的变量  年末最后 1 天
Y_LastDay = DateSerial(Me.PYear, 12, 31)
strSQL = "UPDATE tblParameter SET tblParameter.YearLastDay = #" & Y_LastDay & "#"
DoCmd.RunSQL strSQL              '执行 SQL 代码
```

步骤 11　由于 frmMoneyCount 窗体绑定了 tblParameter 表，用 VBA 代码更改了数据后，需要刷新一下窗体，因此在代码的前面和最后都要添加一行刷新窗体的代码，具体代码如下。

```
Me.Refresh   '刷新窗体
```

添加更改月末最后 1 天、年初第 1 天、年末最后 1 天的更新查询代码后，VBA 界面如图 3-224 所示。

步骤 12　注意，在 cmdOK_Click() 事件的末尾，也需要添加一行刷新窗体的代码，如图 3-225 所示。

步骤 13　保存并关闭 frmMoneyCount 窗体，在导航窗格中双击 frmMoneyCount，选择一个月份，再单击【重新计算】按钮，数据将按照选定的月份和年度进行统计。

步骤 14　为便于后续的学习，在导航菜单中双击【实际收支】，再按月录入一些模拟数据，如图 3-226 所示。

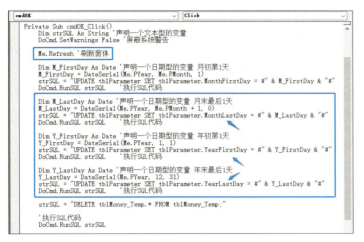

图 3-224　VBA 执行更新查询 (4)

图 3-225　VBA 执行更新查询 (5)

图 3-226　实际收支模拟数据

关闭收支管理,在导航窗格中双击 frmMoneyCount,选择 9 月份,再单击【重新计算】按钮,可以看到数据的每一列还缺少一个合计数。

对列添加合计数的具体操作步骤如下。

步骤 01 关闭 frmMoneyCount 窗体和主界面,在导航窗格中选中 frmMoneyCountList 并右击,进入窗体视图,如图 3-227 所示。

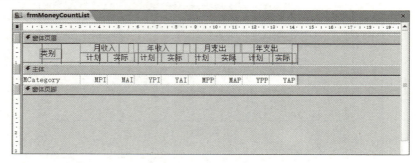

图 3-227 连续窗体列合计(1)

步骤 02 ①双击【窗体页脚】显示【属性表】,②选择属性表中的【格式】选项卡,③将【高度】设置为 0.6cm,如图 3-228 所示。

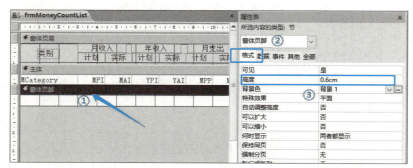

图 3-228 连续窗体列合计(2)

步骤 03 同时选中主体中的除 MCategory 之外的 8 个文本框,同时按快捷键 Ctrl +C(即复制),如图 3-229 所示。

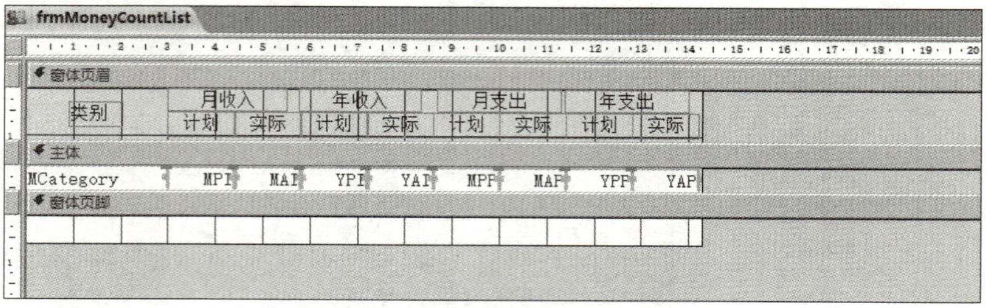

图 3-229 连续窗体列合计(3)

步骤 04 单击【窗体页脚】,同时按快捷键 Ctrl +V(即粘贴),①把刚才复制的 8 个文本框粘贴到窗体页脚,调整位置与主体上的文本框对齐,②再创建一个标签"合计",如图 3-230 所示。

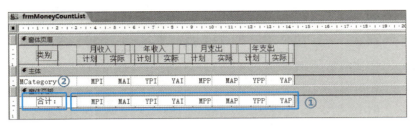

图 3-230　连续窗体列合计(4)

步骤 05 ①选中【窗体页脚】中的文本框 MPI,双击显示属性,②选择【数据】选项卡,③找到【控件来源】,如图 3-231 所示。

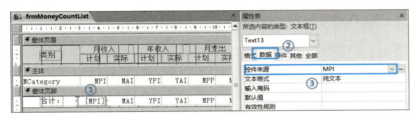

图 3-231　连续窗体列合计(5)

步骤 06 将【控件来源】中的 MPI 改为"=Sum([MPI])",即对本列进行求和,如图 3-232 所示。

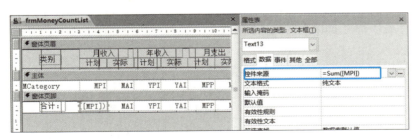

图 3-232　连续窗体列合计(6)

步骤 07 同理,其他七列都是用 =Sum([字段名])方式进行求和,保存并关闭 frmMoneyCountList。在导航窗格中双击 frmMoneyCount,可以看到对每一列的数据进行了合计,如图 3-233 所示。

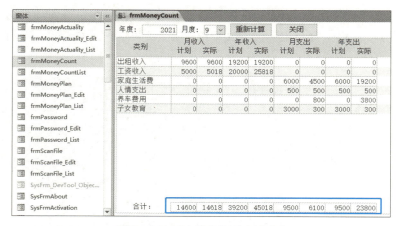

图 3-233　连续窗体列合计 (7)

3.3.9　图表分析开发思路

在进行图形分析时，图形会根据数据而变化。数据的变化则取决于图表的数据源，改变数据源条件，再刷新数据源和图形，图形将改变。

先建立一个用于图表数据源的明细查询 qryMoneyGraphList，在此查询中设置日期区间条件和收支类别条件。再基于 qryMoneyGraphList 查询统计图表数据源，建立图表数据源的 qryMoneyGraph 查询，当改变 qryMoneyGraphList 查询的条件时，即选择的数据发生了改变，基于明细查询进行统计的 qryMoneyGraph 查询的统计数据必然相应改变，从而改变图形。

在条件中将用到 Like 关键字。在查询的条件中，使用 Like 关键字可以检索出包含关键字的数据，具体有下面 4 种用法。

- Like "*"　显示所有数据。
- Like " 上海 *"　显示以"上海"开头的数据。
- Like "* 上海 "　显示以"上海"结尾的数据。
- Like "* 上海 *"　显示包含"上海"的数据。

例如：Like "*" & 变量 & "*"，如果变量为空值，则等同于 Like "*"，如果变量的值是上海，则等同于 Like "* 上海 *"。

3.3.10　图表数据源设计

创建用于图表数据源的明细查询 qryMoneyGraphList，具体操作步骤如下。

步骤 01 ①在功能区中单击【创建】选项卡，②单击【查询设计】按钮，如图 3-234 所示。

步骤 02 在【显示表】对话框中，①单击选中 tblMoneyActuality 表（实际收支表），②单击【添加(A)】按钮，③单击【关闭(C)】按钮，如图 3-235 所示。

图 3-234 图表明细数据查询(1)

图 3-235 图表明细数据查询(2)

步骤 03 双击【查询1】中的"MADate、MAIncome、MCategory、MAMoney"4 个字段，使其显示在下方列表中，如图 3-236 所示。

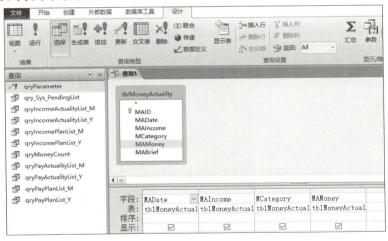

图 3-236 图表明细数据查询(3)

步骤 04 日期条件是年初第 1 天至年末最后 1 天，该日期起止的参数值在 tblParameter 表的 YearFirstDay 和 YearLastDay 中，因此在条件所在行的 MADate 列输入条件：

Between DLookUp("YearFirstDay","tblParameter") And DLookUp("YearLastDay","tblParameter")

输入日期条件后，界面如图 3-237 所示。

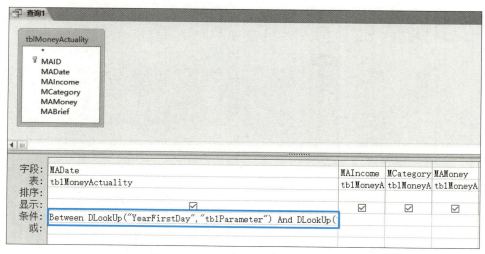

图 3-237　图表明细数据查询 (4)

步骤 05 收支类别条件的参数值在 tblParameter 表的 MoneyItem 中，因此在条件所在行的 MCategory 列输入条件：

`Like "*" & DLookUp("MoneyItem","tblParameter")`

这里没写后面的 &"*"，条件是以收支类别结尾的数据，输入条件后，如图 3-238 所示。

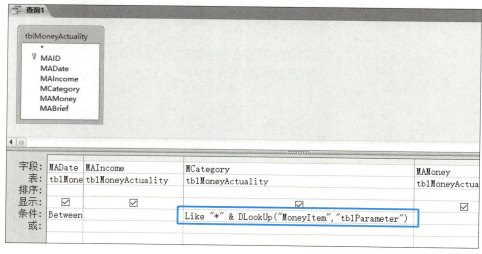

图 3-238　图表明细数据查询 (5)

单击功能区中的【运行】按钮，可以看出查询中只有【日期】没有【月份】,有【是否收入】勾选或不勾选，没有"收入"和"支出"值，如图 3-239 所示。缺少 MoneyItem 和 MMonth 两列，进行收入和支出对比需要 MoneyItem 列，分月显示数据需要 MMonth 列。

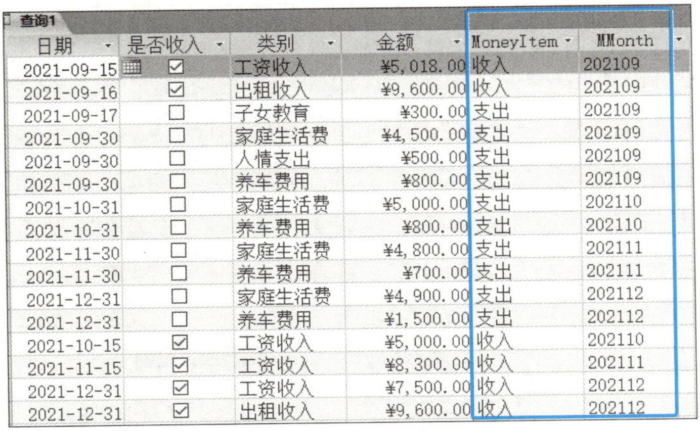

查询1

日期	是否收入	类别	金额	MoneyItem	MMonth
2021-09-15	☑	工资收入	¥5,018.00	收入	202109
2021-09-16	☑	出租收入	¥9,600.00	收入	202109
2021-09-17	☐	子女教育	¥300.00	支出	202109
2021-09-30	☐	家庭生活费	¥4,500.00	支出	202109
2021-09-30	☐	人情支出	¥500.00	支出	202109
2021-09-30	☐	养车费用	¥800.00	支出	202109
2021-10-31	☐	家庭生活费	¥5,000.00	支出	202110
2021-10-31	☐	养车费用	¥800.00	支出	202110
2021-11-30	☐	家庭生活费	¥4,800.00	支出	202111
2021-11-30	☐	养车费用	¥700.00	支出	202111
2021-12-31	☐	家庭生活费	¥4,900.00	支出	202112
2021-12-31	☐	养车费用	¥1,500.00	支出	202112
2021-10-15	☑	工资收入	¥5,000.00	收入	202110
2021-11-15	☑	工资收入	¥8,300.00	收入	202111
2021-12-31	☑	工资收入	¥7,500.00	收入	202112
2021-12-31	☑	出租收入	¥9,600.00	收入	202112

图 3-239　图表明细数据查询 (6)

步骤 06 回到查询的设计视图，在 MAMoney 列后面增加两列代码。

```
MoneyItem: IIf([MAIncome]=True," 收入 "," 支出 ")
MMonth: Format([madate],"yyyymm")
```

增加两列代码后，界面如图 3-240 所示。

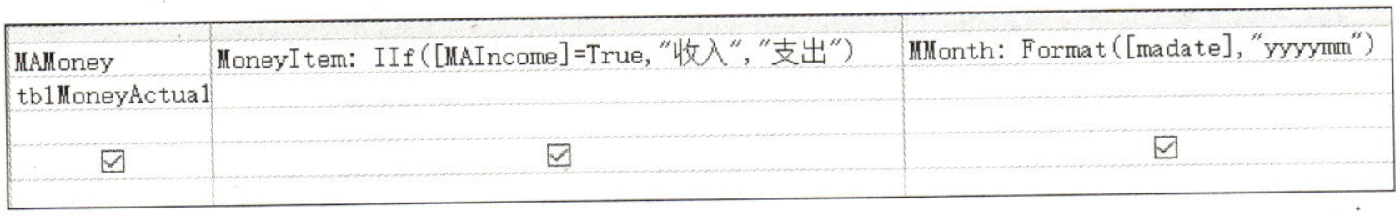

MAMoney	MoneyItem: IIf([MAIncome]=True,"收入","支出")	MMonth: Format([madate],"yyyymm")
tblMoneyActual		
☑	☑	☑

图 3-240　图表明细数据查询 (7)

步骤 07 单击 Access 窗口左上角的按钮，在【查询名称】文本框输入 qryMoneyGraphList，单击【确定】按钮保存查询。关闭 qryMoneyGraphList 查询，这样就完成了设置条件的图表明细数据查询，图表数据源将在此查询的基础上进行统计。

接下来创建图表数据源 qryMoneyGraph 查询，具体操作步骤如下。

步骤 01 ①在功能区中单击【创建】选项卡，②单击【查询设计】按钮，如图 3-241 所示。

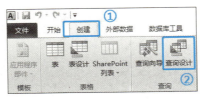

图 3-241　图表数据源查询设计 (1)

步骤 02 在【显示表】对话框中，①单击选中 qryMoneyGraphList 查询，②单击【添加 (A)】按钮，③单击【关闭 (C)】按钮，如图 3-242 所示。

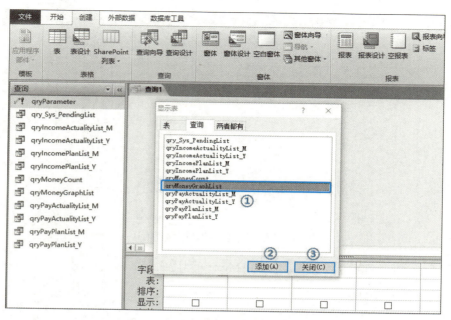

图 3-242　图表数据源查询设计 (2)

步骤 03 双击【查询1】中的"MoneyItem、MMonth、MAMoney"3个字段，使其显示在下方列表中，如图 3-243 所示。

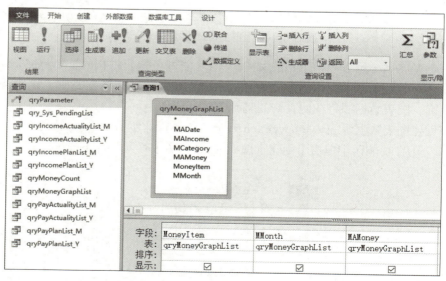

图 3-243　图表数据源查询设计 (3)

步骤 04 将鼠标光标移至框内的区域右击，如图 3-244 所示。

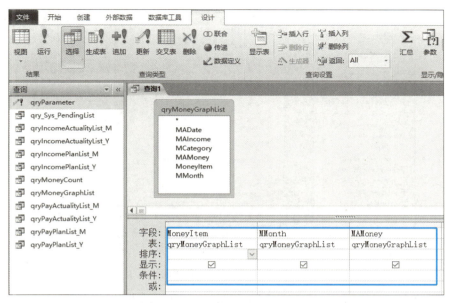

图 3-244　图表数据源查询设计(4)

步骤 05 右击后，在快捷菜单中选择【汇总】命令，如图 3-245 所示。

图 3-245　图表数据源查询设计(5)

步骤 06 选择【汇总】命令后，出现【总计】行，对 MAMoney 列设置为"合计"，并设置每列的标题（设置标题时，冒号是半角的，不能是全角的）和按项目、月份排序，如图 3-246 所示。

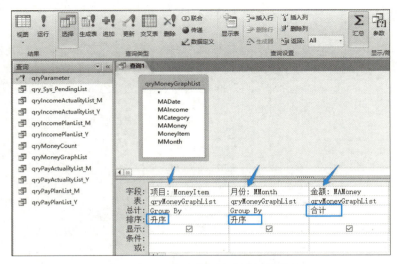

图 3-246　图表数据源查询设计 (6)

步骤 07 单击功能区中的【运行】按钮，按【项目】和【月份】对金额进行了求和，如图 3-247 所示。

图 3-247　图表数据源查询设计 (7)

步骤 08 单击 Access 窗口左上角的 按钮，在【查询名称】文本框中输入 qryMoneyGraph，单击【确定】按钮保存该查询。关闭 qryMoneyGraph 查询，这样就完成了图表数据源查询的设计。

3.3.11　分月收支对比柱形图

创建柱形图来分析每个月的收支，具体操作步骤如下。

步骤 01 在导航窗格中选中 frmMoneyCount 窗体并右击，选择【设计视图】命令，进入窗体的设计视图，把子窗体控件 sfrList 移到右边，如图 3-248 所示。

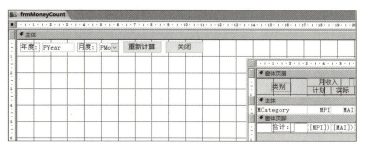

图 3-248　柱形图的设计(1)

步骤 02 在功能区的【设计】选项卡中单击【图表】控件,在窗体设计视图【年度】标签的下方单击,然后拉出一个方框,松开鼠标左键,这时将启动【图表向导】,如图 3-249 所示。

图 3-249　柱形图的设计(2)

步骤 03 在【图表向导】中,①选择【查询】单选按钮,②单击【下一步】按钮,如图 3-250 所示。

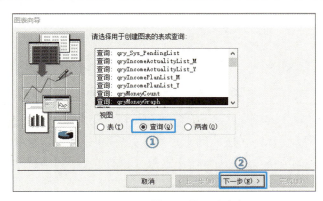

图 3-250　柱形图的设计(3)

步骤 04 单击 >> 按钮,将"项目""月份""金额"3个字段都移至右边的【用于图表的字段】列表框中,然后单击【下一步】按钮,如图 3-251 所示。

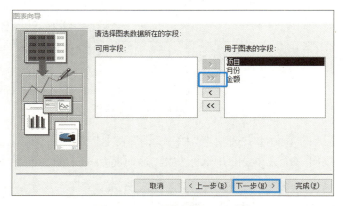

图 3-251　柱形图的设计 (4)

步骤 05 ①使用默认选中的第一个图表的类型,即柱形图,②单击【下一步】按钮,如图 3-252 所示。

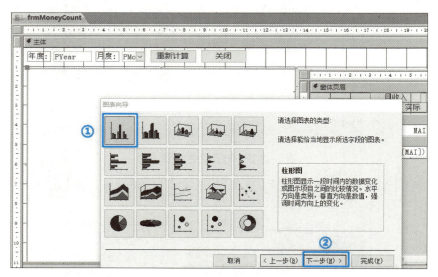

图 3-252　柱形图的设计 (5)

步骤 06 默认【项目】在图表下方,【月份】在右边,对两者的位置进行互换,①在【项目】上按住鼠标左键不要放开,②拖放到【月份】处,如图 3-253 所示。

步骤 07 使用同样的方法,①在【月份】上按住鼠标左键不要放开,②拖放到【项目】处,单击【下一步】按钮,如图 3-254 所示。

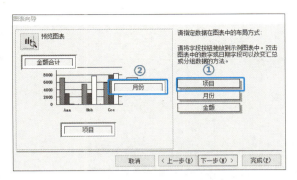

图 3-253 柱形图的设计 (6)

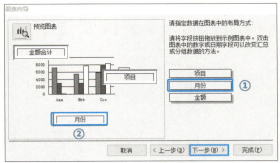

图 3-254 柱形图的设计 (7)

步骤 08 对于链接字段，在这里不需要设置，单击【下一步】按钮，如图 3-255 所示。

步骤 09 ①指定图表的标题为"分月趋势图"，②默认选择【是，显示图例】单选按钮，单击【完成】按钮，如图 3-256 所示。

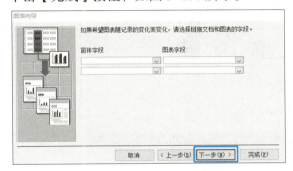

图 3-255 柱形图的设计 (8)

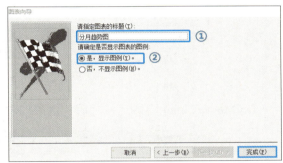

图 3-256 柱形图的设计 (9)

这样就完成了柱形图的创建，如图 3-257 所示。

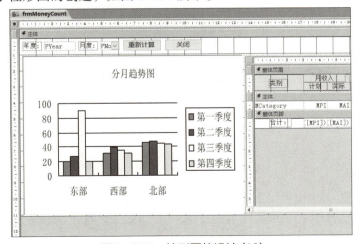

图 3-257 柱形图的设计 (10)

步骤 10 ①单击 Access 窗口左上角的 按钮，保存窗体，②在功能区的【设计】选项卡中单击【视图】按钮运行窗体，如图 3-258 所示。

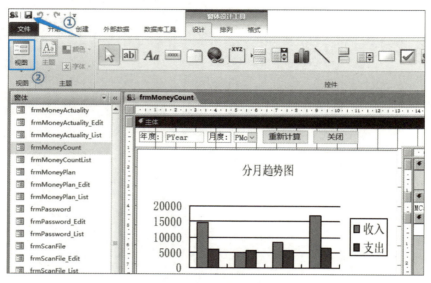

图 3-258　柱形图的设计 (11)

frmMoneyCount 窗体运行之后，效果如图 3-259 所示。

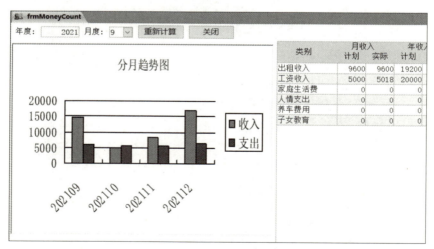

图 3-259　柱形图的设计 (12)

步骤 11 从图 3-259 中可以看出，还需要调整字体大小、位置等，回到窗体设计视图，选中图表控件，①选择属性表中的【其他】选项卡，②【名称】项设置为 graMoney（gra 是英文 Graph 的缩写），如图 3-260 所示。

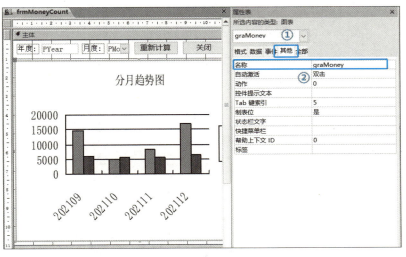

图 3-260　柱形图的设计 (13)

步骤 12 ①选择属性表中的【格式】选项卡，②【缩放模式】项设置为"剪裁"，如图 3-261 所示。

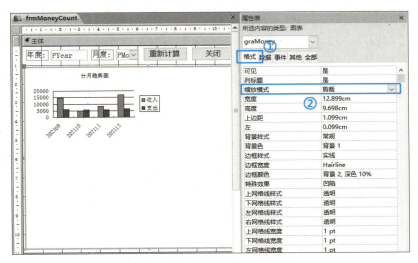

图 3-261　柱形图的设计 (14)

步骤 13 选中图表控件并右击，①在快捷菜单中选择【图表对象】命令，②选择【编辑】命令，如图 3-262 所示。

步骤 14 进入图表编辑状态后，用鼠标拖动图表右下角的黑框，往下、往右拖放，如图 3-263 所示。

步骤 15 选中图表，将字号设置为 9，如图 3-264 所示。

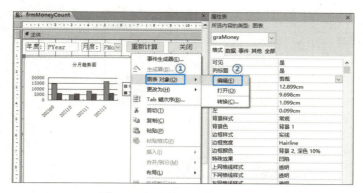

图 3-262　柱形图的设计 (15)

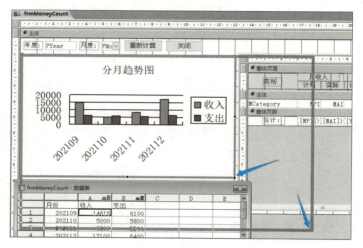

图 3-263　柱形图的设计 (16)

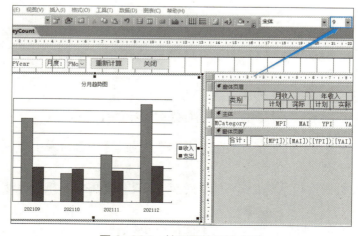

图 3-264　柱形图的设计 (17)

步骤 16 将图例的位置调整至图表下方,如图 3-265 所示。

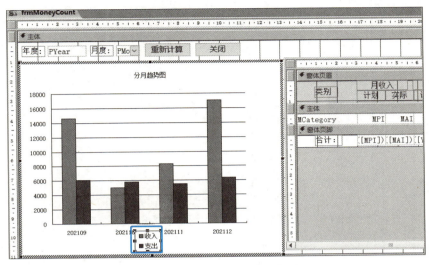

图 3-265 柱形图的设计(18)

步骤 17 双击图例,弹出【图例格式】对话框,①选择【图案】选项卡,②【边框】选择"无",然后单击【确定】按钮,如图 3-266 所示。

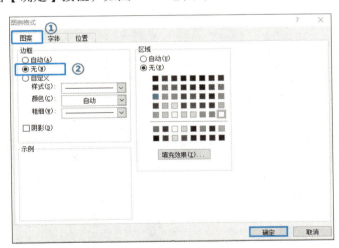

图 3-266 柱形图的设计(19)

步骤 18 用鼠标拖动图例中的小黑框,往右拖放将两行变成一行,如图 3-267 所示。
步骤 19 对图例的位置适当调整,拉宽【绘图区】,如图 3-268 所示。
步骤 20 单击选中横坐标轴,如图 3-269 所示。

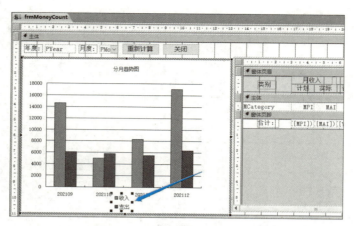

图 3-267　柱形图的设计 (20)

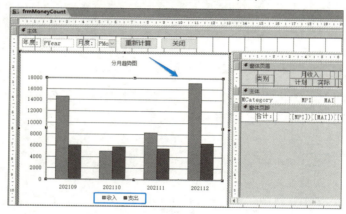

图 3-268　柱形图的设计 (21)

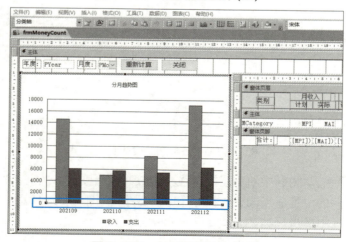

图 3-269　柱形图的设计 (22)

步骤 21 双击或者在菜单栏的【格式】菜单中选择【所选坐标轴】命令,如图 3-270 所示。

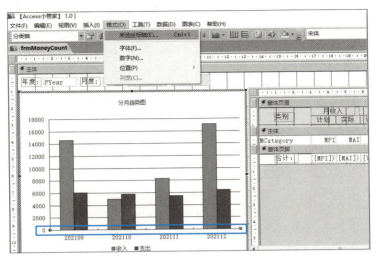

图 3-270 柱形图的设计(23)

步骤 22 在【坐标轴格式】对话框中,①选择【对齐】选项卡,②设置【方向】为 45 度,单击【确定】按钮,如图 3-271 所示。

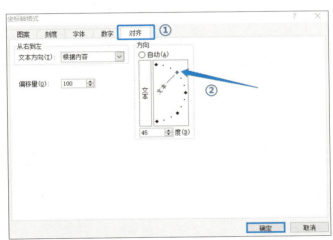

图 3-271 柱形图的设计(24)

步骤 23 ①选中图表标题,②将字号设置为 11,③字体加粗,如图 3-272 所示。

步骤 24 退出图表编辑状态,①选择属性表中的【数据】选项卡,②将【可用】设置为"否",【是否锁定】设置为"是",如图 3-273 所示。

步骤 25 ①切换到【格式】选项卡中,②【边框样式】设置为"透明",③【特殊效果】设置为"平面",如图 3-274 所示。

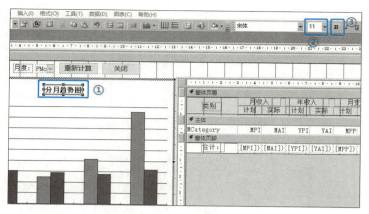

图 3-272 柱形图的设计 (25)

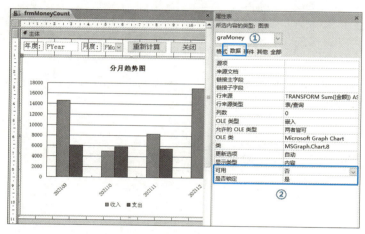

图 3-273 柱形图的设计 (26)

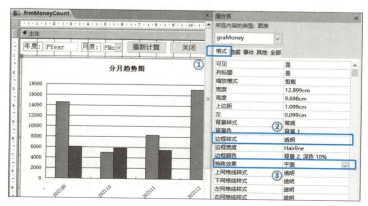

图 3-274 柱形图的设计 (27)

步骤 26 保存并运行 frmMoneyCount 窗体，效果如图 3-275 所示。

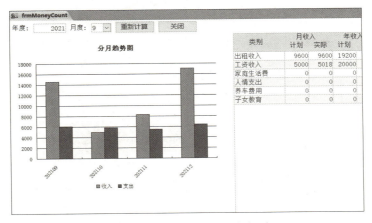

图 3-275　柱形图的设计 (28)

这样就完成了柱形图的设计。

3.3.12　分月收支趋势折线图

创建折线图和创建柱形图的步骤差不多，就是在创建柱形图进行到步骤 05 时，将图表类型选择为【折线图】，如图 3-276 所示。

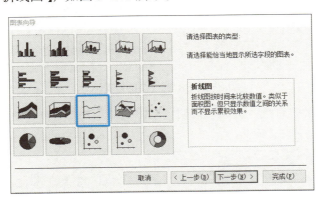

图 3-276　折线图的设计 (1)

对折线图的图表进行编辑，优化图表属性中的各种设置，过程基本与创建柱形图时一样，参考柱形图的设置即可。下面主要讲解一下如何用 VBA 代码直接将柱形图更改为折线图，具体操作步骤如下。

步骤 01 进入 frmMoneyCount 窗体的设计视图，①往下移动图表控件，为选项组腾出位置，②在功能区的【设计】选项卡中单击【选项组】，如图 3-277 所示。

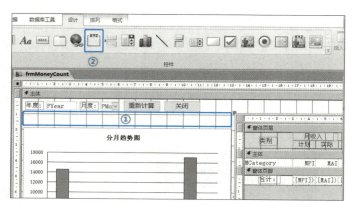

图 3-277　折线图的设计 (2)

步骤 02 在"年度"下方单击，①往右拖动成一个框（这时如果启动了【选项组向导】，直接将向导关闭），②在功能区的【设计】选项卡中单击【选项按钮】，如图 3-278 所示。

图 3-278　折线图的设计 (3)

步骤 03 往选项组中放置 3 个选项按钮，删除选项组的标签（即左上角的 Frame11），如图 3-279 所示。

图 3-279　折线图的设计 (4)

步骤 04 将 3 个选项按钮的标签分别修改为柱形图、折线图、饼形图，①选中第一个选项按钮，②选择属性表中的【数据】选项卡，③可以看到【选项值】为 1（另两个选项按钮的值分别为 2 和 3），如图 3-280 所示。

图 3-280　折线图的设计 (5)

步骤 05 ①选中选项组的边框，②选择属性表中的【其他】选项卡，③将【名称】设置为 grpMoney（grp 是英文 OptionGroup 的缩写），如图 3-281 所示。

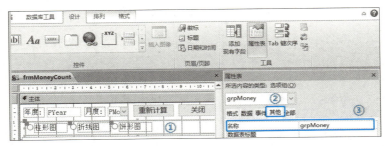

图 3-281　折线图的设计 (6)

步骤 06 ①切换到【数据】选项卡，②【默认值】设置为 1，这样在运行窗体时，将默认选中值为 1 的按钮，即柱形图，如图 3-282 所示。

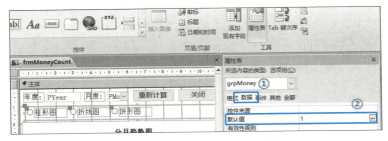

图 3-282　折线图的设计 (7)

步骤 07 ①切换到【格式】选项卡，②将【边框样式】设置为"透明"，如图 3-283 所示。

步骤 08 ①切换到【事件】选项卡，②【更新后】事件选择"[事件过程]"，单击右边的 … 按钮，如图 3-284 所示。

图 3-283　折线图的设计 (8)

图 3-284　折线图的设计 (9)

步骤 09 进入选项组 grpMoney 的更新后事件中，写如下 VBA 代码。

```
Select Case Me.grpMoney
Case 1
    Me.graMoney.Object.ChartType = 51 'xlColumnClustered        '柱形图
Case 2
    Me.graMoney.Object.ChartType = 4 'xlLine                    '折线图
Case 3

End Select
```

步骤 10 更新后事件添加代码后，如图 3-285 所示。

图 3-285　折线图的设计 (10)

步骤 11 值为3时是饼形图，将在下一小节中进行讲解，这里暂不写入代码。保存关闭 frmMoneyCount 窗体，然后双击运行 frmMoneyCount 窗体，选择【折线图】，效果如图 3-286 所示。

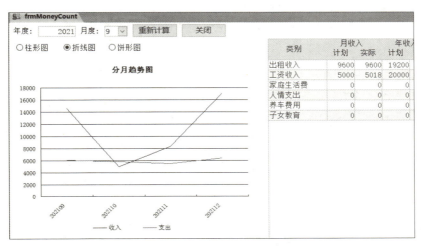

图 3-286 折线图的设计 (11)

这样就完成了折线图的设计。

3.3.13 单项收支图形分析

当需要显示某一个类别的分月趋势图时，例如图 3-286 中的"家庭生活费"，通过鼠标双击"家庭生活费"，显示该类别的分月趋势图。这个功能可用 VBA 代码更改图表数据来源来实现。图表数据来源为【qryMoneyGraphList】查询，可以在该查询的类别【MCategory】列设置条件,条件值取自【tblParameter】表中的【MoneyItem】字段。

tblParameter 表中的 MoneyItem 列如果为空值，是指所有收支类别的数据，图表将显示每个月的收支总额；如果有具体的类别，则图表就只显示相应类别的数据。

单项收支图形分析开发的具体操作步骤如下。

步骤 01 进入 frmMoneyCount 窗体的设计视图，①在分月趋势图的左边放置一个文本框，文本框命名为：txtMoneyItem，并删除文本框的标签，②选择【格式】选项卡，③设置【边框样式】为"透明"，④设置【文本对齐】【字体粗细】分别为"右""加粗"，如图 3-287 所示。

步骤 02 ①将文本框的属性切换到【数据】选项卡，②在【控件来源】下拉列表中选择 MoneyItem，如图 3-288 所示。

步骤 03 关闭 frmMoneyCount 窗体设计视图，在导航窗格中选中 frmMoneyCountList 窗体进入其窗体视图，①选中并双击文本框 MCategory，弹出属性表，②选择【事件】选项卡，③选择【双击】事件中的"[事件过程]"，如图 3-289 所示。

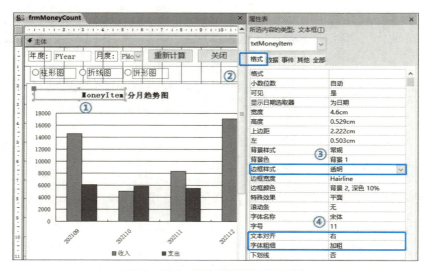

图 3-287　单项类别图形分析 (1)

图 3-288　单项类别图形分析 (2)

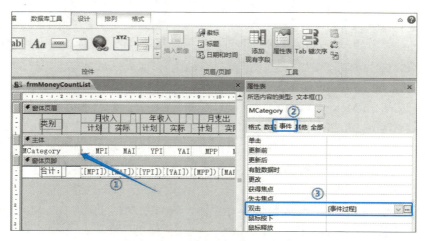

图 3-289　单项类别图形分析 (3)

步骤 04 单击"[事件过程]"右边的...按钮，进入 MCategory 文本框的双击事件，在事件中添加如下代码。

```
On Error Resume Next            '出错处理代码
'让主窗体上的 txtMoneyItem 等于双击所在行的 TCategory
Form_frmMoneyCount!txtMoneyItem = Me.MCategory
Form_frmMoneyCount.Refresh      '刷新窗体
```

步骤 05 双击事件添加代码后，如图 3-290 所示。

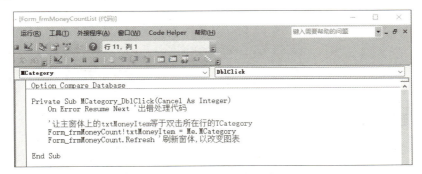

图 3-290　单项类别图形分析（4）

步骤 06 保存并关闭 frmMoneyCountList 窗体。在导航窗格中选中 frmMoneyCount 窗体并双击运行该窗体，①在右边子窗体的【类别】列中双击"养车费用"，②这时图表就显示了养车费用的分月趋势图，如图 3-291 所示。

图 3-291　单项类别图形分析（5）

步骤 07 双击其他的类别，将显示相应类别的分月趋势图。由于 tblParameter 表的 MoneyItem 列中现在只设置了一个类别，所以无法显示所有收支类别的汇总，因此，需要在【重新计算】按钮的单击事件中添加一行代码，让 txtMoneyItem 文本框为空值。

```
Me.txtMoneyItem = Null
```

添加代码后，如图 3-292 所示。

图 3-292　单项类别图形分析 (6)

步骤 08　保存并关闭 frmMoneyCount 窗体，这样就完成了单项收支图形分析的设计。

3.3.14　某月支出百分比饼图

前面柱形图、折线图反映的是月度的收入或支出趋势，数据源是 qryMoneyGraph。对于年度分类别的支出，在 3.3.6 小节创建的 qryMoneyCount 查询中，年实际支出是 YAP 列，用饼图更适合展示其百分比。用 qryMoneyCount 查询作为饼图的数据源，设计饼图的具体操作步骤如下。

步骤 01　在导航窗格中选中 frmMoneyCount 窗体，右击后，选择【设计视图】命令，进入窗体的设计视图，如图 3-293 所示。

图 3-293　饼图的设计 (1)

步骤 02　①单击功能区中的【设计】选项卡，②单击【图表】控件，如图 3-294 所示。

图 3-294　饼图的设计 (2)

步骤 03 单击【图表】控件之后,在窗体设计视图【月度】标签的下方单击,然后拉出一个方框,放开鼠标左键,这时将启动【图表向导】,如图3-295所示。

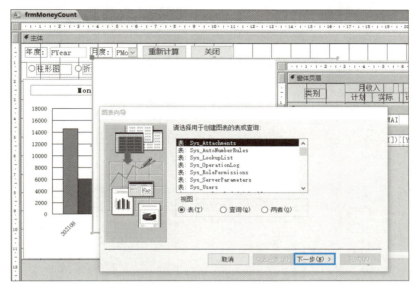

图3-295 饼图的设计(3)

步骤 04 在【图表向导】中选择【查询】,然后单击【下一步】按钮,如图3-296所示。

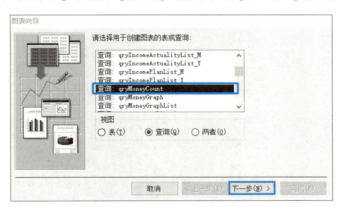

图3-296 饼图的设计(4)

步骤 05 单击 > 按钮,将类别 MCategory、年实际支出金额 YAP 两个字段移至右边【用于图表的字段】,然后单击【下一步】按钮,如图3-297所示。

步骤 06 选中第四排左一的图表类型,即饼图,单击【下一步】按钮,如图3-298所示。

图 3-297　饼图的设计 (5)

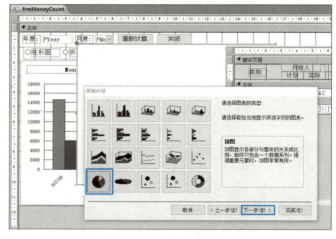

图 3-298　饼图的设计 (6)

步骤 07 指定数据在图表中的布局方式，单击【下一步】按钮，如图 3-299 所示。

步骤 08 对于链接字段，在这里不需要设置，单击【下一步】按钮，如图 3-300 所示。

图 3-299　饼图的设计 (7)

图 3-300　饼图的设计 (8)

步骤 09 ①指定图表的标题为"年支出分类百分比",②选择【否,不显示图例】单选按钮,单击【完成】按钮,如图 3-301 所示。

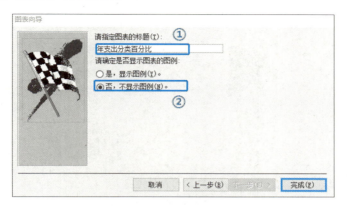

图 3-301　饼图的设计 (9)

这样就完成了饼图的创建,如图 3-302 所示。

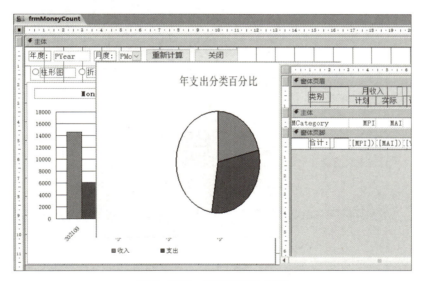

图 3-302　饼图的设计 (10)

步骤 10 把饼图移向左边一些,与下方的柱形图左边距相同,如图 3-303 所示。

步骤 11 ①单击 Access 窗口左上角的 按钮保存窗体,②在功能区的【设计】选项卡中单击【视图】按钮运行窗体,如图 3-304 所示。

步骤 12 frmMoneyCount 窗体运行之后,效果如图 3-305 所示。

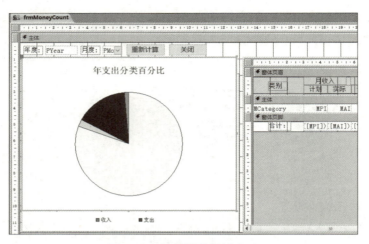

图 3-303　饼图的设计 (11)

图 3-304　饼图的设计 (12)

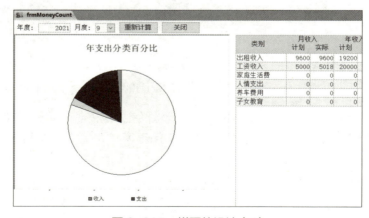

图 3-305　饼图的设计 (13)

步骤 13 从图 3-305 中还看不出每个类别的支出百分比,回到窗体设计视图,选中图表控件,①选择属性表中的【其他】选项卡,②将【名称】项设置为 graItemMoney,如图 3-306 所示。

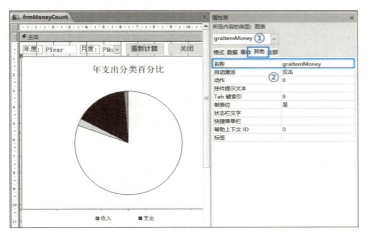

图 3-306 饼图的设计 (14)

步骤 14 ①选择属性表中的【格式】选项卡,②【缩放模式】选项设置为"剪裁",③【边框样式】设置为"透明",如图 3-307 所示。

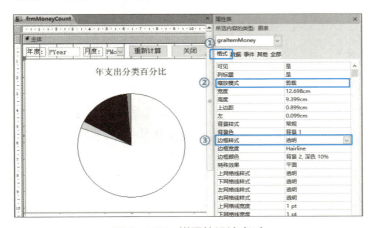

图 3-307 饼图的设计 (15)

步骤 15 选中 graItemMoney 图表控件并右击,①在快捷菜单中选择【图表对象】命令,②选择【编辑】命令,如图 3-308 所示。

步骤 16 进入图表编辑状态后,在圆形区域内单击一次,然后右击,在快捷菜单中选择【设置数据系列格式】命令,如图 3-309 所示。

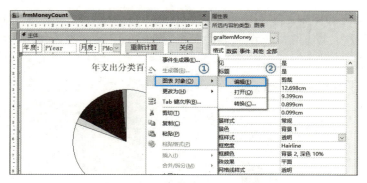

图 3-308　饼图的设计 (16)

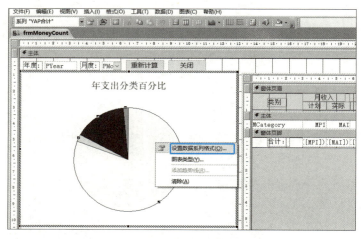

图 3-309　饼图的设计 (17)

步骤 17 在【数据系列格式】对话框中，①单击【数据标签】选项卡，②勾选【类别名称】复选框，③勾选【百分比】复选框，单击【确定】按钮，如图 3-310 所示。

图 3-310　饼图的设计 (18)

步骤 18 选中图表,将字号设置为 9,如图 3-311 所示。

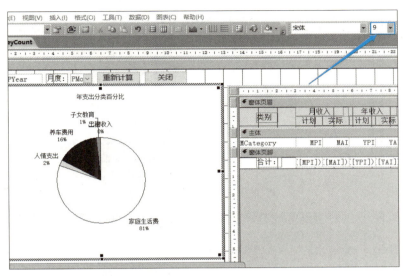

图 3-311 饼图的设计 (19)

步骤 19 ①单击选中图表标题,②将字号设置为 11,③加粗字体,如图 3-312 所示。

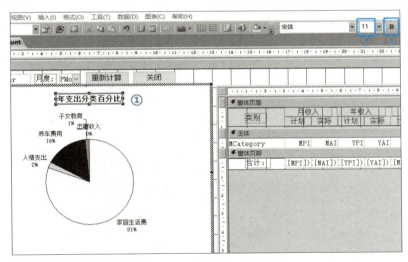

图 3-312 饼图的设计 (20)

步骤 20 退出图表编辑状态,①选择属性表中的【数据】选项卡,②将【可用】设置为否,【是否锁定】设置为是,如图 3-313 所示。

步骤 21 调整饼图的高度和宽度与柱形图一样,然后调整位置正好挡住柱形图(柱形图实际上是在饼图的下方),如图 3-314 所示。

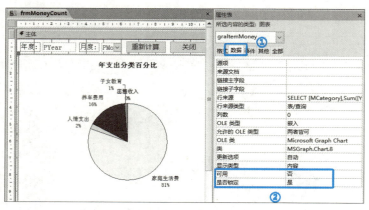

图 3-313 饼图的设计 (21)

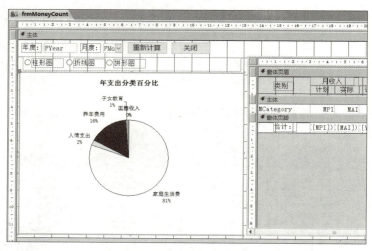

图 3-314 饼图的设计 (22)

步骤 22 保存并运行 frmMoneyCount 窗体，效果如图 3-315 所示。

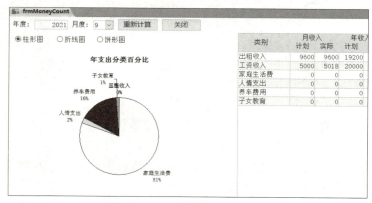

图 3-315 饼图的设计 (23)

饼图设计完成，但有一个问题，即窗体一打开时，显示饼图，但左上方默认选择柱形图，显得不匹配。应该在窗体一打开时，显示柱形图并隐藏饼图，这样才更合理一些。

步骤 23 进入 frmMoneyCount 窗体的设计视图，①双击左上角的 ■ 按钮，出现该窗体的属性，②选择【事件】选项卡，③找到【加载】事件，如图 3-316 所示。

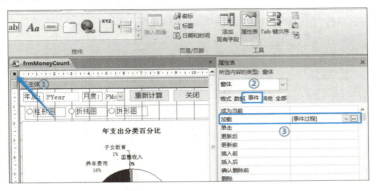

图 3-316　饼图的设计 (24)

步骤 24 单击【加载】事件右边的 ... 按钮，进入窗体的加载事件代码，添加隐藏饼图控件的代码。

```
' 隐藏饼图
Me.graItemMoney.Visible = False
```

另外，当用户选择饼图选项时，选项组的值为 3，需要先隐藏，当值再为 3 时显示，显示饼图控件的代码如下。

```
' 显示饼图
Me.graItemMoney.Visible = True
```

添加隐藏代码后，如图 3-317 所示。

图 3-317　饼图的设计 (25)

保存并关闭 frmMoneyCount 窗体，下次打开窗体时，将显示柱形图并隐藏饼图。

饼图中还显示了收入项的类别，这个是不正确的，因此需要过滤掉收入项的类别，通过设置饼图的数据源即可实现。

步骤 25 进入 frmMoneyCount 窗体的设计视图，选中饼图，①选择属性表中的【数据】选项卡，②找到【行来源】，单击右边的 ... 按钮，如图 3-318 所示。

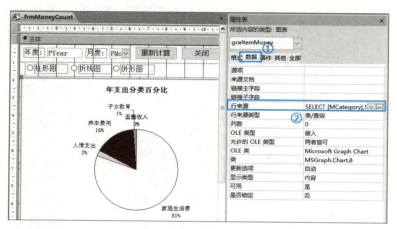

图 3-318　饼图的设计(26)

步骤 26 ①在【查询生成器】的【条件】所在行的【YAP 合计】列中输入条件：>0，②在【排序】所在行选择"降序"，为了方便按金额从大到小显示百分比，如图 3-319 所示。

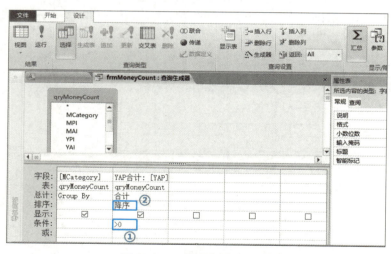

图 3-319　饼图的设计(27)

步骤 27 单击【查询生成器】右边的 × 按钮，关闭窗口，如图 3-320 所示。

步骤 28 在弹出的提示框中单击【是(Y)】按钮，如图 3-321 所示。

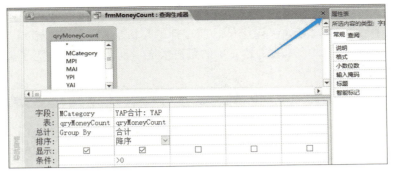

图 3-320 饼图的设计 (28)

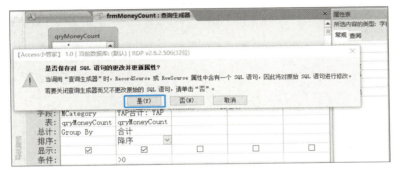

图 3-321 饼图的设计 (29)

这样就完成了对收入的类别过滤,饼图中将不会再出现收入项目的数据。

3.3.15 收支统计和图表优化

调整图表和子窗体的位置,调整后如图 3-322 所示。

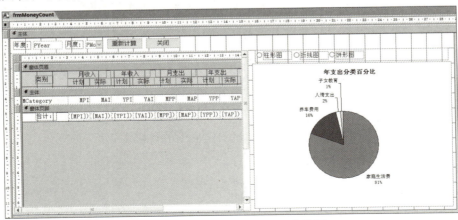

图 3-322 调整子窗体和图表位置

保存并关闭 frmMoneyCount 窗体设计视图，在导航窗格中双击运行 frmMoneyCount 窗体，这时发现有一个问题，①就是如果操作员之前选择的是饼形图，②当双击【类别】列中的某一类别时应该显示柱形图，但图表仍然显示的是饼形图，而双击类别是为了查看月度趋势的，显得不合理，如图 3-323 所示。

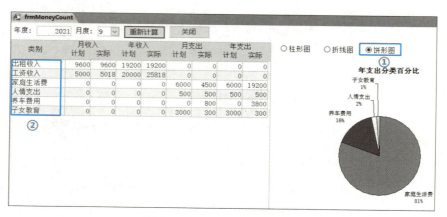

图 3-323　收支统计优化(1)

需要进行优化完善，具体优化步骤如下。

步骤 01 进入 frmMoneyCountList 窗体视计视图，①双击 MCategory 文本框显示属性表，②在属性表的【事件】选项卡中，③找到【双击】事件，单击右边的 ... 按钮，进入 MCategory 文本框的双击事件代码区，如图 3-324 所示。

图 3-324　收支统计优化(2)

步骤 02 在双击事件中加入隐藏饼图和显示柱形图的代码。

```
' 隐藏 frmMoneyCount 窗体上的饼图
Form_frmMoneyCount.graItemMoney.Visible = False
'frmMoneyCount 窗体上选项按钮设置为柱形图
Form_frmMoneyCount!grpMoney = 1
Form_frmMoneyCount!graMoney.Object.ChartType = 51 'xlColumnClustered 柱形图
```

加入代码后，如图 3-325 所示。

图 3-325　收支统计优化(3)

步骤 03 关闭 VBA 代码窗口，回到窗体设计视图，对列标题进行更改，并设置边框颜色，如图 3-326 所示。

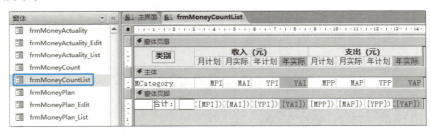

图 3-326　收支统计优化(4)

步骤 04 保存并关闭 frmMoneyCountList 窗体视计视图。在导航菜单中双击【收支分析】，效果如图 3-327 所示。

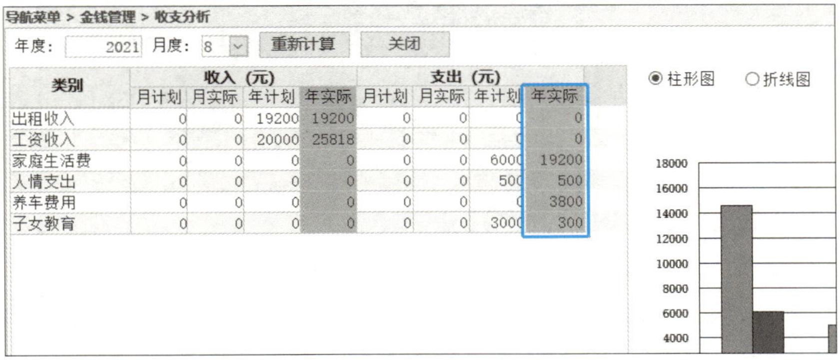

图 3-327　收支统计优化(5)

从图 3-327 中可以看出，年实际支出如果按金额从大到小排序显示效果更佳，这样可以一眼看出来一年中哪个类别的支出更大。

步骤 05 关闭收支分析，修改 frmMoneyCountList 窗体的数据源，在导航窗格中选中 qryMoneyCount 查询，进入该查询的设计视图，将年实际支出① YAP 列设置为②降序，如图 3-328 所示。

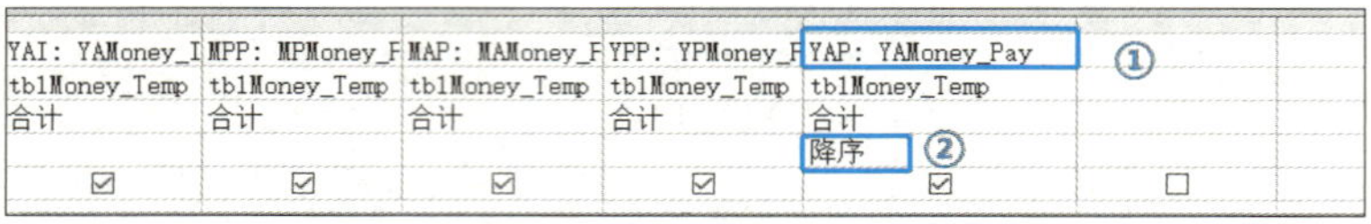

图 3-328　收支统计优化(6)

步骤 06 保存并关闭 qryMoneyCount 查询，重新打开收支分析，支出【年实际】便实现了从大到小的排序，效果如图 3-329 所示。

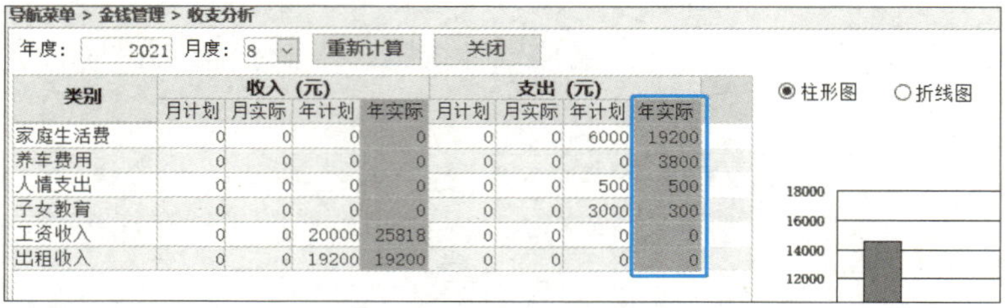

图 3-329　收支统计优化(7)

3.3.16　设置收支分析导航菜单

在左侧导航窗格中找到 SysFrmLogin 窗体，双击运行该窗体，用 admin 账号登录系统，登录后界面如图 3-330 所示。

图 3-330　设置【收支分析】导航菜单(1)

从图 3-330 中可以看出，在导航菜单的【资金管理】中没有【收支分析】。和之前用数据模块生成器创建的导航菜单不一样，收支分析的 frmMoneyCount 窗体是需要手工开发出来的，因此需要将【收支分析】配置到导航菜单中去。在导航菜单中双击【导航菜单编辑器】，弹出【导航菜单编辑器】对话框，①选中【0202 实际收支】，②单击【添加同级节点】按钮，如图 3-331 所示。

图 3-331 设置【收支分析】导航菜单（2）

在以下项目中分别输入值：①在【菜单文本(Key)】文本框中输入"收支分析"；在【菜单文本(简体中文-中国)】文本框中输入"收支分析"；勾选【启用】。②【操作】为"打开窗体"；【窗体名称】为 frmMoneyCount；【视图】为"窗体"。③【窗口模式】为"子窗口"。④单击【图标】右边的 … 按钮，选择"bar chart.ico"图标。值输入后，单击【保存(S)】按钮，如图 3-332 所示。

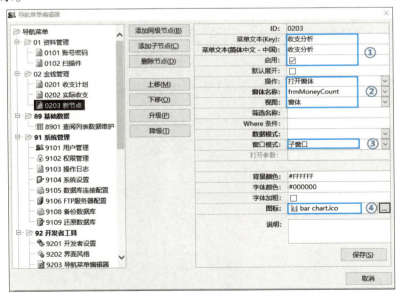

图 3-332 设置【收支分析】导航菜单（3）

这样就完成了【收支分析】导航菜单的创建。单击【取消】按钮，关闭导航菜单编辑器。创建【收支分析】菜单后，导航菜单界面如图 3-333 所示。

图 3-333　设置【收支分析】导航菜单(4)

参考 2.3 节首页图标按钮的设计，创建收支计划、实际收支、收支分析 3 个图片按钮，并设置单击事件打开对应的窗体，如图 3-334 所示。

图 3-334　设置【收支分析】导航菜单(5)

第 4 章

时间管理的开发

> 📢 **本章导读**

本章主要讲解时间计划、时间使用、时间统计和图表分析的开发，特别是通过复制第 3 章已开发的收支分析窗体粘贴为一个新窗体再进行修改，从而完成了时间统计与图表分析功能，节约开发时间。

时间管理方面，主要是做好时间的月度计划，以及实际每天时间使用情况登记，统计出每个月各时间类别的百分比并进行月度趋势图表分析。通过对比计划时间和实际使用时间找出差别，尽量减少无效社交时间，把时间用在自己认为合适的地方。

4.1 时间计划

时间计划是指每个月做一次时间使用计划，主要有新增、修改、删除、查找和导出功能。

4.1.1 表设计及创建

设计一个表，将表命名为 tblTimePlan。字段设计列表如表 4-1 所示。

表 4-1　tblTimePlan 字段设计

字段名称	标题	数据类型	字段大小	必填	说明
TPID	序号	文本	6	是	主键
TPMonth	计划月份	文本	6	是	
TCategory	类别	文本	255	是	
TPTime	计划时间	数字	长整型	是	默认值：0
TPBrief	摘要	文本	255	否	

> 说明：TCategory 字段的数据来自 Sys_LookupList 表中的 Value 字段，条件是 Value<>"" AND Item=" 时间类别 "，并按 Category 进行排序。

接下来根据表 4-1 创建表，具体操作步骤如下。

步骤 01 选中 Data.mdb 文件，双击打开该文件，文件打开后如图 4-1 所示。

步骤 02 ①选中【创建】选项卡，②单击【表设计】按钮，如图 4-2 所示。

图 4-1　打开 Data 文件

图 4-2　创建 tblTimePlan 表操作 (1)

步骤 03 按照 4.1.1 小节中的字段设计列表创建字段，如 TPID 字段，如图 4-3 所示。

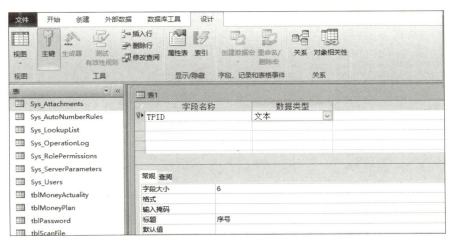

图 4-3 创建 tblTimePlan 表操作 (2)

步骤 04 设计其他字段，如图 4-4 所示。

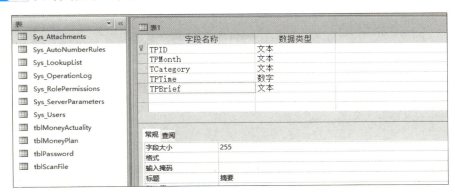

图 4-4 创建 tblTimePlan 表操作 (3)

步骤 05 ①选中 TCategory 字段，②单击【查阅】选项卡，属性表中各项目的值为：
- 【显示控件】：组合框
- 【行来源类型】：表/查询

③对行来源、绑定列和列数进行指定：
- 【行来源】：SELECT Sys_LookupList.Value FROM Sys_LookupList WHERE (((Sys_LookupList.Value) <>"") AND ((Sys_LookupList.Item)=" 时间类别 ")) ORDER BY Sys_LookupList.Category
- 【绑定列】：1
- 【列数】：1

对 TCategory 字段属性进行设置之后，如图 4-5 所示。

步骤 06 所有的字段都设计好之后，单击左上角的【保存(S)】按钮保存表，将表的名称命名为 tblTimePlan，然后单击【确定】按钮，关闭表设计，在导航窗格中可以看到已创建好的 tblTimePlan 表，如图 4-6 所示。

步骤 07 关闭 Data.mdb 文件，接下来开始时间计划相关窗体的设计。

图 4-5 创建 tblTimePlan 表操作 (4)

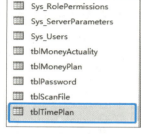

图 4-6 创建 tblTimePlan 表操作 (5)

4.1.2 自动编号规则——时间计划 ID

需要定义 tblTimePlan 表中 TPID 字段的自动编号规则，规则名称为"时间计划 ID"，编号的格式为字母 T+5 位数字，如 T00001，具体操作步骤如下。

步骤 01 双击 Main.mdb 文件运行程序，用管理员的账号（用户名：admin，密码：admin）进入系统，在【开发者工具】导航菜单中，双击【自动编号管理】，弹出【自动编号管理】对话框，如图 4-7 所示。

图 4-7 定义自动编号规则 (1)

步骤 02 单击【新建(N)】按钮，如图 4-8 所示。

步骤 03 ①在各项目中分别填入值：【*规则名称】为"时间计划 ID"；【编号前缀】为 T；【*顺序号位数】为 5。②单击【保存(S)】按钮，如图 4-9 所示。

步骤 04 单击【保存(S)】按钮后，tblTimePlan 表中 TPID 字段用的自动编号规则就定义完成了，如图 4-10 所示。

图 4-8 定义自动编号规则 (2)

图 4-9 定义自动编号规则 (3)

图 4-10 定义自动编号规则 (4)

4.1.3 创建【时间管理】导航菜单

需要创建【时间管理】的导航菜单分类,从而将【时间计划】置于【时间管理】的下一级。在【开发者工具】导航菜单中,双击【导航菜单编辑器】;弹出【导航菜单编辑器】对话框,①选中【01 资料管理】,②单击【添加同级节点】按钮,如图 4-11 所示。

图 4-11　创建导航菜单【时间管理】(1)

单击【添加同级节点】按钮之后,如图 4-12 所示。

图 4-12　创建导航菜单【时间管理】(2)

在以下项目中分别填入值:
- 【菜单文本 (Key)】:TimeManagement
- 【菜单文本 (简体中文 – 中国)】:时间管理
- 【启用】:勾选
- 【默认展开】:勾选
- 【图标】:单击右边的【…】按钮,选择一个图标样式。

值填入后,如图 4-13 所示。

单击【保存(S)】按钮，完成【时间管理】导航菜单的创建。单击【取消】按钮，关闭导航菜单编辑器。

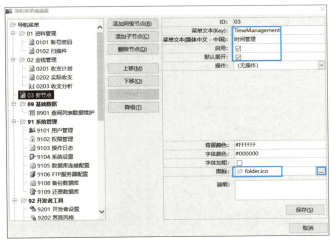

图 4-13　创建导航菜单【时间管理】(3)

4.1.4　生成【时间计划】数据维护模块

【时间计划】的数据维护模块可以用快速开发平台的数据模块生成器自动生成，具体操作步骤如下。

步骤 01　在导航菜单的【开发者工具】中，双击【数据模块生成器】，弹出【数据模块自动生成器】对话框，①单击【主表】组合框时，没有 tblTimePlan 表可以选择，②单击【主表】项右边的 ... 按钮，如图 4-14 所示。

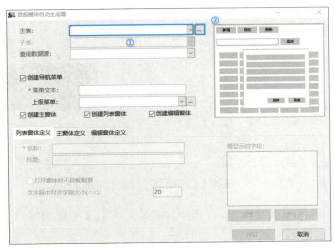

图 4-14　生成【时间计划】数据维护模块 (1)

步骤 02 弹出【快速创建链接表】对话框，①单击选中 tblTimePlan，②单击【创建】按钮，如图 4-15 所示。

图 4-15　生成【时间计划】数据维护模块 (2)

步骤 03 链接表创建成功，关闭【快速创建链接表】对话框，然后在【主表】项的组合框中选择 tblTimePlan，如图 4-16 所示。

图 4-16　生成【时间计划】数据维护模块 (3)

步骤 04 配置菜单及列表窗体定义，在【*菜单文本】文本框中输入"时间计划"，在【上级菜单】下拉列表中选择"时间管理"，如图 4-17 所示。

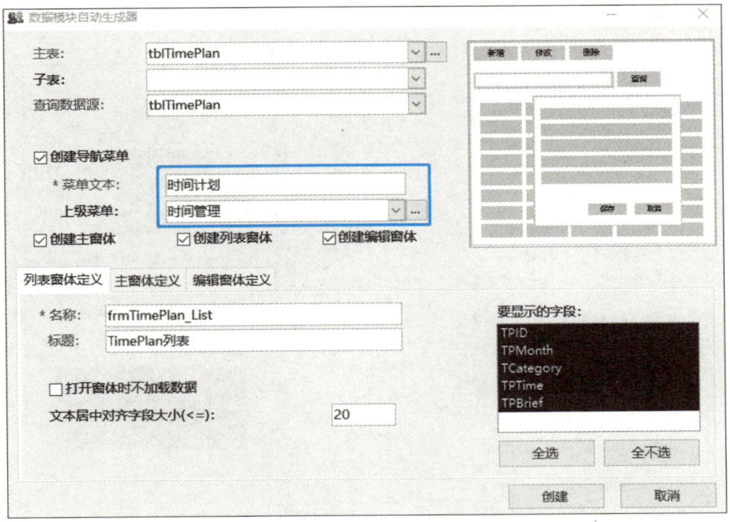

图 4-17 生成【时间计划】数据维护模块 (4)

步骤 05 单击【主窗体定义】选项卡,【默认查询字段】选择 TCategory,【按钮】项中保留新增、编辑、删除、导出、关闭,如图 4-18 所示。

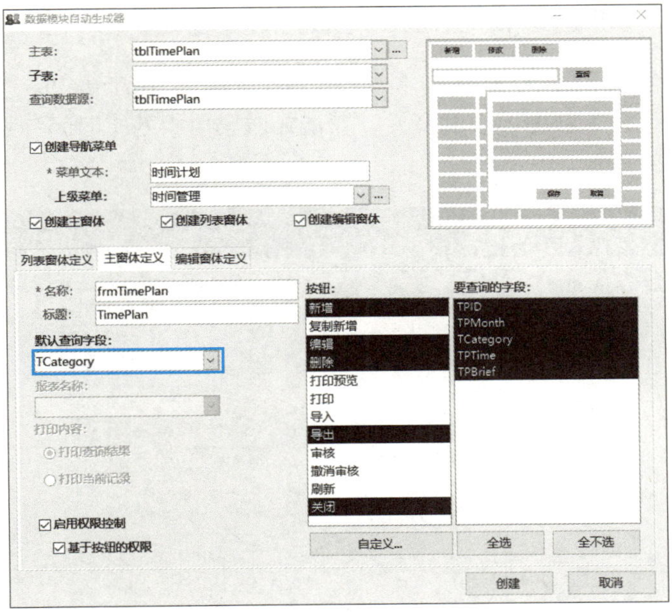

图 4-18 生成【时间计划】数据维护模块 (5)

步骤 06 单击【编辑窗体定义】选项卡,①在【标题】文本框中输入"时间计划信息维护",②在【自定义自动编号规则】下拉列表中选择"时间计划 ID",③单击【创建】按钮,将自动创建 3 个窗体，如图 4-19 所示。

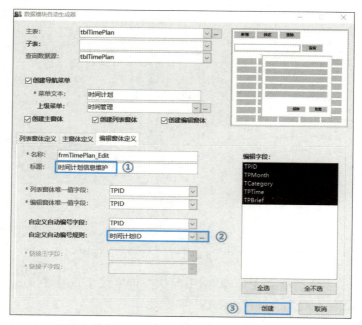

图 4-19　生成【时间计划】数据维护模块 (6)

步骤 07　自动创建的 3 个窗体分别是 frmTimePlan、frmTimePlan_Edit、frmTimePlan_List，实现了【时间计划】数据模块的开发，双击导航菜单中的【时间计划】，再单击【新增】按钮，效果如图 4-20 所示。

图 4-20　生成【时间计划】数据维护模块 (7)

【类别】在这时没有可选项，关闭【时间计划信息维护】对话框，在导航菜单的【基础数据】中双击【查阅列表数据维护】，出现【查阅列表数据维护】界面，添加【时间类别】，如图 4-21 所示。

图 4-21 添加时间类别分类

步骤 08 ①在导航窗格中选中 frmTimePlan_Edit 窗体，进入 frmTimePlan_Edit 窗体的设计视图，②将【计划时间】标签改为【计划时间（小时）】，如图 4-22 所示。

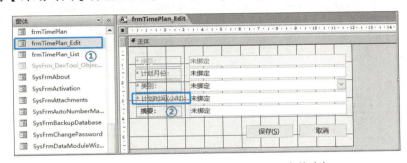

图 4-22 完善 frmTimePlan_Edit 窗体(1)

步骤 09 当用户选择一个【类别】后，应自动将光标定位到【计划时间（小时）】项，因此需要在【类别】组合框的更新后事件中添加如下代码。

> Me.TPTime.SetFocus '让 TPTime 文本框获得焦点

步骤 10 ①双击【类别】组合框显示属性，②选择【事件】选项卡，③【更新后】事件中选择"[事件过程]"，然后单击右边的 … 按钮，如图 4-23 所示。

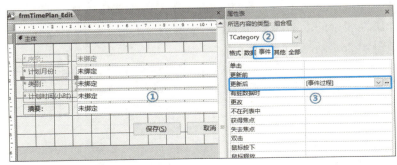

图 4-23 完善 frmTimePlan_Edit 窗体(2)

步骤 11 在类别 TCategory 组合框的【更新后】事件中添加代码后，如图 4-24 所示。

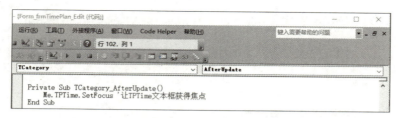

图 4-24　完善 frmTimePlan_Edit 窗体 (3)

步骤 12 保存并关闭 frmTimePlan_Edit 窗体，在导航菜单中双击【时间计划】，新增一条记录，如图 4-25 所示。

图 4-25　完善 frmTimePlan_Edit 窗体 (4)

单击【保存(S)】按钮添加一条新记录后，一般情况下还将添加其他类别的计划时间，所有的项目都被默认清空了，而【计划月份】项希望保留上一次录入的月份，这时需要对【保存(S)】按钮的单击事件进行完善。

步骤 13 进入 frmTimePlan_Edit 窗体的设计视图，①选中【保存(S)】按钮，双击显示属性表，②选择属性表中的【事件】选项卡，③单击【单击】事件右边的 ... 按钮，进入单击事件代码区，如图 4-26 所示。

图 4-26　完善 frmTimePlan_Edit 窗体 (5)

步骤 14 在 Me.InitData 代码清空所有项目之前，先定义一个变量，保存一下计划月份，代码如下。

```
Dim strMonth As String
strMonth = Me.TPMonth
```

在 Me.InitData 代码清空所有项目之后，给 TPMonth 文本框赋上值，代码如下。

```
Me.TPMonth = strMonth
Me.TCategory.SetFocus          '光标移至 TCategory，获得焦点
Me.TCategory.Dropdown          '展开组合框
```

添加上述代码后，【保存(S)】按钮的单击事件代码界面如图 4-27 所示。

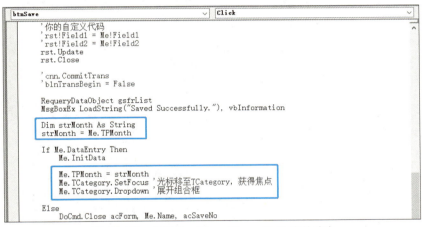

图 4-27　完善 frmTimePlan_Edit 窗体(6)

步骤 15 保存并关闭 frmTimePlan_Edit 窗体，在导航菜单中双击【时间计划】，连续新增记录时，将不需要录入【计划月份】，且【类别】组合框会自动展开，录入测试数据如图 4-28 所示。

图 4-28　完善 frmTimePlan_Edit 窗体(7)

4.1.5 完善数据列表窗体

由图 4-28 可以看出,数据列表窗体需要按【序号】降序排列,【计划时间】列需要添加单位【小时】,具体操作步骤如下。

步骤 01 关闭【时间计划】窗体,①在导航窗格中选中 frmTimePlan_List 窗体,进入 frmTimePlan_List 窗体的设计视图,②将【计划时间】标签改为【计划时间(小时)】,如图 4-29 所示。

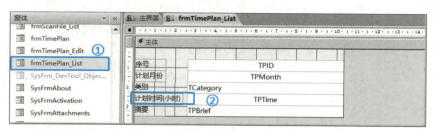

图 4-29　完善 frmTimePlan_List 窗体 (1)

步骤 02 ①双击左上角的■按钮,出现该窗体的属性,②选择【数据】选项卡,③找到【记录源】,在【记录源】处单击 tblTimePlan,右边出现…按钮,如图 4-30 所示。

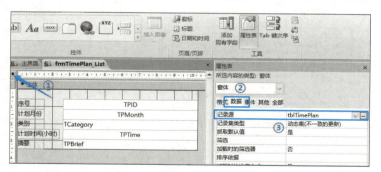

图 4-30　完善 frmTimePlan_List 窗体 (2)

步骤 03 单击…按钮,弹出提示框,如图 4-31 所示。

图 4-31　完善 frmTimePlan_List 窗体 (3)

步骤 04 单击图 4-31 中的【是(Y)】按钮后,出现【查询生成器】界面,如图 4-32 所示。

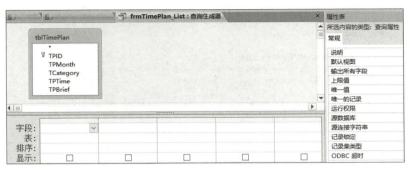

图 4-32 完善 frmTimePlan_List 窗体 (4)

步骤 05 ①双击【查询生成器】中的【*】号(或者用鼠标拖动 * 号至下方的列中),再双击 TPID 移至下方列中,②在【排序】中将 TPID 设置为"降序",③在【显示】中设置为不勾选,如图 4-33 所示。

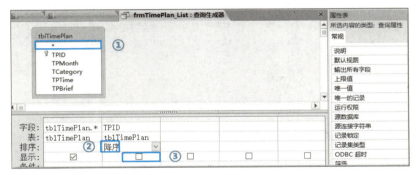

图 4-33 完善 frmTimePlan_List 窗体 (5)

步骤 06 单击【查询生成器】右上角的 × 按钮,关闭【查询生成器】,如图 4-34 所示。

图 4-34 完善 frmTimePlan_List 窗体 (6)

步骤 07 关闭【查询生成器】时,在弹出的提示框中单击【是(Y)】按钮,如图 4-35 所示。

图 4-35　完善 frmTimePlan_List 窗体 (7)

步骤 08 单击【是(Y)】按钮后，回到了窗体属性界面，单击 Access 窗口左上角的 按钮保存窗体，然后单击 按钮关闭窗体，如图 4-36 所示。

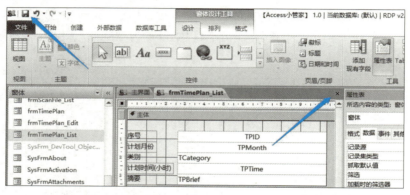

图 4-36　完善 frmTimePlan_List 窗体 (8)

步骤 09 双击导航菜单中的【时间计划】，数据列表就实现了最新录入的数据显示在最上方，如图 4-37 所示。

图 4-37　时间计划列表数据降序显示

4.2 时间使用

对每天使用时间的情况进行登记，主要有新增、修改、删除、查找和导出功能。

4.2.1 表设计及创建

设计一个表，将表命名为 tblTimeActuality。字段设计列表如表 4-2 所示。

表 4-2　tblTimeActuality 字段设计

字段名称	标题	数据类型	字段大小	必填	说明
TAID	序号	文本	7	是	主键
TADate	日期	日期/时间		是	
TCategory	类别	文本	255	是	
TATime	用时	数字	单精度型	是	默认值：0
TABrief	摘要	文本	255	否	

> **说明**：TCategory 字段的数据来自 Sys_LookupList 表中的 Value 字段，条件是 Value<>"" AND Item="时间类别"，并按 Category 进行排序。

下面根据表 4-2 创建表，具体操作步骤如下。

 选中 Data.mdb 文件，双击打开文件，①在功能区中选择【创建】选项卡，②单击【表设计】按钮，如图 4-38 所示。

 单击【表设计】后，按照 4.2.1 小节中的字段设计列表创建字段，如 TAID 字段，如图 4-39 所示。

图 4-38　创建 tblTimeActuality 表操作 (1)

图 4-39　创建 tblTimeActuality 表操作 (2)

步骤 03 设计其他字段，如图 4-40 所示。

图 4-40　创建 tblTimeActuality 表操作（3）

选中 TCategory 字段，①单击【查阅】选项卡，②各项目的值具体如下。
- 显示控件：组合框
- 行来源类型：表/查询
- 行　来　源：SELECT Sys_LookupList.Value FROM Sys_LookupList WHERE (((Sys_LookupList.Value)<>"") AND ((Sys_LookupList.Item)="时间类别")) ORDER BY Sys_LookupList.Category
- 绑定列：1
- 列数：1

对 TCategory 字段属性进行设置之后，如图 4-41 所示。

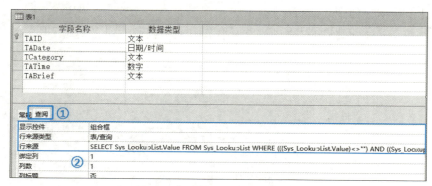

图 4-41　创建 tblTimeActuality】表操作（4）

步骤 04 所有的字段都设计好之后，单击左上角的【保存（S）】按钮保存表，将表的名称命名为 tblTimeActuality，然后单击【确定】按钮，关闭表设计，在导航窗格中可以看到已创建好的表 tblTimeActuality，如图 4-42 所示。

步骤 05 关闭 Data.mdb，接下来开始时间使用相关窗体的设计。

图 4-42 创建 tblTimeActuality 表操作 (5)

4.2.2 自动编号规则——时间使用 ID

在使用数据模块生成器自动创建窗体之前，要先定义好 tblTimeActuality 表中 TAID 字段的自动编号规则，规则名称为时间使用 ID，编号的格式为字母 U+6 位数字，如 U000001，具体操作步骤如下。

步骤 01 双击 Main.mdb 文件运行程序，用管理员的账号（用户名：admin，密码：admin）进入系统，在导航菜单的【开发者工具】中，双击【自动编号管理】对话框，弹出【自动编号管理】对话框，如图 4-43 所示。

图 4-43 定义自动编号规则 (1)

步骤 02 单击【新建 (N)】按钮，如图 4-44 所示。

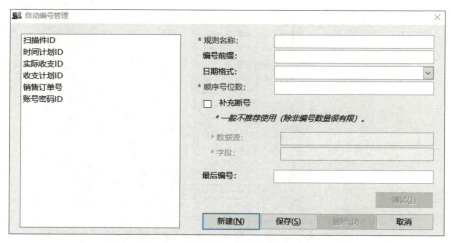

图 4-44 定义自动编号规则 (2)

步骤 03 为各项目分别填入值，【* 规则名称】为"时间使用 ID"；【编号前缀】为 U；【* 顺序号位数】为 6。值填入后，再单击【保存 (S)】按钮，如图 4-45 所示。

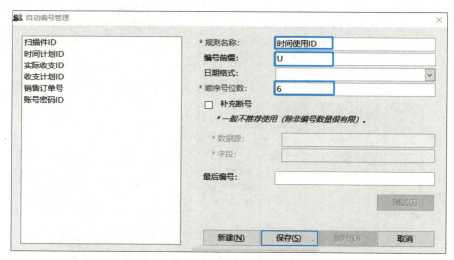

图 4-45 定义自动编号规则 (3)

步骤 04 单击【保存 (S)】按钮后，tblTimeActuality 表中 TAID 字段用的自动编号规则就定义完成了，如图 4-46 所示。

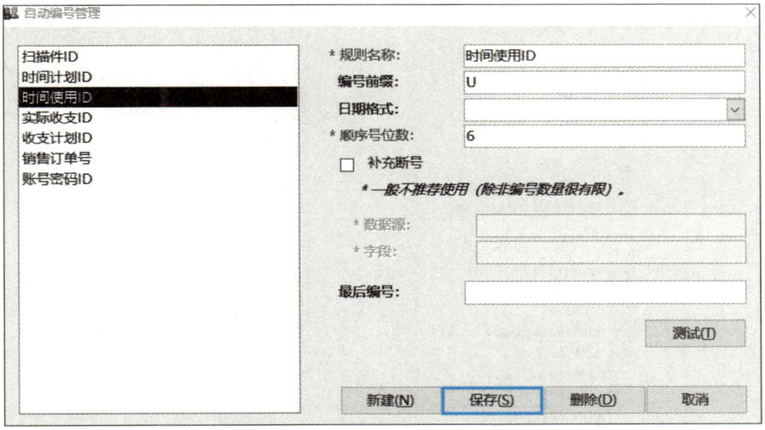

图 4-46　定义自动编号规则(4)

4.2.3　生成【时间使用】数据维护模块

【时间使用】的数据维护模块可以用快速开发平台的数据模块生成器自动生成，具体操作步骤如下。

步骤 01　在【开发者工具】导航菜单中，双击【数据模块生成器】，弹出【数据模块自动生成器】对话框，①单击【主表】组合框时，没有 tblTimeActuality 表可以选择。②单击【主表】项右边的 ... 按钮，如图 4-47 所示。

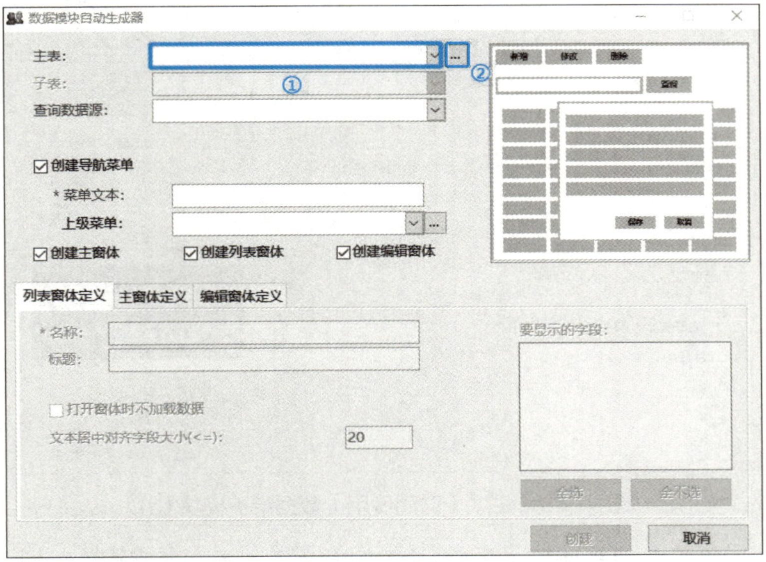

图 4-47　生成【时间使用】数据维护模块(1)

步骤 02 弹出【快速创建链接表】对话框，①单击选中 tblTimeActuality，②单击【创建】按钮，如图 4-48 所示。

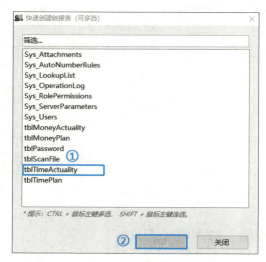

图 4-48　生成【时间使用】数据维护模块 (2)

步骤 03 链接表创建成功，关闭【快速创建链接表】对话框，然后在【主表】项的组合框中选择 tblTimeActuality，如图 4-49 所示。

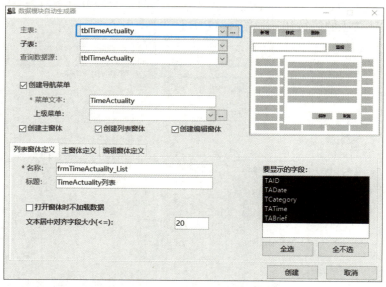

图 4-49　生成【时间使用】数据维护模块 (3)

步骤 04 配置菜单及列表窗体定义，在【*菜单文本】文本框中输入"时间使用"，在【上级菜单】下拉列表中选择"时间管理"，如图 4-50 所示。

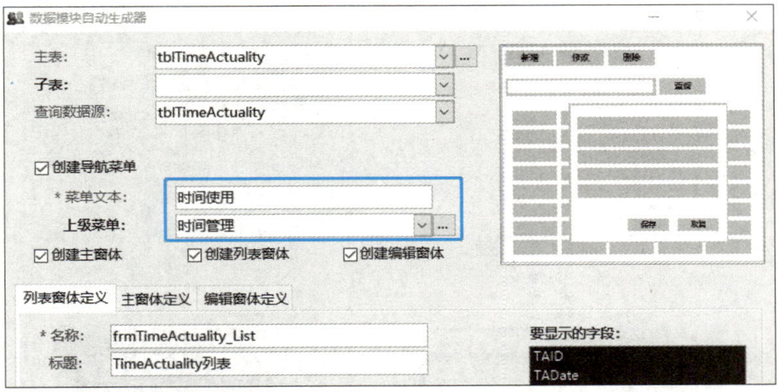

图 4-50 生成【时间使用】数据维护模块 (4)

步骤 05 单击【主窗体定义】选项卡，①【默认查询字段】选择 TCategory，②【按钮】项中保留新增、编辑、删除、导出、关闭，如图 4-51 所示。

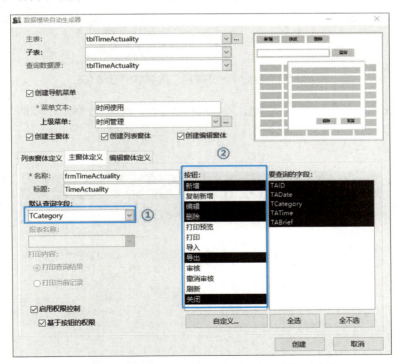

图 4-51 生成【时间使用】数据维护模块 (5)

步骤 06 单击【编辑窗体定义】选项卡，①【标题】为"时间使用信息维护"，②【自定义自动编号规则】为"时间使用 ID"，③单击【创建】按钮，将自动创建 3 个窗体，如图 4-52 所示。

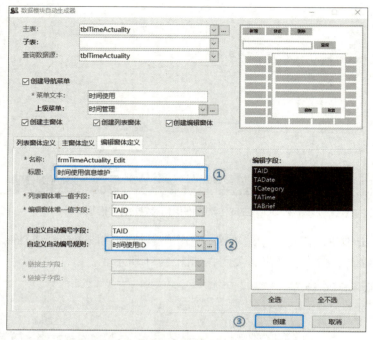

图 4-52　生成【时间使用】数据维护模块 (6)

步骤 07 自动创建的 3 个窗体分别是 frmTimeActuality、frmTimeActuality_Edit、frmTimeActuality_List，实现了【时间使用】数据模块的开发，双击导航菜单中的【时间使用】，再单击【新增】按钮，效果如图 4-53 所示。

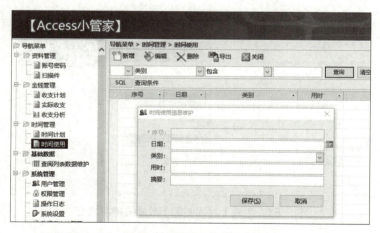

图 4-53　生成【时间使用】数据维护模块 (7)

步骤 08 ①在导航窗格中选中 frmTimeActuality_Edit 窗体，进入 frmTimeActuality_Edit 窗体的设计视图，②将【用时】标签改为【用时(小时)】，如图 4-54 所示。

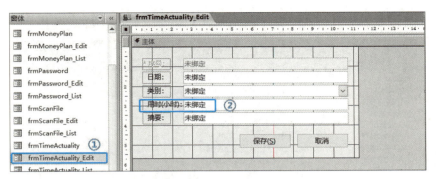

图 4-54 完善 frmTimeActuality_Edit 窗体 (1)

步骤 09 用户选择一个【类别】后,应自动将光标定位到【用时(小时)】项,因此需要在【类别】组合框的更新后事件中添加如下代码。

```
Me.TATime.SetFocus        '让 TATime 文本框获得焦点
```

步骤 10 ①双击【类别】组合框显示属性,②选择【事件】选项卡,③在【更新后】事件中选择"[事件过程]",然后单击右边的…按钮,如图 4-55 所示。

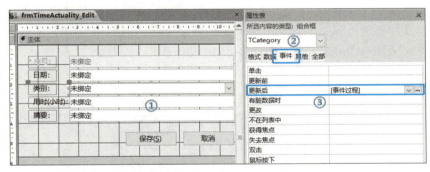

图 4-55 完善 frmTimeActuality_Edit 窗体 (2)

步骤 11 在类别 TCategory 组合框的【更新后】事件中添加代码,如图 4-56 所示。

图 4-56 完善 frmTimeActuality_Edit 窗体 (3)

步骤 12 保存并关闭窗体,在导航菜单中双击【时间使用】,新增一条记录,如图 4-57 所示。

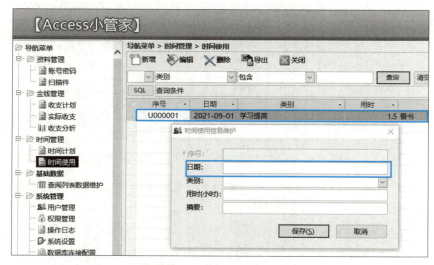

图 4-57 完善 frmTimeActuality_Edit 窗体 (4)

步骤 13 当单击【保存(S)】按钮添加一条新记录后,所有项目都被默认清空,而【日期】项希望保留,以方便录入下一条记录,这时需要对【保存(S)】按钮的单击事件进行完善。

步骤 14 进入 frmTimeActuality_Edit 窗体的设计视图,①选中【保存(S)】按钮,双击显示属性表,②选择属性表中的【事件】选项卡,③单击【单击】事件右边的...按钮,进入单击事件代码区,如图 4-58 所示。

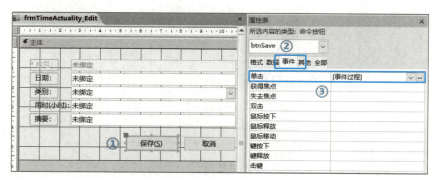

图 4-58 完善 frmTimeActuality_Edit 窗体 (5)

在 Me.InitData 代码清空所有项目之前,先定义一个日期型变量,保存一下日期,代码如下。

```
Dim TDate As Date
TDate = Me.TADate
```

在 Me.InitData 代码清空所有项目之后,给 TADate 文本框赋值,代码如下。

```
Me.TADate = TDate
Me.TCategory.SetFocus              '光标移至 TCategory，获得焦点
Me.TCategory.Dropdown              '展开组合框
```

添加上述代码后，【保存(S)】按钮的单击事件代码界面如图 4-59 所示。

图 4-59 完善 frmTimeActuality_Edit 窗体 (6)

步骤 15 保存并关闭 frmTimeActuality_Edit 窗体，在导航菜单中双击【时间使用】，连续新增记录时，将不需要录入【日期】，且【类别】组合框会自动展开，录入测试数据，如 4-60 所示。

图 4-60 完善 frmTimeActuality_Edit 窗体 (7)

4.2.4 完善数据列表窗体

由图 4-60 可以看出，数据列表窗体需要按【序号】降序排序，【用时】列需要

加上单位"小时",具体操作步骤如下。

步骤 01 关闭【时间使用】窗体,①在导航窗格中选中 frmTimeActuality_List,进入 frmTimeActuality_List 窗体的设计视图,②将【用时】标签改为【用时(小时)】,如图 4-61 所示。

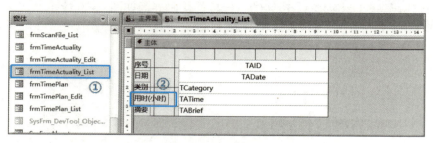

图 4-61　完善 frmTimeActuality_List 窗体 (1)

步骤 02 ①双击左上角的■按钮,出现该窗体的属性,②选择【数据】选项卡,③找到【记录源】,在【记录源】处单击 tblTimeActuality,右边出现...按钮,如图 4-62 所示。

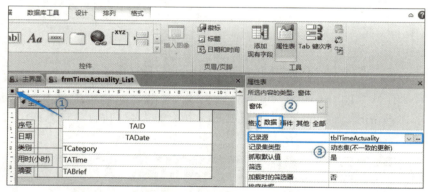

图 4-62　完善 frmTimeActuality_List 窗体 (2)

步骤 03 单击...按钮,弹出提示框,单击【是(Y)】按钮,如图 4-63 所示。

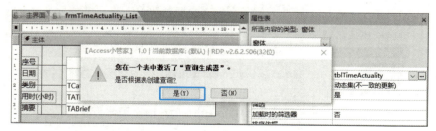

图 4-63　完善 frmTimeActuality_List 窗体 (3)

步骤 04 出现【查询生成器】界面,如图 4-64 所示。

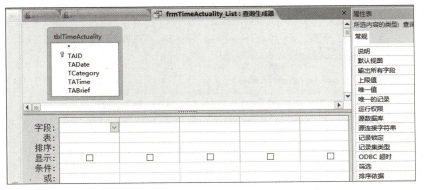

图 4-64 完善 frmTimeActuality_List 窗体（4）

步骤 05 ①双击【查询生成器】中的【*】号（或者用鼠标拖动*号至下方的列中），再双击 TADate 和 TAID 移至下方列中，②在【排序】中将 TADate 和 TAID 设置为"降序"（这样记录将先按日期进行排序，再按序号进行排序，方便在补登记数据时按日期进行排序显示），③在【显示】中设置为不勾选，如图 4-65 所示。

图 4-65 完善 frmTimeActuality_List 窗体（5）

步骤 06 单击【查询生成器】右上角的 × 按钮，关闭【查询生成器】，如图 4-66 所示。

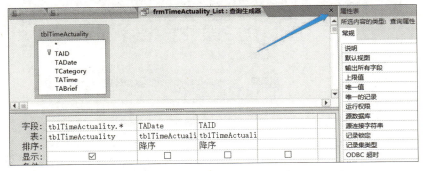

图 4-66 完善 frmTimeActuality_List 窗体（6）

步骤 07 关闭【查询生成器】时，在弹出的提示框中单击【是(Y)】按钮，如图 4-67 所示。

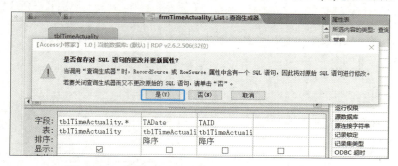

图 4-67　完善 frmTimeActuality_List 窗体 (7)

步骤 08 单击【是(Y)】按钮后，回到了窗体属性界面，①单击 Access 窗口左上角的 ![保存] 按钮保存窗体，②单击 × 按钮关闭窗体，如图 4-68 所示。

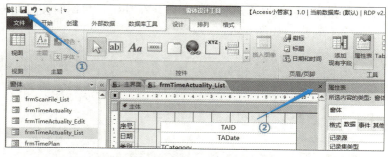

图 4-68　完善 frmTimeActuality_List 窗体 (8)

步骤 09 ①双击导航菜单中的【时间使用】，②录入一条新的测试记录，日期写 2021-09-01，由于之前 U000006 的日期是 2021-09-02，数据列表就实现了"先按日期再按序号"排序，将数据显示在最上方，如图 4-69 所示。

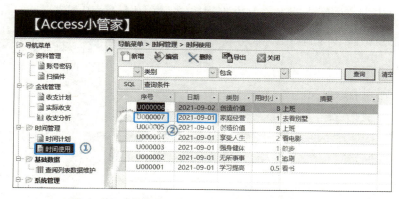

图 4-69　完善 frmTimeActuality_List 窗体 (9)

4.3 时间统计和图表分析

时间统计是对时间按类别（如月计划、年计划、月实际、年实际）进行统计，对时间使用情况用图表（主要是分月趋势图和年时间使用按类别划分的百分比饼图）进行分析。

对时间计划和实际情况按类别进行统计，时间统计目标表如表4-3所示。

表4-3 时间统计目标表

类 别	月度/小时		年度/小时	
	计 划	月实际	计 划	实 际
学习提高				
创造价值				
……				

时间统计开发思路：

（1）创建一个临时表 tblTime_Temp，表中有以下字段：类别、月计划、月实际、年计划、年实际。
（2）每次统计数据时，先清空 tblTime_Temp 表，以供再次追加符合日期区间的数据。
（3）将符合日期区间的时间明细追加到 tblTime_Temp 表对应的字段中。
（4）对 tblTime_Temp 表的每一列数据按类别进行汇总求和。

4.3.1 创建临时表

创建一个临时表 tblTime_Temp 用来临时处理数据，这个表的数据只在统计时才起作用。字段设计列表如表4-4所示。

表4-4 tblTime_Temp 字段设计

字段名称	标 题	数据类型	字段大小	必 填	说 明
TCategory	类别	文本	255	否	
MPlan	月计划	数字	长整型	否	默认值：0
MActuality	月实际	数字	单精度	否	默认值：0
YPlan	年计划	数字	长整型	否	默认值：0
YActuality	年实际	数字	单精度	否	默认值：0

需要注意的是，这个临时表是在 Main.mdb 文件中创建，而不是在 Data.mdb 文件中。

如果 Main.mdb 文件处于打开状态，则关闭主界面（若此时 Main.mdb 没有打开，则选中 Main.mdb 文件，同时按住 Shift 键不放开，双击或右击打开 Main.mdb 文件，文件打开后，再放开 Shift 键），进入设计界面，根据本节的字段列表创建 tblTime_Temp 表，如图 4-70 所示。

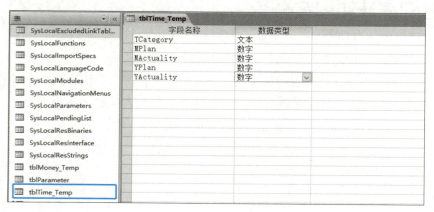

图 4-70 tblTime _Temp 表

单击 tblTime_Temp 表设计视图右上角的 × 按钮，关闭该表设计视图。

4.3.2 录入测试数据

在【时间计划】中添加一些测试数据，如图 4-71 所示。

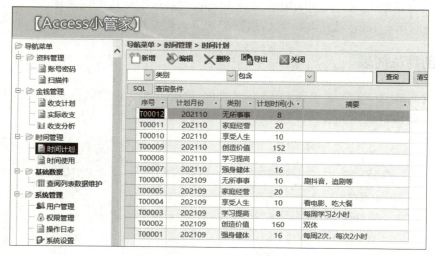

图 4-71 时间月计划测试数据

与【时间计划】一样，在【时间使用】中录入几条测试数据，如图 4-72 所示。

图 4-72　时间月使用测试数据

4.3.3　选择查询选取符合条件的数据

1. 时间月计划明细

计划时间 tblTimePlan 表中有时间计划的明细数据，如图 4-73 所示。

假定本月是 2021 年 9 月，那么【月时间计划】选择的数据就是日期区间从 2021-09-01 至 2021-09-30 的明细数据。下面建立一个选择查询，具体操作步骤如下。

步骤 01　①在功能区中单击【创建】选项卡，②单击【查询设计】按钮，如图 4-74 所示。

图 4-73　tblTimePlan 表　　　　　　图 4-74　创建时间月计划查询(1)

步骤 02　①在【显示表】对话框中单击选中 tblTimePlan 表(时间计划表)，②单击【添加(A)】按钮，③再单击【关闭(C)】按钮，如图 4-75 所示。

步骤 03　双击【查询1】中的 TPMonth、TCategory、TPTime 3 个字段，使其显示在下方列表中，如图 4-76 所示。

步骤 04　列中只有月份，没有日期。条件参数表 tblParameter 中的参数是月初第 1 天、月末最后 1 天、年初第 1 天、年末最后 1 天，因此需要添加新的一列 TPDate，值取【计划月份】的第 1 天。

TPDate: CDate(Left([TPMonth],4) & "-" & Right([TPMonth],2) & "-1")

添加一列 TPDate,如图 4-77 所示。

图 4-75　创建时间月计划查询 (2)

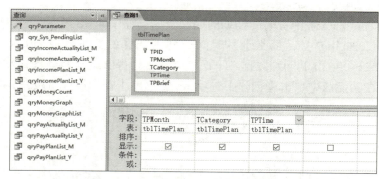

图 4-76　创建时间月计划查询 (3)

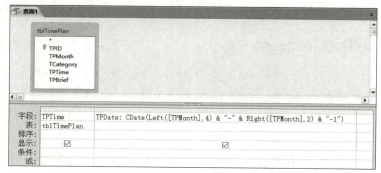

图 4-77　创建时间月计划查询 (4)

步骤 05 ①单击 Access 窗口左上角的 按钮，②在【查询名称】文本框中输入 qryTimePlanList_M，③单击【确定】按钮，保存该查询，如图 4-78 所示。

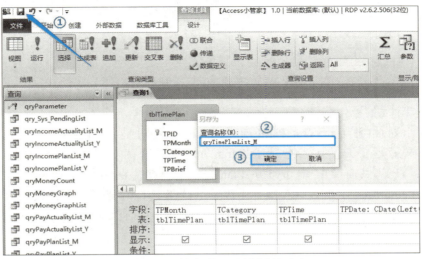

图 4-78 创建时间月计划查询(5)

步骤 06 在条件所在行的 TPDate 列输入条件：

Between DLookUp("MonthFirstDay","tblParameter") And DLookUp("MonthLastDay","tblParameter")

这个条件是选择月初第 1 天至月末最后 1 天的数据，DLookUp("MonthFirstDay","tblParameter") 是取得月初第 1 天，DLookUp("MonthLastDay","tblParameter") 是取得月末最后 1 天，如图 4-79 所示。

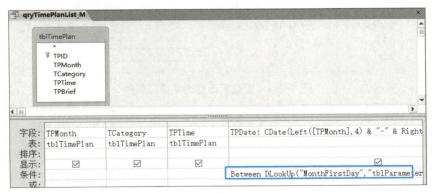

图 4-79 创建时间月计划查询(6)

步骤 07 保存并关闭 qryTimePlanList_M 查询。打开 tblParameter 表，将月初第 1 天和月末最后 1 天分别设置为 2021-09-01 和 2021-09-30。在导航窗格中双击 qryTimePlanList_M 查询，打开后的数据就是符合日期区间的时间计划明细数据，这样就完成了时间月计划明细的选择查询，如图 4-80 所示。

图 4-80　创建时间月计划查询(7)

2. 时间年计划明细

时间年计划明细与 qryTimePlanList_M 查询的区别是日期区间不一样，是从年初第 1 天至年末最后 1 天。在参数表 tblParameter 中有这两个参数，分别是 YearFirstDay、YearLastDay，所以只需要复制 qryTimePlanList_M 查询，粘贴为 qryTimePlanList_Y 查询，①进入 qryTimePlanList_Y 的设计视图，更改一下日期 TPDate 条件即可，条件为：

```
Between DLookUp("YearFirstDay","tblParameter") And DLookUp("YearLastDay","tblParameter")
```

②查询条件更改后，如图 4-81 所示。

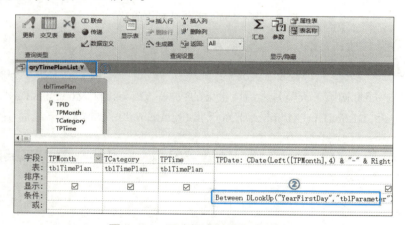

图 4-81　更改年计划时间查询条件

3. 时间月使用明细

①在功能区中单击【创建】选项卡，②单击【查询设计】按钮，如图 4-82 所示。

图 4-82　创建时间月使用查询(1)

步骤 01 ①在【显示表】对话框中单击选中 tblTimeActuality 表（时间计划表），②单击【添加(A)】按钮，③单击【关闭(C)】按钮，如图 4-83 所示。

图 4-83　创建时间月使用查询(2)

步骤 02 双击【查询1】中的 TADate、TCategory、TATime 3 个字段，使其显示在下方列表中，如图 4-84 所示。

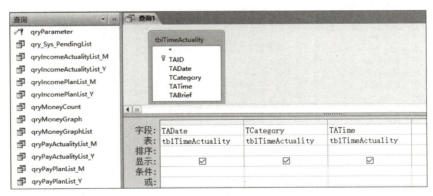

图 4-84　创建时间月使用查询(3)

步骤 03 ①选择条件所在行的 TADate 列，②输入条件：

`Between DLookUp("MonthFirstDay","tblParameter") And DLookUp("MonthLastDay","tblParameter")`

这个条件是选择月初第 1 天至月末最后 1 天的数据，如图 4-85 所示。

步骤 04 保存查询，命名为 qryTimeActualityList_M。这样就完成了时间月使用明细的选择查询。

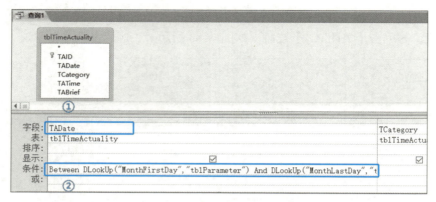

图 4-85　创建时间月使用查询 (4)

4. 时间年使用明细

时间年使用明细与 qryTimeActualityList_M 查询的区别就是日期区间不一样，是从年初第 1 天至年末最后 1 天。在参数表 tblParameter 中有这两个参数，分别是 YearFirstDay、YearLastDay，所以只需要复制 qryTimeActualityList_M 查询，粘贴为 qryTimeActualityList_Y 查询，①再进入 qryTimeActualityList_Y 查询的设计视图，②更改一下日期 TADate 条件即可，条件为：

Between DLookUp("YearFirstDay","tblParameter") And DLookUp("YearLastDay","tblParameter")

查询条件更改后，如图 4-86 所示。

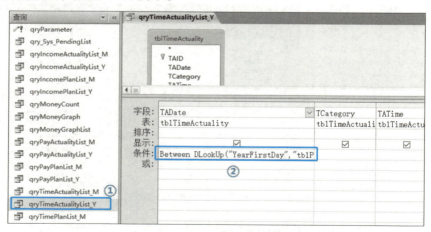

图 4-86　更改年使用时间查询条件

4.3.4　追加查询添加数据至临时表

创建一个追加查询，将时间计划数据追加到 tblTime_Temp 表中，具体操作步骤如下：

步骤 01 ①在功能区中单击【创建】选项卡,②单击【查询设计】按钮,如图 4-87 所示。

步骤 02 ①在【显示表】对话框中单击【查询】选项卡,②选中 qryTimePlanList_M,③单击【添加(A)】按钮,④单击【关闭(C)】按钮关闭【显示表】对话框,如图 4-88 所示。

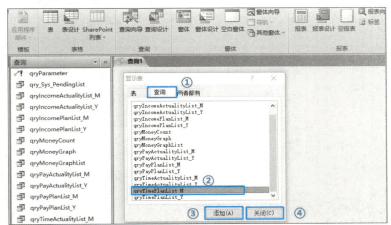

图 4-87 创建追加查询(1)　　　　　　图 4-88 创建追加查询(2)

步骤 03 ①在功能区的【设计】选项卡中单击【追加】按钮,②在【表名称】下拉列表中选择 tblTime_Temp,如图 4-89 所示。

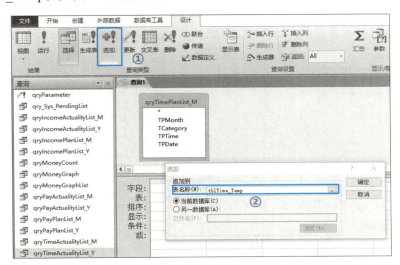

图 4-89 创建追加查询(3)

步骤 04 双击类别 TCategory 和计划时间 TPTime,将字段显示在下方列中,由于 tblTime_Temp 表中有 TCategory 字段,因此默认将数据追加至同名字段中,将 TPTime 字段追加到 MPlan 字段,如图 4-90 所示。

图 4-90 创建追加查询 (4)

步骤 05 ①单击 Access 窗口左上角的 ■ 按钮，②在【查询名称】文本框中输入"qryPlanTime_M"，③单击【确定】按钮保存该查询，如图 4-91 所示。

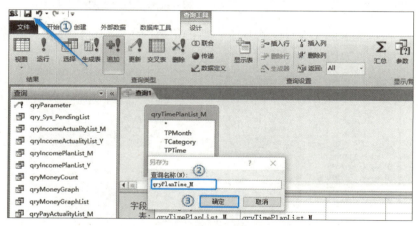

图 4-91 创建追加查询 (5)

步骤 06 关闭 qryPlanTime_M 查询的设计视图。这样就创建完成了月时间计划的追加 qryPlanTime_M 查询。

4.3.5 时间分析窗体设计

时间分析同收支分析的功能与布局差不多，因此可以复制 frmMoneyCount 窗体，粘贴为 frmTimeCount 窗体，再对 frmTimeCount 窗体进行修改，与从头开始创建相比，可以节约不少窗体设计的时间，具体操作步骤如下。

步骤 01 ①在导航窗格中选中 frmMoneyCount 窗体，右击，②在快捷菜单中选择【复制】命令，再右击，在快捷菜单中选择【粘贴】命令，将窗体命名为 frmTimeCount，如图 4-92 所示。

步骤 02 复制粘贴之后，就创建好了 frmTimeCount 窗体，如图 4-93 所示。

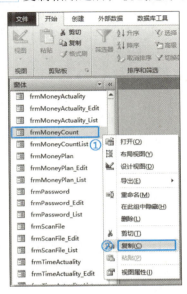

图 4-92 复制粘贴窗体

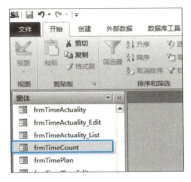

图 4-93 frmTimeCount 窗体

步骤 03 进入 frmTimeCount 窗体的设计视图，①选中子窗体控件 sfrList，双击显示属性，②切换到属性表中的【数据】选项卡，③找到【源对象】，如图 4-94 所示。

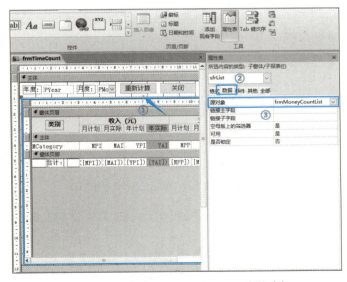

图 4-94 修改 frmTimeCount 窗体（1）

步骤 04 为避免与前面的收支分析混淆，将【源对象】设置为空，如图4-95所示。

图4-95 修改frmTimeCount窗体(2)

步骤 05 ①移动滚动条，选中饼图，位置往右往下移一点，②进入图表编辑状态，将饼图的图表标题改为"年时间使用分类百分比"，③选择属性表中的【其他】选项卡，④将【名称】修改为"graItemTime"，如图4-96所示。

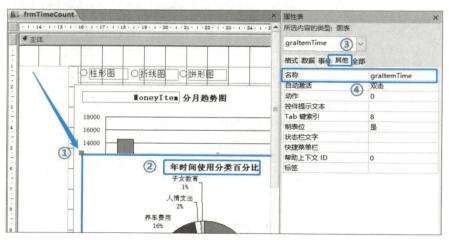

图4-96 修改frmTimeCount窗体(3)

步骤 06 ①选中柱形图，②选择属性表中的【其他】选项卡，③将【名称】修改为"graTime"，如图4-97所示。

步骤 07 ①选中MoneyItem，②选择属性表中的【其他】选项卡，③将【名称】修改为"txtTimeItem"，如图4-98所示。

图 4-97 修改 frmTimeCount 窗体 (4)

图 4-98 修改 frmTimeCount 窗体 (5)

步骤 08 ①切换到属性表中的【数据】选项卡，②将【控件来源】修改为 TimeItem，如图 4-99 所示。

图 4-99 修改 frmTimeCount 窗体 (6)

步骤 09 ①选中选项组控件，②选择属性表中的【其他】选项卡，③将【名称】修改为 grpTime，如图 4-100 所示。

图 4-100 修改 frmTimeCount 窗体 (7)

保存窗体，避免因未保存一不小心关闭窗体后需要从头再次修改。

步骤 10 ①双击窗体设计视图左上角的■按钮，出现该窗体的属性，②选择【事件】选项卡，③找到【加载】事件，如图 4-101 所示。

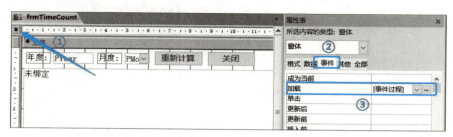

图 4-101　修改 frmTimeCount 窗体 (8)

步骤 11 单击"[事件过程]"右边的...按钮，进入 VBA 代码设计窗口，如图 4-102 所示。

图 4-102　修改 frmTimeCount 窗体 (9)

步骤 12 由于前面对窗体上的控件名称进行了修改，因此图 4-102 框内的控件名称都需要修改，修改后如图 4-103 所示。

步骤 13 同理，在【重新计算】按钮的 cmdOK_Click() 事件中，将文本框控件"txtMoneyItem"改为"txtTimeItem"，如图 4-104 所示。

修改后如图 4-105 所示。

```
grpTime                                  AfterUpdate
        DoCmd.RunSQL strSQL  '追加年实际收入明细

        strSQL = "INSERT INTO tblMoney_Temp ( MCategory, YAMoney_Pay ) " _
            & "SELECT MCategory, MAMoney " _
            & "FROM qryPayActualityList_Y;"
        DoCmd.RunSQL strSQL  '追加年实际支出明细

        Me.Refresh  '刷新窗体
End Sub

Private Sub Form_Load()
    '隐藏饼图
    Me.graItemTime.Visible = False
End Sub

Private Sub grpTime_AfterUpdate()
    '隐藏饼图
    Me.graItemTime.Visible = False
    Select Case Me.grpTime
    Case 1
        Me.graTime.Object.ChartType = 51  'xlColumnClustered '柱形图
    Case 2
        Me.graTime.Object.ChartType = 4   'xlLine '折线图
    Case 3
        '显示饼图
        Me.graItemTime.Visible = True
    End Select
End Sub
```

图 4-103　修改 frmTimeCount 窗体 (10)

```
cmdOK                                    Click
Option Compare Database
Private Sub cmdClose_Click()
    '关闭窗体并返回到主界面
    RDPCloseForm Me
End Sub

Private Sub cmdOK_Click()
    Dim strSQL As String  '声明一个文本型的变量
    DoCmd.SetWarnings False  '屏蔽系统警告

    Me.txtMoneyItem = Null

    Me.Refresh  '刷新窗体

    Dim M_FirstDay As Date  '声明一个日期型的变量 月初1天
    M_FirstDay = DateSerial(Me.PYear, Me.PMonth, 1)
    strSQL = "UPDATE tblParameter SET tblParameter.MonthFirstDay = #" & M_FirstDay & "#"
    DoCmd.RunSQL strSQL  '执行SQL代码
```

图 4-104　修改 frmTimeCount 窗体 (11)

```
cmdOK                                    Click
Option Compare Database
Private Sub cmdClose_Click()
    '关闭窗体并返回到主界面
    RDPCloseForm Me
End Sub

Private Sub cmdOK_Click()
    Dim strSQL As String  '声明一个文本型的变量
    DoCmd.SetWarnings False  '屏蔽系统警告

    Me.txtTimeItem = Null

    Me.Refresh  '刷新窗体

    Dim M_FirstDay As Date  '声明一个日期型的变量 月初1天
    M_FirstDay = DateSerial(Me.PYear, Me.PMonth, 1)
```

图 4-105　修改 frmTimeCount 窗体 (12)

完整的【重新计算】按钮的单击事件代码如图 4-106 所示。注意：①模块是 frmTimeCount，不要和 frmMoneyCount 模块混淆，②框中的代码是设置根据年月来更改月初第 1 天、月末最后 1 天、年初第 1 天、年末最后 1 天日期，tblParameter 表中的值是用于查询的条件，因此不需要改动。

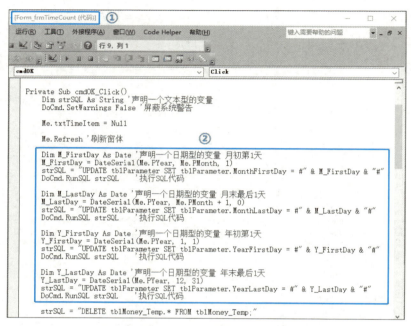

图 4-106　修改 frmTimeCount 窗体 (13)

步骤 14 在重新计算之前，需要先清空临时表 tblTime_Temp，因此需要将 SQL 代码中的表名称由 tblMoney_Temp 修改为 tblTime_Temp，如图 4-107 所示。

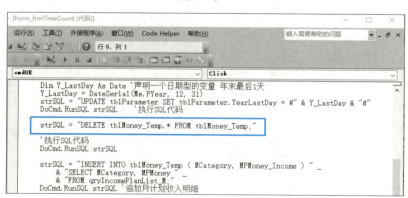

图 4-107　修改 frmTimeCount 窗体 (14)

修改 SQL 代码中表名后如图 4-108 所示。

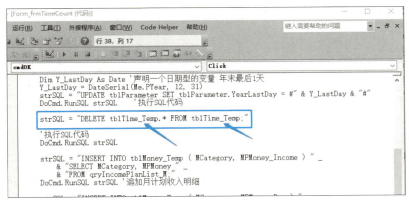

图 4-108　修改 frmTimeCount 窗体 (15)

步骤 15　接下来是追加明细数据到 tblTime_Temp 表中。4.3.4 小节中我们已经创建了一个追加查询 qryPlanTime_M，可以进入这个查询的 SQL 视图，从中复制 SQL 代码，如图 4-109 所示。

图 4-109　修改 frmTimeCount 窗体 (16)

步骤 16　将复制好的 SQL 代码粘贴到 VBA 代码区，如图 4-110 所示。

图 4-110　修改 frmTimeCount 窗体 (17)

步骤 17 将图 4-110 中框内的 SQL 代码替换为刚才复制的 SQL 代码，并进行适当修改，修改后如图 4-111 所示。

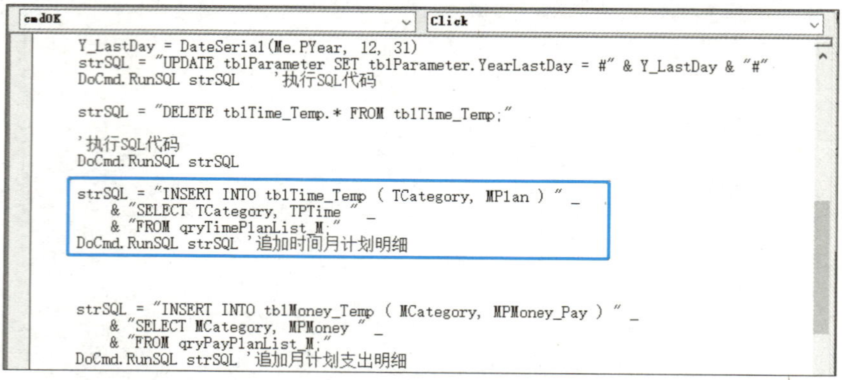

```
Y_LastDay = DateSerial(Me.PYear, 12, 31)
strSQL = "UPDATE tblParameter SET tblParameter.YearLastDay = #" & Y_LastDay & "#"
DoCmd.RunSQL strSQL    '执行SQL代码

strSQL = "DELETE tblTime_Temp.* FROM tblTime_Temp;"

'执行SQL代码
DoCmd.RunSQL strSQL

strSQL = "INSERT INTO tblTime_Temp ( TCategory, MPlan ) " _
    & "SELECT TCategory, TPTime " _
    & "FROM qryTimePlanList_M;"
DoCmd.RunSQL strSQL    '追加时间月计划明细

strSQL = "INSERT INTO tblMoney_Temp ( MCategory, MPMoney_Pay ) " _
    & "SELECT MCategory, MPMoney " _
    & "FROM qryPayPlanList_M;"
DoCmd.RunSQL strSQL    '追加月计划支出明细
```

图 4-111 修改 frmTimeCount 窗体 (18)

步骤 18 时间年计划明细、时间月使用明细、时间年使用明细可以通过直接写 SQL 代码实现，代码如下。

```
strSQL = "INSERT INTO tblTime_Temp ( TCategory, YPlan ) " _
    & "SELECT TCategory, TPTime " _
    & "FROM qryTimePlanList_Y;"
DoCmd.RunSQL strSQL                    '追加时间年计划明细

strSQL = "INSERT INTO tblTime_Temp ( TCategory, MActuality ) " _
    & "SELECT TCategory, TATime " _
    & "FROM qryTimeActualityList_M;"
DoCmd.RunSQL strSQL                    '追加时间月使用明细

strSQL = "INSERT INTO tblTime_Temp ( TCategory, YActuality ) " _
    & "SELECT TCategory, TATime " _
    & "FROM qryTimeActualityList_Y;"
DoCmd.RunSQL strSQL                    '追加时间年使用明细
```

添加追加年计划、月使用、年使用时间数据的 VBA 代码后，如图 4-112 所示。

步骤 19 关闭 VBA 代码设计窗口，保存并关闭 frmTimeCount 窗体设计视图。

步骤 20 在导航窗格中双击 frmTimeCount，运行窗体后再单击【重新计算】按钮，将给 tblTime_Temp 表追加符合条件的记录，如图 4-113 所示。

步骤 21 在导航窗格中双击 tblTime_Temp，可以看到追加的数据明细记录，如图 4-114 所示。

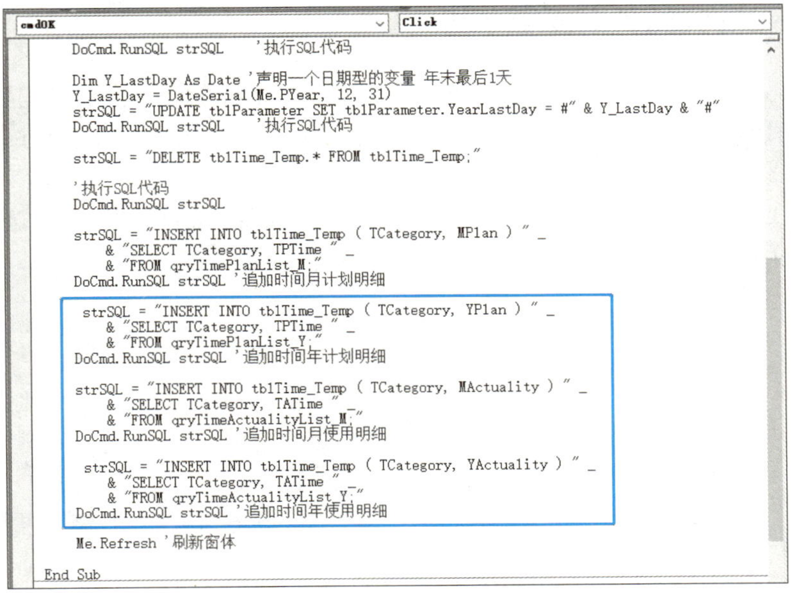

```
DoCmd.RunSQL strSQL        '执行SQL代码

Dim Y_LastDay As Date    '声明一个日期型的变量 年末最后1天
Y_LastDay = DateSerial(Me.PYear, 12, 31)
strSQL = "UPDATE tblParameter SET tblParameter.YearLastDay = #" & Y_LastDay & "#"
DoCmd.RunSQL strSQL        '执行SQL代码

strSQL = "DELETE tblTime_Temp.* FROM tblTime_Temp;"

'执行SQL代码
DoCmd.RunSQL strSQL

strSQL = "INSERT INTO tblTime_Temp ( TCategory, MPlan ) " _
    & "SELECT TCategory, TPTime " _
    & "FROM qryTimePlanList_M;"
DoCmd.RunSQL strSQL        '追加时间月计划明细

strSQL = "INSERT INTO tblTime_Temp ( TCategory, YPlan ) " _
    & "SELECT TCategory, TPTime " _
    & "FROM qryTimePlanList_Y;"
DoCmd.RunSQL strSQL        '追加时间年计划明细

strSQL = "INSERT INTO tblTime_Temp ( TCategory, MActuality ) " _
    & "SELECT TCategory, TATime " _
    & "FROM qryTimeActualityList_M;"
DoCmd.RunSQL strSQL        '追加时间月使用明细

strSQL = "INSERT INTO tblTime_Temp ( TCategory, YActuality ) " _
    & "SELECT TCategory, TATime " _
    & "FROM qryTimeActualityList_Y;"
DoCmd.RunSQL strSQL        '追加时间年使用明细

Me.Refresh    '刷新窗体
End Sub
```

图 4-112　修改 frmTimeCount 窗体 (19)

图 4-113　生成临时表数据

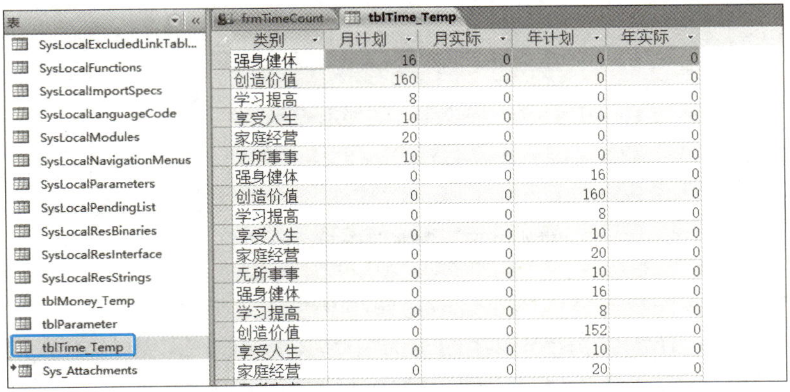

类别	月计划	月实际	年计划	年实际
强身健体	16	0	0	0
创造价值	160	0	0	0
学习提高	8	0	0	0
享受人生	10	0	0	0
家庭经营	20	0	0	0
无所事事	10	0	0	0
强身健体	0	0	16	0
创造价值	0	0	160	0
学习提高	0	0	8	0
享受人生	0	0	10	0
家庭经营	0	0	20	0
无所事事	0	0	10	0
强身健体	0	0	0	16
学习提高	0	0	0	8
创造价值	0	0	0	152
享受人生	0	0	0	10
家庭经营	0	0	0	20

图 4-114　tblTime_Temp 表数据

4.3.6 选择查询对临时表数据求和

tblTime_Temp 表中的记录是数据明细，需要按类别进行汇总求和，具体操作步骤如下。

步骤 01 ①在功能区中单击【创建】选项卡，②单击【查询设计】按钮，如图 4-115 所示。

步骤 02 ①在【显示表】对话框中选中 tblTime_Temp，②单击【添加(A)】按钮，③单击【关闭(C)】按钮关闭【显示表】对话框，如图 4-116 所示。

图 4-115 用选择查询求和(1)

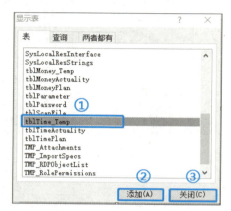

图 4-116 用选择查询求和(2)

步骤 03 通过双击字段或一次性选定框内的字段，用鼠标拖动到下方列中，如图 4-117 所示。

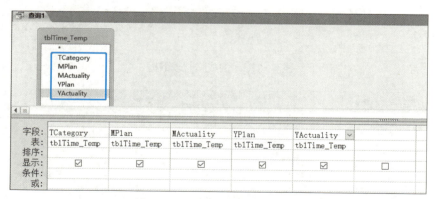

图 4-117 用选择查询求和(3)

步骤 04 将鼠标光标移至框内区域右击，如图 4-118 所示。

步骤 05 右击后，在快捷菜单中选择【汇总】命令，如图 4-119 所示。

步骤 06 选择【汇总】命令后，出现总计行，Group By 是指分组，如图 4-120 所示。

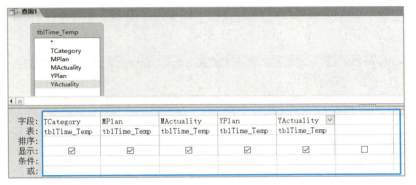

图 4-118　用选择查询求和 (4)

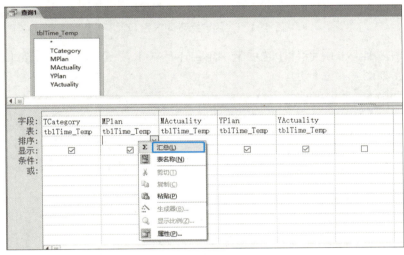

图 4-119　用选择查询求和 (5)

图 4-120　用选择查询求和 (6)

步骤 07 将除 TCategory 列之外的所有列中的 Group By 改为"合计",即按照时间类别 TCategory 分组,各列进行求和,如图 4-121 所示。

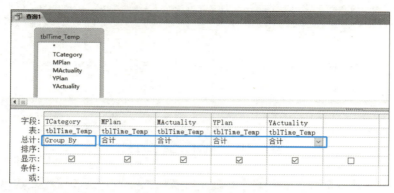

图 4-121 用选择查询求和(7)

步骤 08 在功能区的【设计】选项卡中单击【运行】按钮,可以查看按【时间类别】分组求和的效果,如图 4-122 所示。

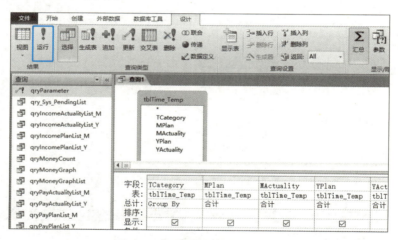

图 4-122 用选择查询求和(8)

步骤 09 分组求和后,效果如图 4-123 所示。

类别	MPlan之合计	MActuality之合计	YPlan之合计	YActuality之合计
创造价值	160	24	312	24
家庭经营	20	1	40	1
强身健体	16	2	32	4
无所事事	10	1	18	1
享受人生	10	2	20	8
学习提高	8	0.5	16	0.5

图 4-123 用选择查询求和(9)

步骤 10 列标题【MPlan 之合计】感觉太长，可以改一下，改为 MP（M：Month、P：Plan）。后面的列同理，Actuality 也简写为 A，即列名称修改如下。

- 【MActuality 之合计】：MA
- 【YPlan 之合计】：YP
- 【YActuality 之合计】：YA

对列名称修改后，如图 4-124 所示。

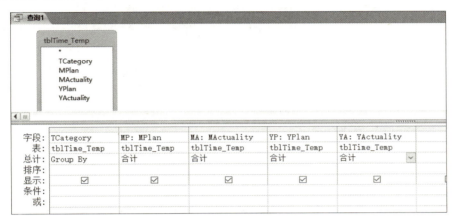

图 4-124　用选择查询求和 (10)

步骤 11 在功能区的【设计】选项卡中单击【运行】按钮，数据显示如图 4-125 所示。

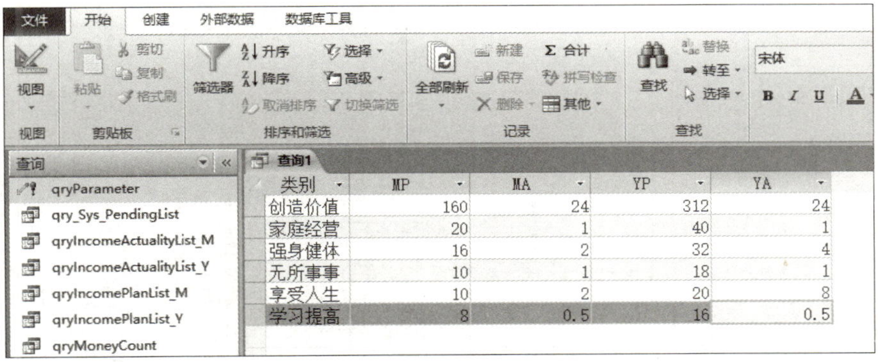

图 4-125　用选择查询求和 (11)

步骤 12 ①单击 Access 窗口左上角的 ![保存] 按钮，②在【查询名称】文本框中输入 qryTimeCount，③单击【确定】按钮，保存这个查询，如图 4-126 所示。

关闭 qryTimeCount 查询，这样对 tblTime_Temp 表按类别分组求和的选择 qryTimeCount 查询就创建好了。

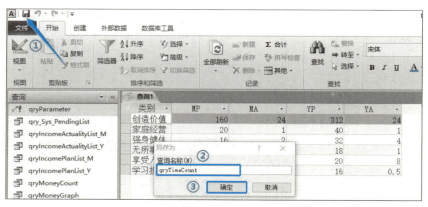

图 4-126　用选择查询求和 (12)

4.3.7　连续窗体显示数据

　　在 3.3.7 小节创建了一个 frmMoneyCountList 连续窗体，可以对这个窗体进行复制，粘贴为 frmTimeCountList 窗体，然后进行适当较少工作量的修改，即可满足设计的需要，比新创建一个窗体要节约不少时间，具体操作步骤如下。

步骤 01　①在导航窗格中选中 frmMoneyCountList，右击，②在快捷菜单中选择【复制】命令，再右击，在快捷菜单中选择【粘贴】命令，将窗体命名为 frmTimeCountList，如图 4-127 所示。

步骤 02　在导航窗格中选中 frmTimeCountList 窗体，进入窗体设计界面，如图 4-128 所示。

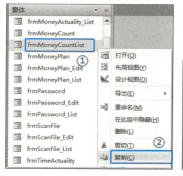

图 4-127　复制窗体

图 4-128　frmTimeCountList 窗体

步骤 03　将"收入（元）"改为"月度（小时）"，"支出（元）"改为"年度（小时）"，并调整宽度，如图 4-129 所示。

步骤 04　删除最后 4 列，并将前 4 列中的列标题"月计划""月实际""年计划""年实际"改为"计划"和"实际"，调整窗体宽度，如图 4-130 所示。

图 4-129　frmTimeCountList 窗体修改 (1)

图 4-130　frmTimeCountList 窗体修改 (2)

步骤 05 ①双击左上角的 ■ 按钮，出现该窗体的属性，②切换到【数据】选项卡，③找到【记录源】，如图 4-131 所示。

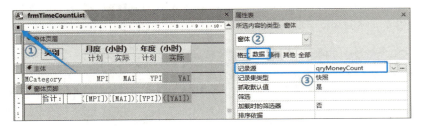

图 4-131　frmTimeCountList 窗体修改 (3)

步骤 06 单击【记录源】组合框，选择 qryTimeCount，如图 4-132 所示。

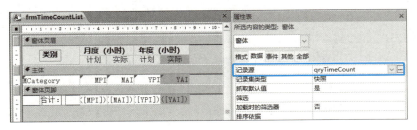

图 4-132　frmTimeCountList 窗体修改 (4)

步骤 07 调节控件宽度，更改文本框的控件来源和窗体页脚的公式，如图 4-133 所示。

图 4-133　frmTimeCountList 窗体修改 (5)

步骤 08 ①选中 TCategory 文本框，②选择属性表中的【其他】选项卡，③将【名称】修改为 TCategory，如图 4-134 所示。

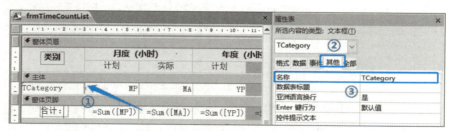

图 4-134　frmTimeCountList 窗体修改 (6)

步骤 09 ①切换到【事件】选项卡，②找到【双击】事件，单击"［事件过程］"右边的 … 按钮，如图 4-135 所示。

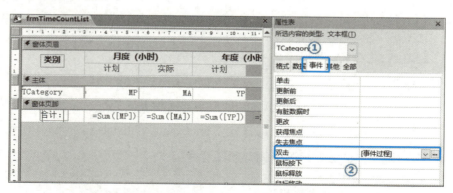

图 4-135　frmTimeCountList 窗体修改 (7)

步骤 10 进入 VBA 代码设计窗口后，如图 4-136 所示。从图 4-136 可以看出，两个代码只是名称不同，将 M 改为 T 即可，然后删除下方空白的事件过程，如图 4-137 所示。

图 4-136　frmTimeCountList 窗体修改 (8)

图 4-137　frmTimeCountList 窗体修改 (9)

步骤 11 在 frmTimeCountList 窗体双击类别时，代码设置的是 frmTimeCount 窗体，由于此窗体之前是从 frmMoneyCountList 窗体复制过来的，因此需要修改代码中的相关控件名称，将 Money 替换为 Time。可以批量替换，在双击事件代码区内单击，然后按快捷键 Ctrl +H，①选择【当前过程】单击按钮，②单击【全部替换】按钮，如图 4-138 所示。

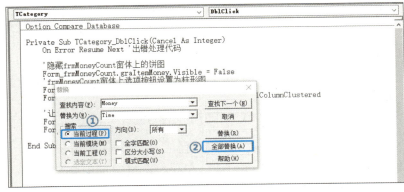

图 4-138　frmTimeCountList 窗体修改 (10)

步骤 12 将倒数第二行代码中的 Me.MCategory 改为 Me.TCategory，代码修改后如图 4-139 所示。

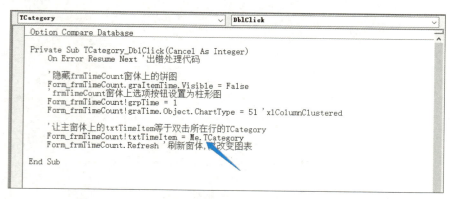

图 4-139　frmTimeCountList 窗体修改 (11)

关闭 VBA 代码设计窗口，保存并关闭 frmTimeCountList 窗体，接下来将该窗体作为 frmTimeCount 窗体的子窗体。

步骤 13 在导航窗格中选中 frmTimeCount，右击进入窗体设计视图，①选中子窗体控件，双击显示属性表，②选择【数据】选项卡，③找到【源对象】，如图 4-140 所示。

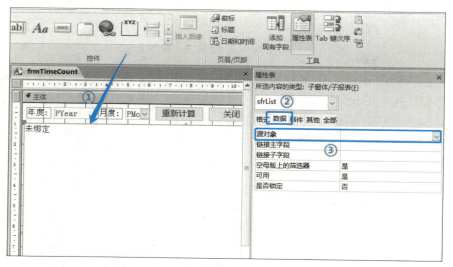

图 4-140　设置子窗体源对象 (1)

步骤 14 在【源对象】中选择 frmTimeCountList，如图 4-141 所示。

步骤 15 保存并关闭 frmTimeCount 窗体，在导航窗格中选中 frmTimeCount，双击打开窗体，效果如图 4-142 所示。

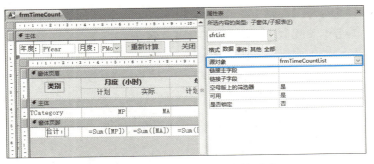

图 4-141　设置子窗体源对象（2）

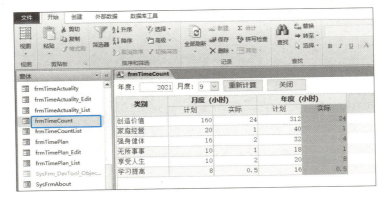

图 4-142　时间计划与时间使用统计

4.3.8　图表分析

1. 柱形图与折线图

在 frmTimeCount 窗体中已经有图表了，由于图表是从收支分析中复制来的，图表的数据源还是之前的收支金额，需要更改柱形图的数据源（折线图用代码进行显示），具体操作步骤如下。

步骤 01 创建柱形图的数据来源，①在功能区中单击【创建】选项卡，②单击【查询设计】按钮，如图 4-143 所示。

图 4-143　图表数据源查询设计（1）

步骤 02 ①在【显示表】对话框中单击选中 tblTimeActuality 表(时间使用表),②单击【添加(A)】按钮,③单击【关闭(C)】按钮,如图 4-144 所示。

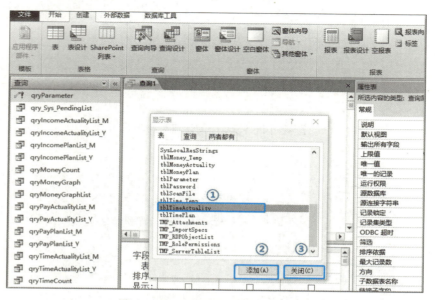

图 4-144　图表数据源查询设计(2)

步骤 03 双击【查询1】中的 TADate、TCategory、TATime 3 个字段,使其显示在下方列表中,如图 4-145 所示。

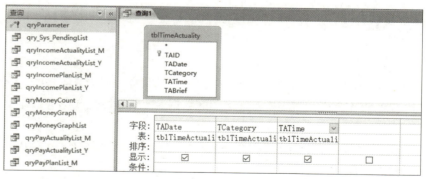

图 4-145　图表数据源查询设计(3)

步骤 04 日期条件是年初第 1 天至年末最后 1 天,该日期起止的参数值在 tblParameter 表的 YearFirstDay 和 YearLastDay 中,因此在条件所在行的 MADate 列输入条件:

Between DLookUp("YearFirstDay","tblParameter") And DLookUp("YearLastDay","tblParameter")

添加日期条件后,如图 4-146 所示。

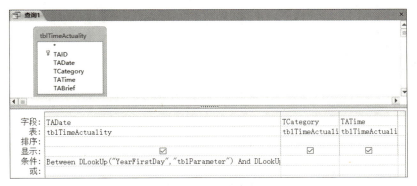

图 4-146 图表数据源查询设计 (4)

步骤 05 时间类别条件的参数值在 tblParameter 表的 TimeItem 中,因此在条件所在行的 TCategory 列输入条件:

```
Like "*" & DLookUp("TimeItem","tblParameter")
```

添加条件后,如图 4-147 所示。

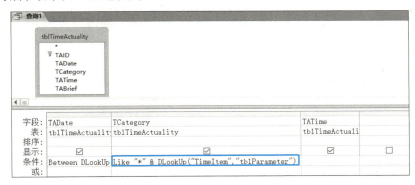

图 4-147 图表数据源查询设计 (5)

步骤 06 单击功能区中的【运行】,可以看出查询中只有【日期】,没有【月份】,如图 4-148 所示。缺少月份(即【TMonth】列),分月显示数据需要月份【TMonth】列:

图 4-148 图表数据源查询设计 (6)

步骤 07 回到查询的设计视图，在 TATime 列后面增加一列：

`TMonth: Format([TADate],"yyyymm")`

添加条件后，如图 4-149 所示。

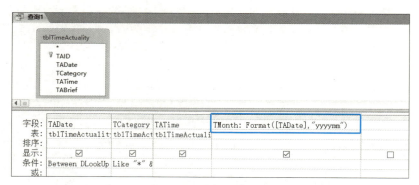

图 4-149　图表数据源查询设计 (7)

步骤 08 单击窗口左上角的 ■ 按钮，在【查询名称】文本框中输入 qryTimeGraphList，单击【确定】按钮，保存该查询。关闭 qryTimeGraphList 查询，这样就完成了设置条件的图表明细数据查询。

步骤 09 在导航窗格中选中 frmTimeCount 并右击，在弹出的快捷菜单中选择【设计视图】命令，进入窗体视图，①选中柱形图的图表控件，②单击【属性表】显示属性，③切换到属性表的【数据】选项卡，④找到【行来源】，如图 4-150 所示。

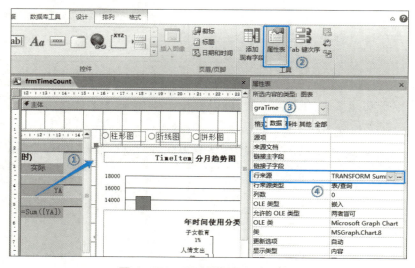

图 4-150　更改柱形图行来源 (1)

步骤 10 删除【行来源】，如图 4-151 所示。

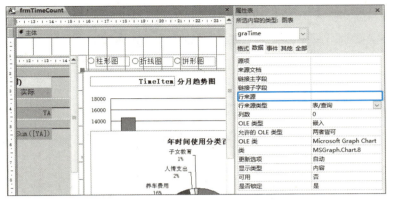

图 4-151　更改柱形图行来源 (2)

步骤 11 将光标移至【行来源】中，单击【行来源】右边的…按钮，出现【查询生成器】，①在【显示表】对话框中单击【查询】选项卡，②单击选中 qryTimeGraphList，③单击【添加(A)】按钮，④单击【关闭(C)】按钮，如图 4-152 所示。

图 4-152　更改柱形图行来源 (3)

步骤 12 双击 TMonth 和 TATime，显示在下方列中，如图 4-153 所示。

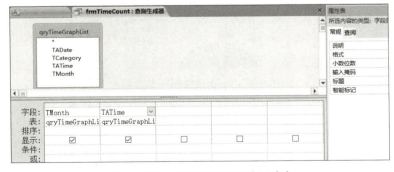

图 4-153　更改柱形图行来源 (4)

步骤 13 对 TATime 数据按 TMonth 进行分组合计,并设置列标题,如图 4-154 所示。

图 4-154 更改柱形图行来源(5)

步骤 14 单击【查询生成器】右边的 × 按钮,完成对图表【行来源】的修改。

2. 饼图

为了反映一个年度中花费时间的各个时间类别所占的百分比,采用饼图进行分析,具体操作步骤如下。

步骤 01 ①选中饼图的图表控件,单击【属性表】显示属性,②切换到属性表的【数据】选项卡,③找到【行来源】,如图 4-155 所示。

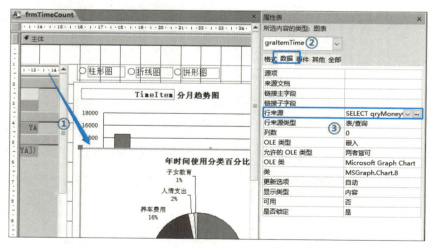

图 4-155 更改饼图行来源(1)

步骤 02 删除【行来源】中的值,如图 4-156 所示。

步骤 03 单击【行来源】右边的 ... 按钮,出现【查询生成器】,①在【显示表】对话框中单击【查询】选项卡,②选中 qryTimeCount,③单击【添加(A)】按钮,④单击【关闭(C)】按钮,如图 4-157 所示。

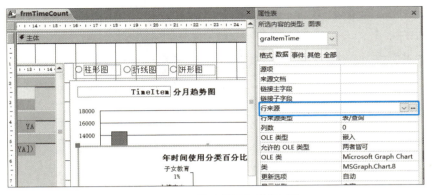

图 4-156　更改饼图行来源（2）

图 4-157　更改饼图行来源（3）

步骤 04 双击 TCategory 和 YA，使其显示在下方列中，如图 4-158 所示。

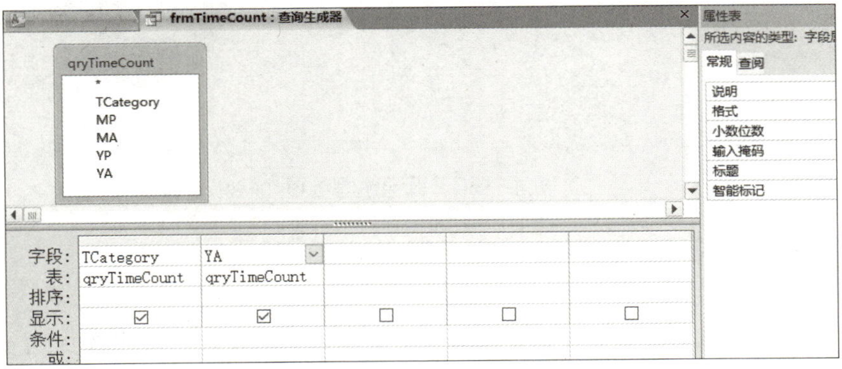

图 4-158　更改饼图行来源（4）

步骤 05 对 YA 数据按 TCategory 进行分组合计，并设置列标题，按年用时降序排序，如图 4-159 所示。

图 4-159　更改饼图行来源 (5)

步骤 06 单击【查询生成器】右边的 × 按钮，完成对图表行来源的修改。

步骤 07 调整饼图的位置，放在柱形图的上方，并调整窗体宽度与高度，如图 4-160 所示。

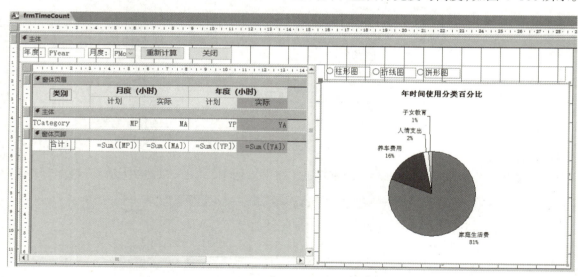

图 4-160　调整饼图位置

4.3.9　设置时间分析导航菜单

在左侧导航窗格中找到 SysFrmLogin 窗体，双击运行该窗体，用 admin 账号登录系统，登录后界面如图 4-161 所示。

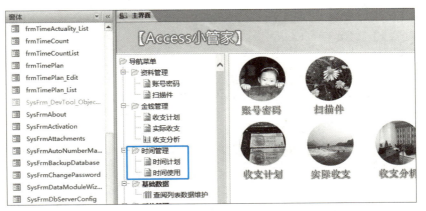

图 4-161 设置【时间分析】导航菜单 (1)

从图 4-161 中可以看出，导航菜单的【时间管理】中没有【时间分析】，在导航菜单中双击【导航菜单编辑器】，出现【导航菜单编辑器】界面，①选中【0302 时间使用】，②单击【添加同级节点】按钮，如图 4-162 所示。

图 4-162 设置【时间分析】导航菜单 (2)

在以下各项目中分别填入值。

- 【菜单文本 (Key)】：时间分析
- 【菜单文本 (简体中文 – 中国)】：时间分析
- 【启用】：勾选

- 【操作】：打开窗体
- 【窗体名称】：frmTimeCount
- 【视图】：窗体
- 【窗口模式】：子窗口
- 【图标】：bar chart-2.ico（单击右边的...按钮，选择 bar chart.ico 图标）

值填入后，如图 4-163 所示。

图 4-163　设置【时间分析】导航菜单 (3)

单击【保存 (S)】按钮，完成【时间分析】导航菜单的创建。单击【取消】按钮，关闭导航菜单编辑器，创建【时间分析】菜单后，导航菜单界面如图 4-164 所示。

图 4-164　设置【时间分析】导航菜单 (4)

参考 2.3 节首页图标按钮的设计,创建【时间计划】【时间使用】【时间分析】3 个图片按钮,并设置单击事件打开对应的窗体,如图 4-165 所示。

图 4-165 设置【时间分析】导航菜单(5)

第 5 章

健康管理的开发

本章导读

本章主要讲解健康相关项目、健康数据、健康监测、健康统计和图表分析的开发,与时间统计和图表分析一样,通过复制第 3 章中的收支分析窗体进行修改,完成健康统计与图表分析。

5.1 健康相关项目

健康相关项目是一个编码表,用来指定某个与健康相关的项目(例如跑步、游泳等)的得分及时间类别。

5.1.1 表设计及创建

设计一个表,将表命名为 tblHealthProject。字段设计列表如表 5-1 所示。

表 5-1 tblHealthProject 字段设计列表

字段名称	标题	数据类型	字段大小	必填	说明
HpID	项目编号	文本	3	是	主键
HpName	项目名称	文本	20	是	
HpSort	是否有益	是/否	布尔型	否	默认值:0
HpScore	得分	数字	整型	否	默认值:0
HpBrief	说明	文本	50	否	
HpCategory	时间类别	文本	50	否	
HpOrder	显示顺序	数字	字节型	否	

> **说明**:HpCategory 字段的数据来自 Sys_LookupList 表中的 Value 字段,条件是 Value<>"" AND Item="时间类别",并按 Category 进行排序。

接下来根据表 5-1 创建表,具体操作步骤如下。

 选中 Data.mdb 文件,双击打开文件,文件打开后如图 5-1 所示。

 ①选中【创建】选项卡,②单击【表设计】按钮,如图 5-2 所示。

图 5-1 打开 Data 文件

图 5-2 创建 tblHealthProject 表操作(1)

步骤 03 按照5.1.1小节中的字段设计列表进行设计,例如HpID字段,①【数据类型】为"文本";②【字段大小】为3;③【标题】为"项目编号";④并将该字段设置为"主键",如图5-3所示。

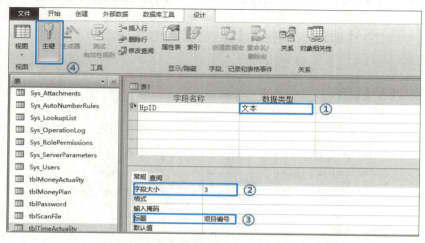

图5-3 创建tblHealthProject表操作(2)

步骤 04 设计其他字段,如图5-4所示。

图5-4 创建tblHealthProject表操作(3)

步骤 05 ①选中HpCategory字段,②单击【查阅】选项卡,各项目的值如下。
- 显示控件:组合框
- 行来源类型:表/查询
- 行来源:SELECT Sys_LookupList.Value FROM Sys_LookupList WHERE (((Sys_LookupList.Value)<>"") AND ((Sys_LookupList.Item)="时间类别")) ORDER BY Sys_LookupList.Category

- 绑定列：1
- 列数：1

对 HpCategory 字段属性进行设置之后，如图 5-5 所示。

图 5-5 创建 tblHealthProject 表操作（4）

步骤 06 所有的字段都设计好之后，单击左上角的【保存(S)】按钮保存表，将表的名称命名为 tblHealthProject，然后单击【确定】按钮，关闭表设计，在导航窗格中可以看到已创建好的表 tblHealthProject，如图 5-6 所示。

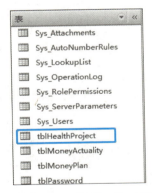

图 5-6 创建 tblHealthProject 表操作（5）

关闭 Data.mdb 文件，接下来开始健康相关项目窗体的设计。

5.1.2 自动编号规则——健康项目 ID

需要定义 tblHealthProject 表中 HpID 字段的自动编号规则，规则名称为健康项目 ID，编号的格式为字母 P+2 位数字，如 P01，具体操作步骤如下。

步骤 01 双击 Main.mdb 文件运行程序，用管理员的账号（用户名：admin，密码：

admin）进入系统,在【开发者工具】导航菜单中,双击【自动编号管理】,弹出【自动编号管理】对话框,如图 5-7 所示。

图 5-7　定义自动编号规则 (1)

步骤 02　单击【新建 (N)】按钮,如图 5-8 所示。

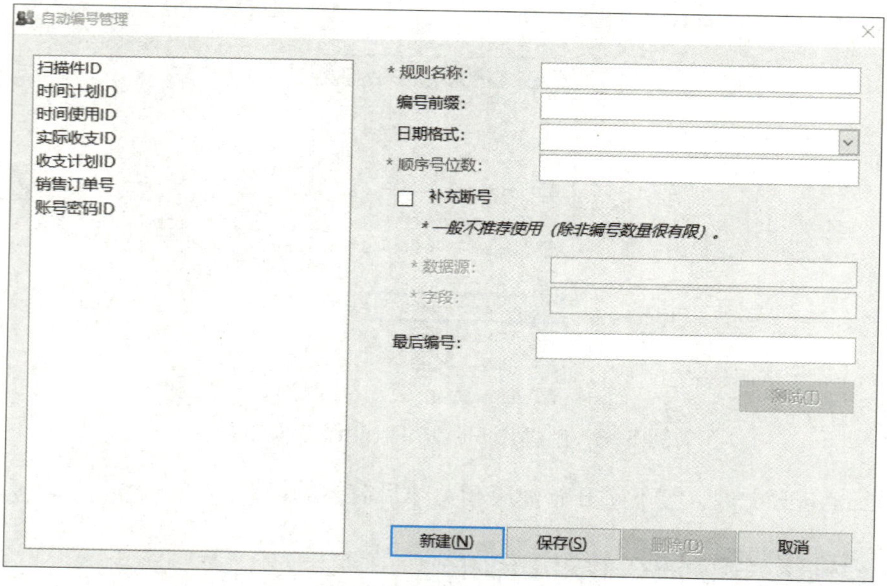

图 5-8　定义自动编号规则 (2)

步骤 03　①在各项目中分别填入值:【*规则名称】为"健康项目 ID",【编号前缀】为"P",【*顺序号位数】为"2"。②单击【保存 (S)】按钮,如图 5-9 所示。

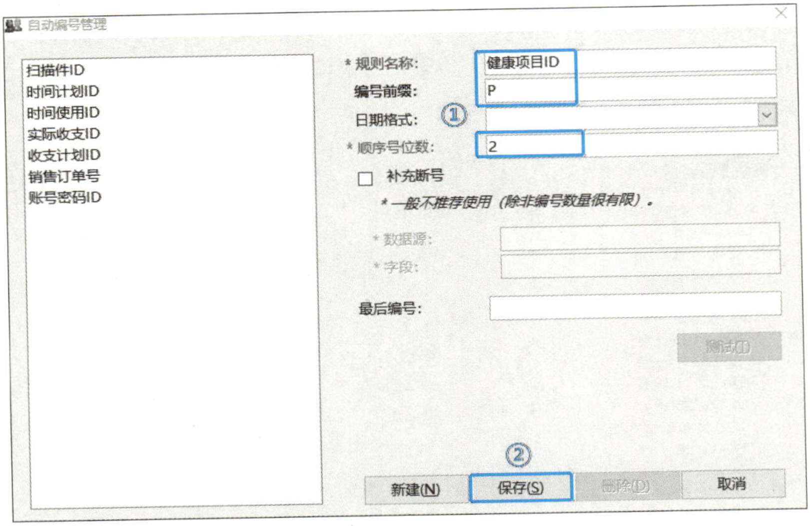

图 5-9　定义自动编号规则 (3)

<blockquote>步骤 04</blockquote> 单击【保存 (S)】按钮后，tblHealthProject 表中 HpID 字段用的自动编号规则就定义完成了，如图 5-10 所示。

图 5-10　定义自动编号规则 (4)

5.1.3　创建【健康管理】导航菜单

需要创建【健康管理】的导航菜单分类，从而将【健康相关项目】置于【健康管理】的下一级，具体操作步骤如下。

步骤 01 在【开发者工具】导航菜单中,双击【导航菜单编辑器】,弹出【导航菜单编辑器】对话框,①选中【01 资料管理】,②单击【添加同级节点】按钮,如图 5-11 所示。

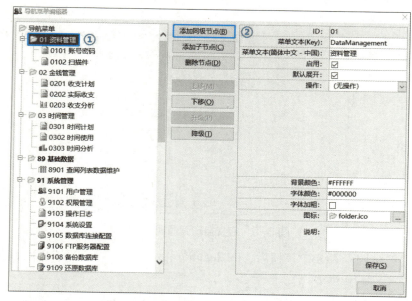

图 5-11　创建导航菜单【健康管理】(1)

步骤 02 出现【新节点】选项,如图 5-12 所示。

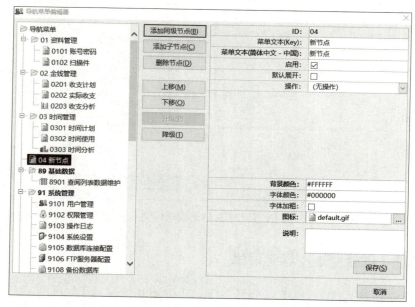

图 5-12　创建导航菜单【健康管理】(2)

步骤 03 在【新节点】选项中分别填入值。
- 【菜单文本(Key)】：HealthManagement
- 【菜单文本(简体中文–中国)】：健康管理
- 【启用】：勾选
- 【默认展开】：勾选
- 【图标】：folder.ico（单击右边的…按钮，选择一个图标）

值填入后，如图 5-13 所示。

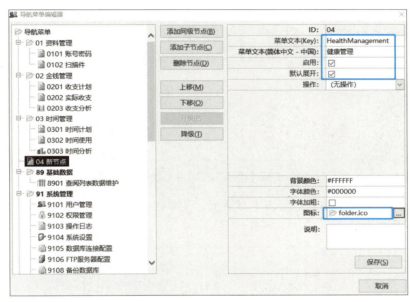

图 5-13 创建导航菜单【健康管理】(3)

步骤 04 单击【保存(S)】按钮，完成【健康管理】导航菜单的创建。单击【取消】按钮，关闭导航菜单编辑器。

5.1.4 生成【健康相关项目】数据维护模块

【健康相关项目】的数据维护模块可以用快速开发平台的数据模块生成器自动生成，具体操作步骤如下。

步骤 01 在【开发者工具】导航菜单中，双击【数据模块生成器】，弹出【数据模块自动生成器】对话框，①单击【主表】组合框时，没有 tblHealthProject 表可以选择，②单击【主表】项右边的…按钮，如图 5-14 所示。

287

图 5-14　生成【健康相关项目】数据维护模块 (1)

步骤 02 弹出【快速创建链接表】对话框，①单击选中 tblHealthProject，②单击【创建】按钮，如图 5-15 所示。

图 5-15　生成【健康相关项目】数据维护模块 (2)

步骤 03 链接表创建成功，关闭【快速创建链接表】对话框，然后在【主表】项的组合框中选择"tblHealthProject"，如图 5-16 所示。

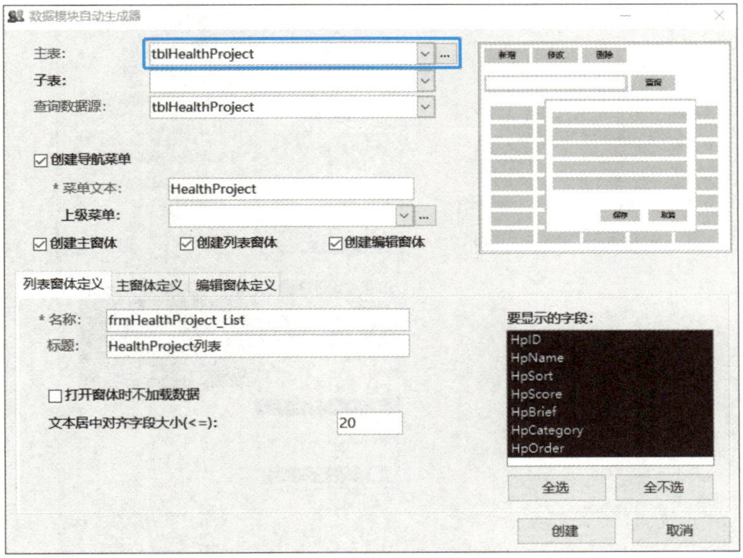

图 5-16 生成【健康相关项目】数据维护模块 (3)

步骤 04 配置菜单及列表窗体定义,在【*菜单文本】文本框中输入"健康相关项目",在【上级菜单】下拉列表中选择"健康管理",如图 5-17 所示。

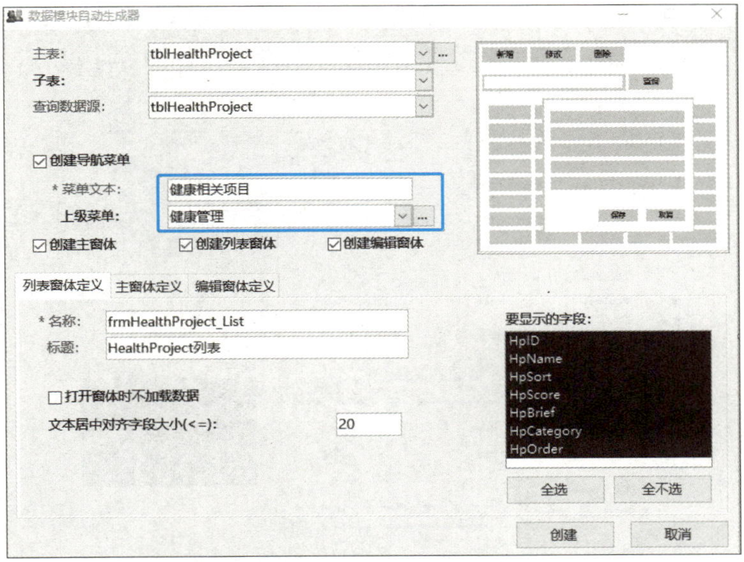

图 5-17 生成【健康相关项目】数据维护模块 (4)

步骤 05 单击【主窗体定义】选项卡,①【默认查询字段】选择 HpName,②【按钮】项中保留新增、编辑、删除、导出、关闭,如图 5-18 所示。

图 5-18　生成【健康相关项目】数据维护模块 (5)

步骤 06 单击【编辑窗体定义】选项卡，①在【标题】文本框中输入"健康相关项目信息维护"，②设置【自定义自动编号规则】，这里默认为不可用，呈灰色，操作方法是在【自定义自动编号字段】项中选择 HpID，然后就可以在【自定义自动编号规则】项中选择"健康项目 ID"了，③单击【创建】按钮，将自动创建 3 个窗体，如图 5-19 所示。

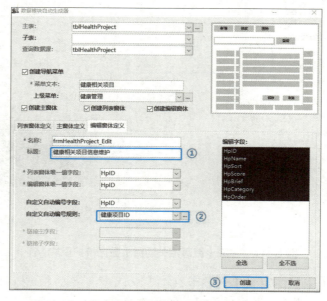

图 5-19　生成【健康相关项目】数据维护模块 (6)

步骤 07 自动创建的 3 个窗体分别是 frmHealthProject、frmHealthProject_Edit、frmHealthProject_List,实现了【健康相关项目】数据模块的开发,双击导航菜单中的【健康相关项目】,再单击【新增】按钮,效果如图 5-20 所示。

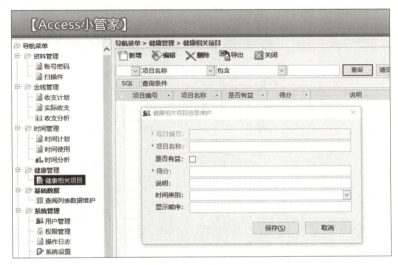

图 5-20　生成【健康相关项目】数据维护模块 (7)

步骤 08 录入测试数据后如图 5-21 所示。

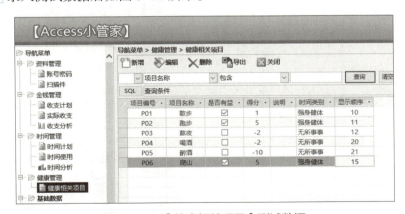

图 5-21　【健康相关项目】测试数据

5.2　健康数据

　　健康数据是对每天的健康相关数据（例如跑步时间、得分）进行管理,主要有新增、修改、删除、查找和导出功能。

5.2.1 表设计及创建

设计一个表，将表命名为 tblHealthData。字段设计列表如表 5-2 所示。

表 5-2　tblHealthData 字段设计列表

字段名称	标题	数据类型	字段大小	必填	说明
HID	序号	文本	7	是	主键
HDate	日期	日期/时间		是	
HpID	项目名称	文本	3	是	
HTime	时间(小时)	数字	单精度	否	默认值：0
HMoney	费用(元)	数字	货币	否	默认值：0
HBrief	摘要	文本	255	否	

> ⚠ 说明：HpID 字段的数据来自 tblHealthProject 表中的 HpName 字段。

下面根据表 5-2 创建表，具体操作步骤如下。

 选中 Data.mdb 文件，双击打开文件，文件打开后如图 5-22 所示。

 ①选中【创建】选项卡，②单击【表设计】按钮，如图 5-23 所示。

图 5-22　打开 Data 文件　　　　图 5-23　创建 tblHealthData 表操作(1)

 单击【表设计】后，按照 5.2.1 小节中的字段设计列表创建字段，如 HID 字段，如图 5-24 所示。

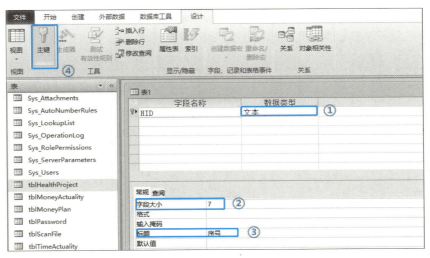

图 5-24 创建 tblHealthData 表操作（2）

步骤 04 设计其他字段，如图 5-25 所示。

图 5-25 创建 tblHealthData 表操作（3）

步骤 05 ①选中 HpID 字段，②单击【查阅】选项卡，③各项目的值。
- 【显示控件】：组合框
- 【行来源类型】：表 / 查询
- 【行来源】：SELECT tblHealthProject.HpID, tblHealthProject.HpName FROM tblHealthProject
- 【绑定列】：1
- 【列数】：2
- 【列宽】：0cm；2cm

对 HpID 字段属性进行设置之后，如图 5-26 所示。

步骤 06 所有的字段都设计好之后，单击左上角的【保存(S)】按钮保存表，将表命名为 tblHealthData，然后单击【确定】按钮，关闭表设计，在导航窗格中可以看到已创建好的 tblHealthData 表，如图 5-27 所示。

关闭 Data.mdb，接下来开始设计健康数据窗体。

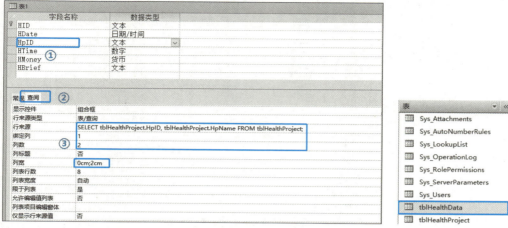

图 5-26　创建 tblHealthData 表操作 (4)　　图 5-27　创建 tblHealthData 表操作 (5)

5.2.2　自动编号规则——健康数据 ID

需要定义 tblHealthData 表中 HID 字段的自动编号规则，规则名称为健康数据 ID，编号的格式为字母 H+6 位数字，如 H000001，具体操作步骤如下。

步骤 01　双击 Main.mdb 文件运行程序，用管理员的账号（用户名：admin，密码：admin）进入系统，在【开发者工具】导航菜单中，双击【自动编号管理】，弹出【自动编号管理】对话框，如图 5-28 所示。

图 5-28　定义自动编号规则 (1)

步骤 02　单击【新建 (N)】按钮，如图 5-29 所示。

步骤 03　①在各项目中分别填入值：【* 规则名称】为"健康数据 ID"；【编号前缀】为"H"；【* 顺序号位数】为"6"，②单击【保存 (S)】按钮，如图 5-30 所示。

图 5-29　定义自动编号规则 (2)

图 5-30　定义自动编号规则 (3)

步骤 04 单击【保存(S)】按钮后，tblHealthData 表中 HID 字段用的自动编号规则就定义完成了，如图 5-31 所示。

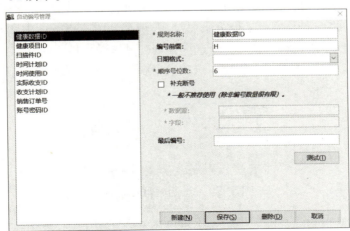

图 5-31　定义自动编号规则 (4)

5.2.3 快速创建链接表

步骤01 在【开发者工具】导航菜单中，选中【快速创建链接表】，如图 5-32 所示。
步骤02 双击【快速创建链接表】选项，弹出【快速创建链接表】对话框，①单击选中 tblHealthData，②单击【创建】按钮，如图 5-33 所示。

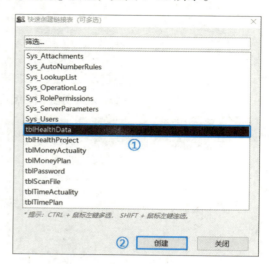

图 5-32 快速创建链接表(1)　　　　图 5-33 快速创建链接表(2)

步骤03 链接表创建成功，关闭【快速创建链接表】对话框。

5.2.4 创建【健康数据】选择查询

由于 tblHealthData 表中的 HpID 是健康项目的编码，在列表窗体中要实现对【项目名称】的查询及显示【得分】，故需要根据 tblHealthData 表和 tblHealthProject 表通过 HpID 字段关联，建立一个选择查询，具体操作步骤如下。

步骤01 ①在功能区中单击【创建】选项卡，②单击【查询设计】按钮，如图 5-34 所示。

图 5-34 创建选择查询(1)

步骤02 在【显示表】对话框中，①单击选中 tblHealthData，②单击【添加(A)】按钮，然后单击 tblHealthProject，再单击【添加(A)】按钮，如图 5-35 所示。

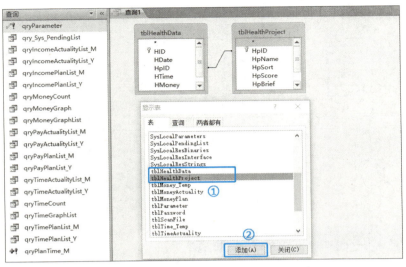

图 5-35　创建选择查询(2)

步骤 03 单击【显示表】对话框中的【关闭(C)】按钮，如图 5-36 所示。

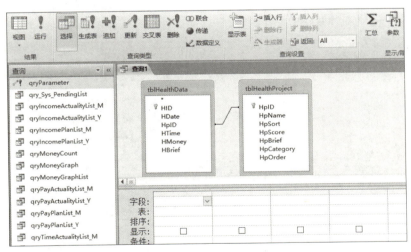

图 5-36　创建选择查询(3)

步骤 04 双击框中的字段，或是选定框中的字段用鼠标拖动到下方列中，并对 HID 列进行排序，如图 5-37 所示。

步骤 05 单击 Access 窗口左上角的 ■ 按钮，在【查询名称】文本框中输入 qryHealthData，单击【确定】按钮保存，该查询将在自动生成【健康数据】窗体时用作查询数据源，并作为列表窗体的记录源。

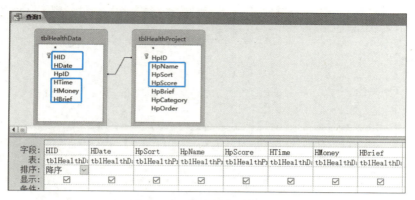

图 5-37　创建选择查询(4)

5.2.5　生成【健康数据】数据维护模块

　　【健康数据】的数据维护模块可以用数据模块生成器快速自动生成,具体操作步骤如下。

　　步骤 01　在【开发者工具】导航菜单中,双击【数据模块生成器】,弹出【数据模块自动生成器】对话框,如图 5-38 所示。

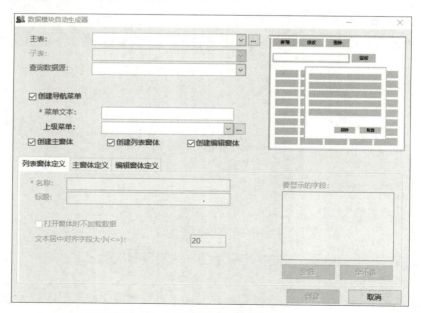

图 5-38　生成【健康数据】数据维护模块(1)

　　步骤 02　进行以下项目的设置:①【主表】为"tblHealthData",②【查询数据源】为"qryHealthData",③【*菜单文本】为"健康数据",【上级菜单】为"健康管理",如图 5-39 所示。

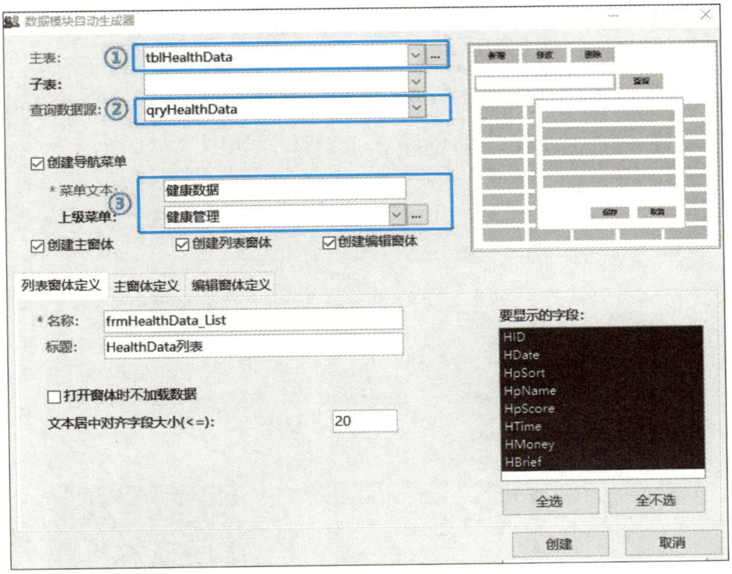

图 5-39 生成【健康数据】数据维护模块 (2)

步骤 03 单击【主窗体定义】选项卡，①【默认查询字段】选择 HpName，②【按钮】项中保留新增、编辑、删除、导出、关闭，如图 5-40 所示。

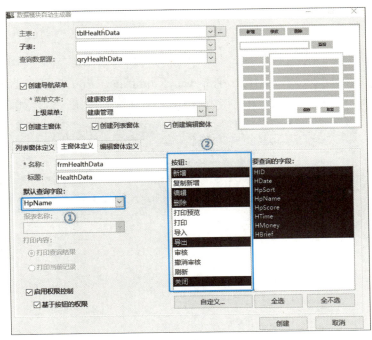

图 5-40 生成【健康数据】数据维护模块 (3)

步骤 04 单击【编辑窗体定义】选项卡，①在【标题】文本框中输入"健康数据信息维护"，②设置【自定义自动编号规则】，这里默认为不可用，呈灰色，操作方法是在【自定义自动编号字段】项中选择 HID，然后就可以在【自定义自动编号规则】下拉列表中选择"健康数据ID"了，③单击【创建】按钮，将自动创建 3 个窗体，如图 5-41 所示。

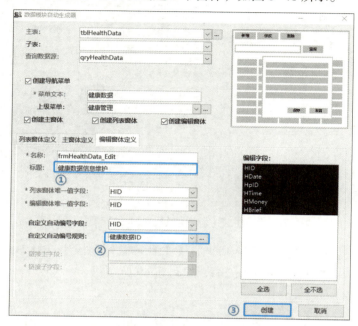

图 5-41　生成【健康数据】数据维护模块 (4)

步骤 05 自动创建的 3 个窗体分别是 frmHealthData、frmHealthData_Edit、frmHealthData_List，双击导航菜单中的【健康数据】，再单击【新增】按钮，效果如图 5-42 所示。

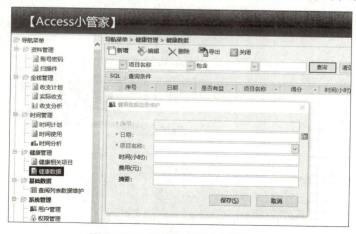

图 5-42　【健康数据】新增界面

步骤 06 录入测试数据后如图 5-43 所示。

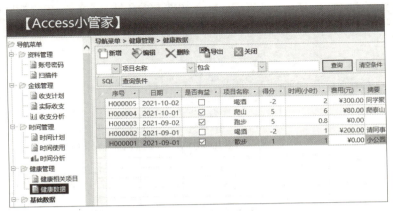

图 5-43　【健康数据】测试数据

5.3 健康监测

健康监测用于管理关注的健康项目,如体重、血压、血糖等,主要有新增、修改、删除、查找和导出功能。

5.3.1 表设计及创建

设计一个表,将表命名为 tblHealthMonitoring。字段设计列表如表 5-3 所示。

表 5-3　tblHealthMonitoring 字段设计列表

字段名称	标题	数据类型	字段大小	必填	说明
MID	序号	文本	6	是	主键
MDate	日期	日期/时间		是	
MItem	监测项目	文本	255	是	
MValue	数值	数字	单精度型	是	默认值:0
MBrief	摘要	文本	255	否	

说明:TCategory 字段的数据来自 Sys_LookupList 表中的 Value 字段,条件是 Value<>"" AND Item="健康监测项目",并按 Category 进行排序。

接下来根据表 5-3 创建表，具体操作步骤如下。

步骤 01 选中 Data.mdb 文件并双击，打开文件，①文件打开后，在功能区中选中【创建】选项卡，②单击【表设计】按钮，如图 5-44 所示。

图 5-44 创建 tblHealthMonitoring 表操作 (1)

步骤 02 单击【表设计】按钮后，按照 5.3.1 小节中的字段设计列表创建字段，如 MID 字段，如图 5-45 所示。

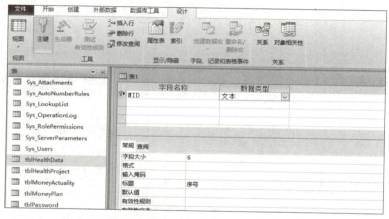

图 5-45 创建 tblHealthMonitoring 表操作 (2)

步骤 03 设计其他字段，如图 5-46 所示。

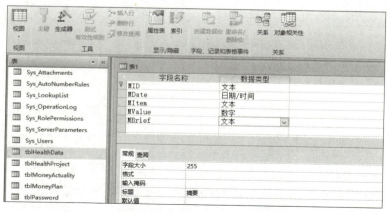

图 5-46 创建 tblHealthMonitoring 表操作 (3)

步骤 04 ①选中 MItem 字段，②单击【查阅】选项卡，③【行来源】的值为 SELECT Sys_LookupList.Value FROM Sys_LookupList WHERE (((Sys_LookupList.Value)<>"") AND ((Sys_LookupList.Item)=" 健康监测项目 ")) ORDER BY Sys_LookupList.Category，④【限于列表】为 "是"，【允许编辑值列表】为 "否"。对 MItem 字段属性进行设置之后，如图 5-47 所示。

步骤 05 所有的字段都设计好之后，单击左上角的【保存(S)】按钮保存表，将表的名称命名为 tblHealthMonitoring，然后单击【确定】按钮，关闭表设计，在导航窗格中可以看到已创建好的表 tblHealthMonitoring，如图 5-48 所示。

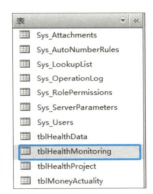

图 5-47 创建 tblHealthMonitoring 表操作 (4)　　图 5-48 创建 tblHealthMonitoring 操作 (5)

关闭 Data.mdb 文件，接下来开始健康监测相关窗体的设计。

5.3.2 自动编号规则——健康监测 ID

需要定义 tblHealthMonitoring 表中 MID 字段的自动编号规则，规则名称为健康监测 ID，编号的格式为字母 M+5 位数字，如 M00001，具体操作步骤如下。

步骤 01 双击 Main.mdb 运行程序，用管理员的账号（用户名：admin，密码：admin）进入系统，在导航菜单的【开发者工具】中，双击【自动编号管理】，弹出【自动编号管理】对话框，如图 5-49 所示。

步骤 02 单击【新建(N)】按钮后，界面如图 5-50 所示。

步骤 03 在各项目中分别填入值：①【*规则名称】为 "健康监测 ID"；【编号前缀】为 M；【*顺序号位数】为 5。②值填入后，单击【保存(S)】按钮，如图 5-51 所示。

图 5-49　定义自动编号规则 (1)

图 5-50　定义自动编号规则 (2)

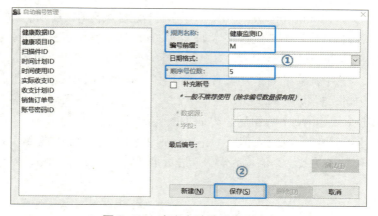

图 5-51　定义自动编号规则 (3)

步骤 04 单击【保存(S)】按钮后，tblHealthMonitoring 表中 MID 字段用的自动编号规则就定义完成了，如图 5-52 所示。

图 5-52　定义自动编号规则 (4)

5.3.3　生成【健康监测】数据维护模块

【健康监测】的数据维护模块可以用快速开发平台的数据模块生成器自动生成，具体操作步骤如下。

步骤 01 在【开发者工具】导航菜单中，双击【数据模块生成器】，弹出【数据模块自动生成器】对话框，①单击【主表】组合框时，没有 tblHealthMonitoring 表可以选择，②单击【主表】项右边的…按钮，如图 5-53 所示。

图 5-53　生成【健康监测】数据维护模块 (1)

步骤 02 弹出【快速创建链接表】对话框，①单击选中 tblHealthMonitoring，②单击【创建】按钮，如图 5-54 所示。

图 5-54　生成【健康监测】数据维护模块 (2)

步骤 03 链接表创建成功，关闭【快速创建链接表】对话框，然后在【主表】项的组合框中选择 tblHealthMonitoring，如图 5-55 所示。

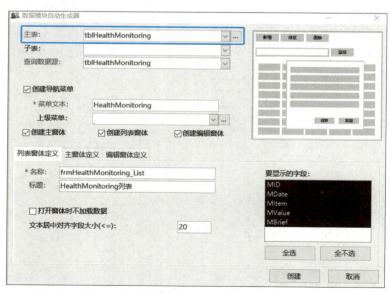

图 5-55　生成【健康监测】数据维护模块 (3)

步骤 04 配置菜单及列表窗体定义，在【*菜单文本】文本框中输入"健康监测"，在【上级菜单】下拉列表中选择"健康管理"，如图 5-56 所示。

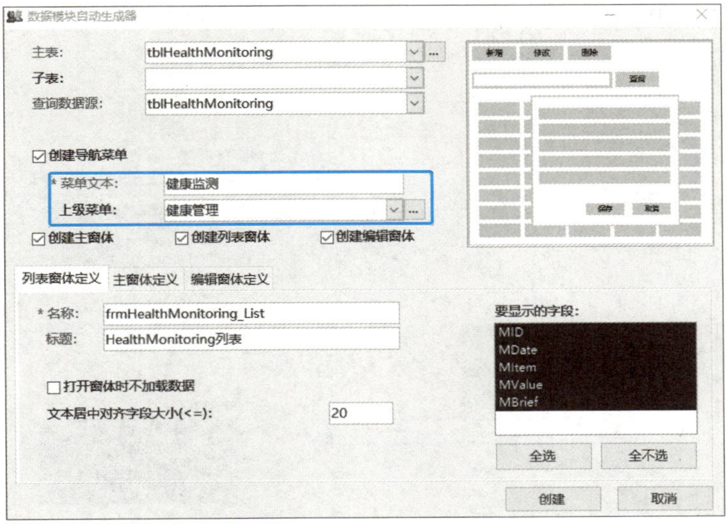

图 5-56 生成【健康监测】数据维护模块（4）

步骤 05 单击【主窗体定义】选项卡，①【默认查询字段】选择"MItem"，②【按钮】项中保留新增、编辑、删除、导出、关闭，如图 5-57 所示。

图 5-57 生成【健康监测】数据维护模块（5）

步骤 06 单击【编辑窗体定义】选项卡，①在【标题】文本框中输入"健康监测信息维护"，②设置【自定义自动编号规则】，这里默认为不可用，呈灰色，操作方法是在【自定义自动编

号字段】项中选择 MID，然后就可以在【自定义自动编号规则】项中选择"健康监测 ID"了，
③单击【创建】按钮，将自动创建 3 个窗体，如图 5-58 所示。

图 5-58　生成【健康监测】数据维护模块 (6)

自动创建的 3 个窗体分别是 frmHealthMonitoring、frmHealthMonitoring_Edit、frmHealth-Monitoring_List，实现了【健康监测】数据模块的开发，双击导航菜单中的【健康监测】，再单击【新增】按钮，效果如图 5-59 所示。

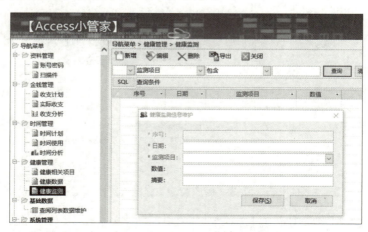

图 5-59　生成【健康监测】数据维护模块 (7)

步骤 07 关闭【健康监测信息维护】对话框，双击导航菜单的【基础数据】中的【查阅列表数据维护】，出现【查阅列表数据维护】界面，如图 5-60 所示。

图 5-60 添加健康监测项目类别(1)

步骤 08 ①将【学历】修改为"健康监测项目"，②单击【新增】按钮，如图 5-61 所示。

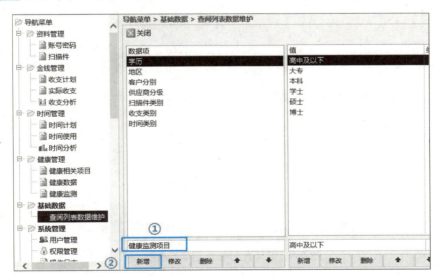

图 5-61 添加健康监测项目类别(2)

步骤 09 单击【新增】按钮后，界面如图 5-62 所示。

图 5-62　添加健康监测项目类别 (3)

步骤 10 在【值】项中，①输入"体重"，②单击【新增】按钮，如图 5-63 所示。

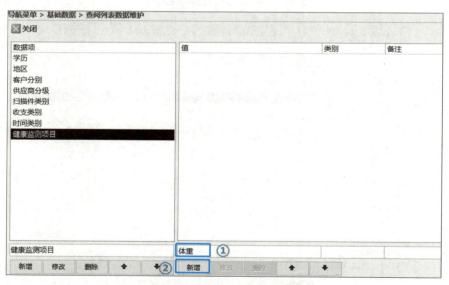

图 5-63　添加健康监测项目类别 (4)

步骤 11 这样就在【健康监测项目】类别中添加了"体重"，①再添加"血压"，②单击【关闭 (C)】按钮，关闭【查阅列表数据维护】界面，如图 5-64 所示。

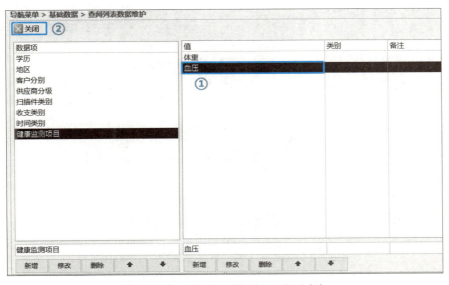

图 5-64　添加健康监测项目类别(5)

步骤 12 在导航菜单中双击【健康监测】，可以看到已录入的几条测试数据，如图 5-65 所示。

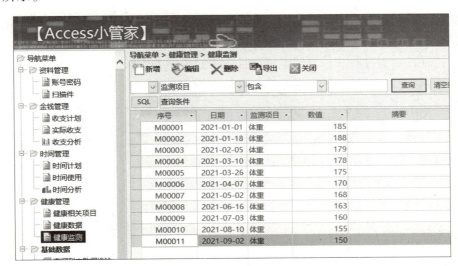

图 5-65　【健康监测】测试数据

步骤 13 从图 5-65 中可以看出，最新录入的数据在下方，应改为显示在最上方，可参考 4.1.5 小节按序号或者日期降序对列表窗体的记录源进行设置，设置后效果如图 5-66 所示。

图 5-66 【健康监测】测试数据按序号或日期降序排列

5.4 健康统计和图表分析

对健康相关行为花费的时间、费用评分趋势图（按日、月）、时间月度趋势图（按项目）、费用月度趋势图（按项目）等进行统计，并进行评分。

对健康情况按类别进行统计，健康统计目标表如表 5-4 所示。

表 5-4 健康统计目标表

类 别	月 度			年 度		
	时间/小时	费用/元	分数/分	时间/小时	费用/元	分数/分
散步						
跑步						
喝酒						
爬山						
……						

健康统计开发思路：

（1）创建一个临时表 tblHeath_Temp，表中有如下字段：类别、月计划、月实际、年计划、年实际。

（2）每次统计数据时，先清空 tblHeath_Temp 表，以供再次追加符合日期区间的数据。

（3）将符合日期区间的时间明细追加到 tblHeath_Temp 表中对应的字段中。

（4）tblHeath_Temp 表的每一列数据按类别进行汇总求和。

5.4.1 创建临时表

创建一个临时表 tblHealth_Temp 用来临时处理数据，这个表的数据只在统计时才起作用。字段设计列表如表 5-5 所示。

表 5-5 tblHealth_Temp 字段设计列表

字段名称	标 题	数据类型	字段大小	必 填	说 明
HpName	项目名称	文本	20		
MTime	月时间	数字	单精度	否	默认值：0
MMoney	月费用	数字	货币	否	默认值：0
MScore	月分数	数字	整型	否	默认值：0
YTime	年时间	数字	单精度	否	默认值：0
YMoney	年费用	数字	货币	否	默认值：0
YScore	年分数	数字	整型	否	默认值：0

需要注意的是，这个临时表是在 Main.mdb 文件中创建，而不是在 Data.mdb 文件中。

如果 Main.mdb 文件处于打开状态，则关闭主界面（若此时 Main.mdb 没有打开，则选中 Main.mdb 文件，同时按住 Shift 键不放开，双击或右击 Main.mdb 打开文件，文件打开后，再放开 Shift 键），进入设计界面，根据本小节的字段设计列表创建 tblHealth_Temp 表，如图 5-67 所示。

图 5-67 tblHealth _Temp 表

单击 tblHealth_Temp 表设计视图右上角的 ☒ 按钮，关闭该表设计视图。

5.4.2 选择查询选取符合条件的数据

健康数据 qryHealthData 查询中有健康方面的时间、费用、分数等明细数据，如图 5-68 所示。

图 5-68　qryHealthData 查询

qryHealthData 查询是健康列表明细 frmHealthData_List 窗体的记录源，因此不在这个查询的基础去统计，而是复制粘贴为一个查询 qryHealthDataList，然后在 qryHealthDataList 查询中设置项目名称和日期条件，实现对月、年、分项目名称的统计，具体操作步骤如下。

步骤 01 ①在导航窗格中选中 qryHealthData 查询，右击，②在快捷菜单中选择【复制】命令，然后在导航窗格中右击，在快捷菜单中选择【粘贴】命令，如图 5-69 所示。

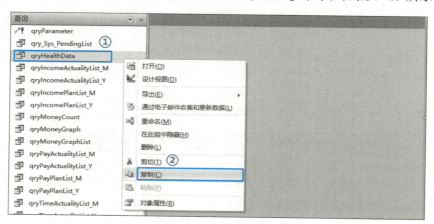

图 5-69　复制查询

步骤 02 粘贴的查询命名为 qryHealthDataList，如图 5-70 所示。

步骤 03 在后续图表分析中有对某一健康项目名称的分析，因此需要给 qryHealthDataList 查询中的项目名称设置条件，条件的参数值在 tblParameter 表的 PItem 中。

进入 qryHealthDataList 查询的设计视图，①选择条件所在行的 HpName 列，②输入条件：

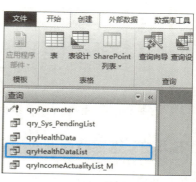

图 5-70　粘贴查询

```
Like "*" & DLookUp("PItem","tblParameter")
```

添加条件后，如图 5-71 所示。保存并关闭 qryHealthDataList 查询。

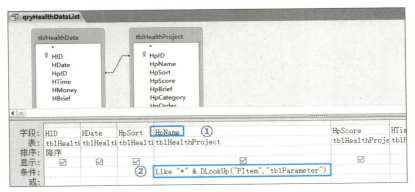

图 5-71　设置查询条件

1. 健康数据月明细

创建健康数据月明细查询，具体操作步骤如下。

步骤 01 ①在功能区中单击【创建】选项卡，②单击【查询设计】按钮，如图 5-72 所示。

步骤 02 在【显示表】对话框中，①单击【查询】选项卡，②单击选中 qryHealthDataList 查询，③单击【添加 (A)】按钮，④单击【关闭 (C)】按钮，如图 5-73 所示。

图 5-72　建立健康数据月明细查询 (1)

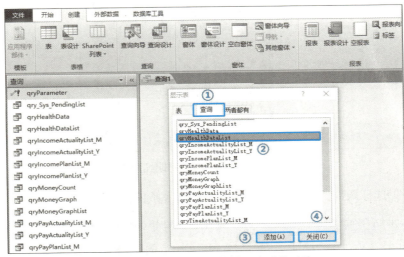

图 5-73　建立健康数据月明细查询 (2)

步骤 03 双击【查询 1】中的 HDate、HpName、HTime、HMoney、HpScore 5 个字段，

使其显示在下方列表中,如图 5-74 所示。

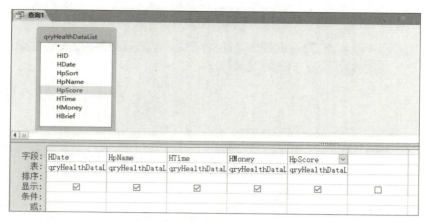

图 5-74　建立健康数据月明细查询(3)

步骤 04 ①单击 Access 窗口左上角的 ■ 按钮,②在【查询名称】文本框中输入 "qryHealthList_M",③单击【确定】按钮,保存该查询,如图 5-75 所示。

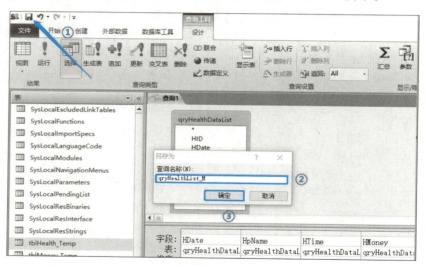

图 5-75　建立健康数据月明细查询(4)

步骤 05 ①选择条件所在行的 HDate 列,②输入条件:

Between DLookUp("MonthFirstDay","tblParameter") And DLookUp("MonthLastDay","tblParameter")

这个条件是选择月初第 1 天至月末最后 1 天的数据,DLookUp("MonthFirstDay", "tblParameter") 是取得月初第 1 天,DLookUp("MonthLastDay","tblParameter") 是取得月末最后 1 天,如图 5-76 所示。

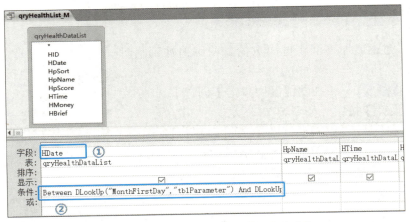

图 5-76 建立健康数据月明细查询(5)

步骤 06 保存并关闭 qryHealthList_M 查询，这样就完成了健康数据月明细的查询设计。

2. 健康数据年明细

健康数据年明细和 qryHealthList_M 查询的区别是日期区间不一样，是从年初第 1 天至年末最后 1 天。在参数表 tblParameter 中有这两个参数，分别是 YearFirstDay、YearLastDay，所以只需要复制 qryHealthList_M 查询，粘贴为 qryHealthList_Y 查询，①进入 qryHealthList_Y 查询的设计视图，②更改一下日期 HDate 条件即可，条件如下。

Between DLookUp("YearFirstDay","tblParameter") And DLookUp("YearLastDay","tblParameter")

查询条件更改后如图 5-77 所示。

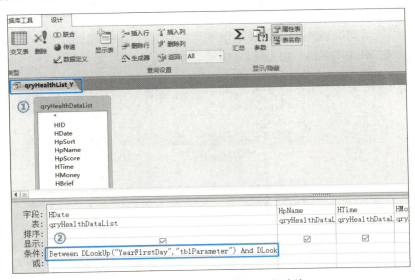

图 5-77 建立健康数据年明细查询

5.4.3 追加查询添加数据至临时表

创建追加查询将健康数据月明细追加到临时表，具体操作步骤如下。

步骤 01 ①在功能区中单击【创建】选项卡，②单击【查询设计】按钮，如图 5-78 所示。

步骤 02 在【显示表】对话框中，①单击【查询】选项卡，②选中 qryHealthList_M，③单击【添加(A)】按钮，④单击【关闭(C)】按钮关闭【显示表】对话框，如图 5-79 所示。

图 5-78　创建追加查询 (1)

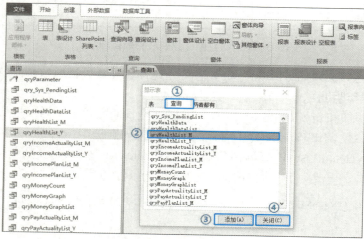

图 5-79　创建追加查询 (2)

步骤 03 ①单击功能区中的【设计】选项卡，②单击【追加】按钮，③在【表名称】下拉列表中选择 tblHealth_Temp，如图 5-80 所示。

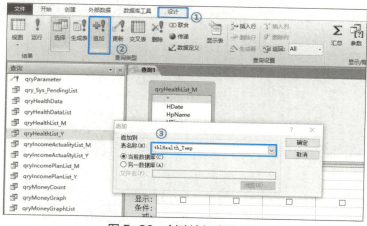

图 5-80　创建追加查询 (3)

步骤 04 双击 HpName、HTime、HMoney、HpScore，将字段显示在下方列中，由于 tblHealth_Temp 表中有 HpName 字段，因此默认将数据追加至同名字段中，另外 3 个字段需要人工指定，如图 5-81 所示。

图 5-81 创建追加查询（4）

步骤 05 单击 Access 窗口左上角的按钮，在【查询名称】文本框中输入 qryHealth_M，单击【确定】按钮，保存该查询。

步骤 06 关闭 qryHealth_M 查询的设计视图，这样就创建完成月健康数据明细的追加查询了，后续将复制该追加查询中的 SQL 代码至 VBA 代码区执行。

5.4.4 健康分析窗体设计

健康分析与收支分析的功能与布局差不多，因此可以复制 frmMoneyCount 窗体，粘贴为 frmHealthCount 窗体，再对 frmHealthCount 窗体进行修改，具体操作步骤如下。

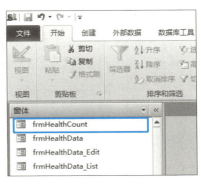

步骤 01 在导航窗格中选中 frmMoneyCount 窗体，右击，在快捷菜单中选择【复制】命令，再右击，在快捷菜单中选择【粘贴】命令，将窗体命名为 frmHealthCount，单击【确定】按钮，就完成了 frmHealthCount 窗体的创建，如图 5-82 所示。

图 5-82 frmHealthCount 窗体

步骤 02 进入 frmHealthCount 窗体的设计视图，①选中子窗体控件 sfrList，②双击显示【属性表】，③切换到属性表的【数据】选项卡，④找到【源对象】，如图 5-83 所示。

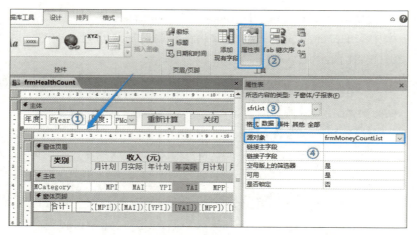

图 5-83 修改 frmHealthCount 窗体(1)

步骤 03 为避免与前面的收支分析混淆,将【源对象】设置为空,如图 5-84 所示。

图 5-84 修改 frmHealthCount 窗体(2)

步骤 04 移动滚动条,①选中饼图,②注意控件名称是 graItemMoney,按 Delete 键,删除饼图,原因是在进行健康数据分析时,不分析百分比,如图 5-85 所示。

图 5-85 修改 frmHealthCount 窗体(3)

步骤 05 ①选中图表，②单击【其他】选项卡，③【名称】为 graHealth，如图 5-86 所示。

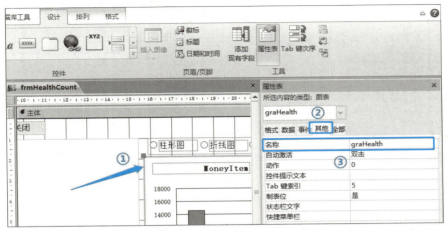

图 5-86　修改 frmHealthCount 窗体 (4)

步骤 06 ①选中 MoneyItem，②选择属性表中的【其他】选项卡，③将【名称】修改为"txtPItem"，如图 5-87 所示。

图 5-87　修改 frmHealthCount 窗体 (5)

步骤 07 ①切换到属性表中的【数据】选项卡，②将【控件来源】修改为 PItem，如图 5-88 所示。

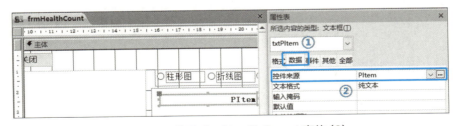

图 5-88　修改 frmHealthCount 窗体 (6)

步骤 08 ①选中选项组控件，②选择属性表中的【其他】选项卡，③将【名称】修改为"grpHealth"，如图 5-89 所示。

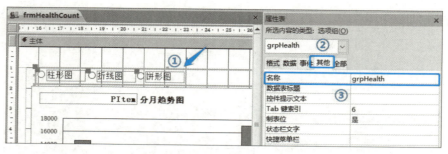

图 5-89　修改 frmHealthCount 窗体 (7)

保存窗体，避免因未保存一不小心关闭窗体后需要从头再次修改。

步骤 09　①双击窗体设计视图左上角的■按钮，出现该窗体的属性，②选择【事件】选项卡，③找到【加载】事件，如图 5-90 所示。

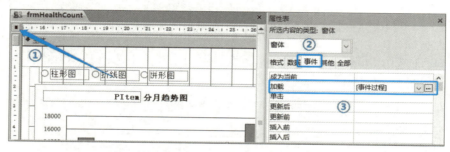

图 5-90　修改 frmHealthCount 窗体 (8)

单击右边的…按钮，进入 VBA 代码设计窗口，如图 5-91 所示。

```
Private Sub Form_Load()
    '隐藏饼图
    Me.graItemMoney.Visible = False
End Sub

Private Sub grpMoney_AfterUpdate()
    '隐藏饼图
    Me.graItemMoney.Visible = False
    Select Case Me.grpMoney
    Case 1
        Me.graMoney.Object.ChartType = 51 'xlColumnClustered '柱形图
    Case 2
        Me.graMoney.Object.ChartType = 4 'xlLine '折线图
    Case 3
        '显示饼图
        Me.graItemMoney.Visible = True
    End Select
End Sub
```

图 5-91　修改 frmHealthCount 窗体 (9)

步骤 10　由于饼图已被删除，因此与饼图有关的代码应该全部删除，前面对窗体上控件的名称进行了修改，因此凡是改名的控件，VBA 代码中都需要修改控件名称，VBA 代码修改后如图 5-92 所示。

图 5-92　修改 frmHealthCount 窗体 (10)

步骤 11 同理，在【重新计算】按钮的 cmdOK_Click() 事件中，将文本框控件 txtMoneyItem 改为 txtPItem，如图 5-93 所示。

图 5-93　修改 frmHealthCount 窗体 (11)

修改后如图 5-94 所示。

图 5-94　修改 frmHealthCount 窗体 (12)

完整的【重新计算】按钮的单击事件代码如图 5-95 所示，①注意：模块是 frmHealthCount，不要和 frmMoneyCount 模块混淆，②框中的代码是根据年月来更改月初第 1 天、月末最后 1 天、年初第 1 天、年末最后 1 天，tblParameter 表中的值是用于查询的条件，因此不需要改动。

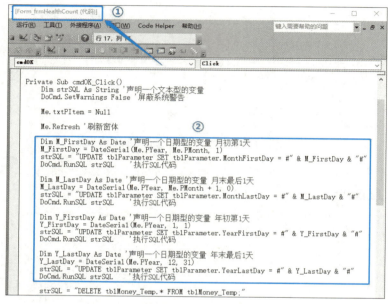

图 5-95　修改 frmHealthCount 窗体 (13)

步骤 12 在重新计算之前，需要先清空临时表 tblHealth_Temp，因此需要将 SQL 代码中的表名称由 tblMoney_Temp 修改为 tblHealth_Temp，如图 5-96 所示。

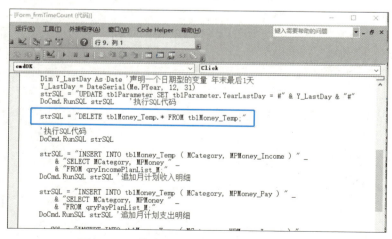

图 5-96　修改 frmHealthCount 窗体 (14)

修改 SQL 代码中表名后如图 5-97 所示。

图 5-97　修改 frmHealthCount 窗体 (15)

步骤 13 接下来是追加明细数据到 tblHealth_Temp 表中，①在 5.4.3 小节中我们已经创建了一个追加查询 qryHealth_M，可以进入这个查询的 SQL 视图，②从中复制 SQL 代码，如图 5-98 所示。

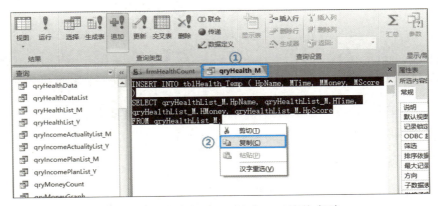

图 5-98　修改 frmHealthCount 窗体 (16)

步骤 14 把复制好的 SQL 代码粘贴到 VBA 代码区，如图 5-99 所示。

图 5-99　修改 frmHealthCount 窗体 (17)

步骤 15 将图 5-99 中框内的 SQL 代码替换为刚才复制的 SQL 代码，并进行适当修改，修改后如图 5-100 所示。

```
cmdOK                                    Click
    Y_LastDay = DateSerial(Me.PYear, 12, 31)
    strSQL = "UPDATE tblParameter SET tblParameter.YearLastDay = #" & Y_LastDay & "#"
    DoCmd.RunSQL strSQL    '执行SQL代码

    strSQL = "DELETE tblHealth_Temp.* FROM tblHealth_Temp;"

    '执行SQL代码
    DoCmd.RunSQL strSQL

    strSQL = "INSERT INTO tblHealth_Temp ( HpName, MTime, MMoney, MScore ) " _
        & "SELECT HpName, HTime, HMoney, HpScore " _
        & "FROM qryHealthList_M;"
    DoCmd.RunSQL strSQL '追加月度健康数据明细

    strSQL = "INSERT INTO tblMoney_Temp ( MCategory, MPMoney_Pay ) " _
        & "SELECT MCategory, MPMoney " _
        & "FROM qryPayPlanList_M;"
    DoCmd.RunSQL strSQL '追加月计划支出明细
```

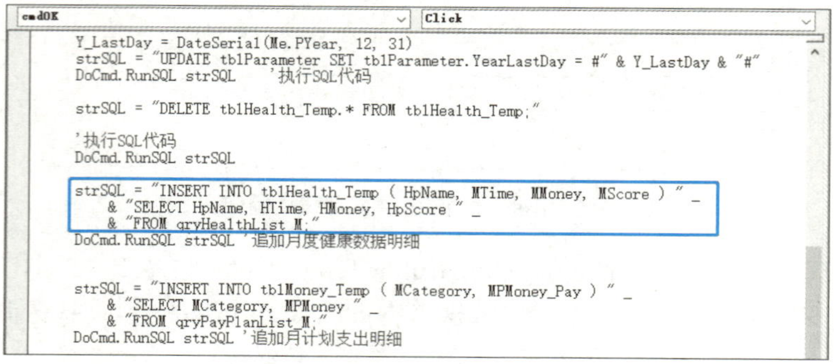

图 5-100　修改 frmHealthCount 窗体 (18)

步骤 16 对年度健康数据明细可以直接修改一下月度 SQL 代码来实现，代码如下。

```
strSQL = "INSERT INTO tblHealth_Temp ( HpName, YTime, YMoney, YScore ) " _
    & "SELECT HpName, HTime, HMoney, HpScore " _
    & "FROM qryHealthList_Y;"
DoCmd.RunSQL strSQL                          '追加年度健康数据明细
```

步骤 17 添加追加年度健康数据的 VBA 后，删除后续无关的代码，如图 5-101 所示。

```
cmdOK                                    Click
    DoCmd.RunSQL strSQL    '执行SQL代码

    Dim Y_FirstDay As Date '声明一个日期型的变量 年初第1天
    Y_FirstDay = DateSerial(Me.PYear, 1, 1)
    strSQL = "UPDATE tblParameter SET tblParameter.YearFirstDay = #" & Y_FirstDay & "#"
    DoCmd.RunSQL strSQL    '执行SQL代码

    Dim Y_LastDay As Date '声明一个日期型的变量 年末最后1天
    Y_LastDay = DateSerial(Me.PYear, 12, 31)
    strSQL = "UPDATE tblParameter SET tblParameter.YearLastDay = #" & Y_LastDay & "#"
    DoCmd.RunSQL strSQL    '执行SQL代码

    strSQL = "DELETE tblHealth_Temp.* FROM tblHealth_Temp;"

    '执行SQL代码
    DoCmd.RunSQL strSQL

    strSQL = "INSERT INTO tblHealth_Temp ( HpName, MTime, MMoney, MScore ) " _
        & "SELECT HpName, HTime, HMoney, HpScore " _
        & "FROM qryHealthList_M;"
    DoCmd.RunSQL strSQL '追加月度健康数据明细

    strSQL = "INSERT INTO tblHealth_Temp ( HpName, YTime, YMoney, YScore ) " _
        & "SELECT HpName, HTime, HMoney, HpScore " _
        & "FROM qryHealthList_Y;"
    DoCmd.RunSQL strSQL '追加年度健康数据明细

    Me.Refresh '刷新窗体

End Sub
```

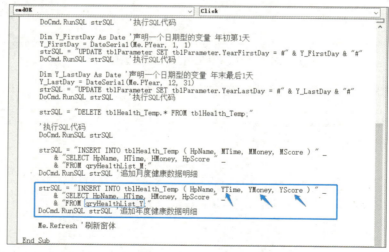

图 5-101　修改 frmHealthCount 窗体 (19)

步骤 18 关闭 VBA 设计窗口，保存并关闭 frmHealthCount 窗体设计视图。

步骤 19 在导航窗格中双击 frmHealthCount 窗体，运行窗体后再单击【重新计算】按钮，符合条件的健康明细数据将追加至 tblHealth_Temp 表中，如图 5-102 所示。

图 5-102　追加数据至临时表

步骤 20 在导航窗格中双击 tblHealth_Temp 表,可以看到追加的明细记录,如图 5-103 所示。

图 5-103　tblHealth_Temp 表数据

5.4.5　选择查询对临时表数据求和

从图 5-103 中可以看出,tblHealth_Temp 表中的记录是数据明细,需要按项目进行汇总求和,具体操作步骤如下。

步骤 01 ①在功能区中单击【创建】选项卡,②单击【查询设计】按钮,如图 5-104 所示。

步骤 02 在【显示表】对话框中,①单击选中 tblHealth_Temp,②单击【添加(A)】按钮,③单击【关闭(C)】按钮关闭【显示表】对话框,如图 5-105 所示。

图 5-104　用选择查询求和(1)

图 5-105　用选择查询求和(2)

步骤 03 通过双击字段，或是一次性选定全部字段用鼠标拖动到下方列中，如图 5-106 所示。

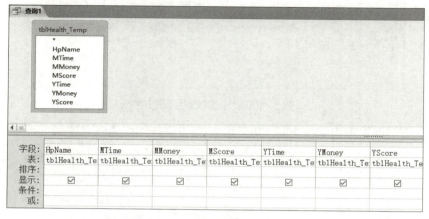

图 5-106　用选择查询求和 (3)

步骤 04 将鼠标光标移至框内的区域右击，如图 5-107 所示。

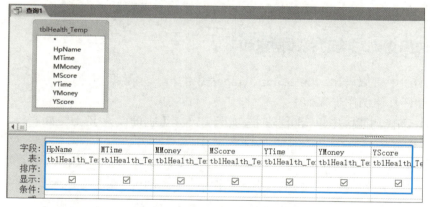

图 5-107　用选择查询求和 (4)

步骤 05 右击后，在快捷菜单中选择【汇总】命令，如图 5-108 所示。

步骤 06 选择【汇总】命令后，出现"总计"行，Group By 是指分组，①将除 HpName 列之外所有列中的 Group By 改为"合计"，也就是说按照项目名称 HpName 分组，对各列进行求和，②设置求和列各列的列标题，如图 5-109 所示。

步骤 07 在功能区的【设计】选项卡中单击【运行】按钮，①月时间 MT、②年时间 YT 小数点后位出现一长串数字，如图 5-110 所示。

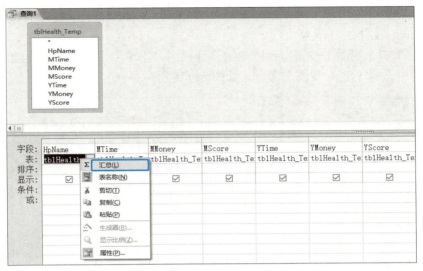

图 5-108　用选择查询求和（5）

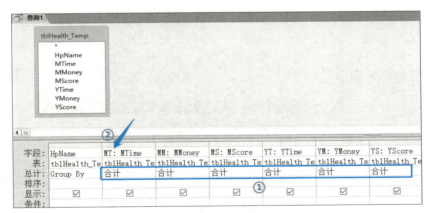

图 5-109　用选择查询求和（6）

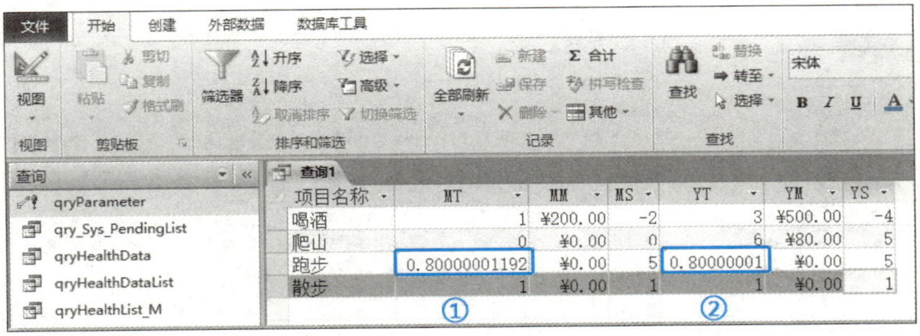

图 5-110　用选择查询求和（7）

这是字段类型设置为单精度导致的，可以使用四舍五入 Round 函数将小数点后保留 1 位小数，如 Round(3.12345,1) 值为 3.1。

步骤 08 单击【视图】按钮回到查询的设计视图，①单击【视图】下方的下拉按钮，②在弹出的菜单中选择【SQL 视图】命令，如图 5-111 所示。

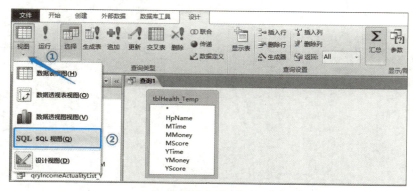

图 5-111　用选择查询求和 (8)

步骤 09 进入查询的【SQL 视图】后，在框内添加 Round 函数，如图 5-112 所示。

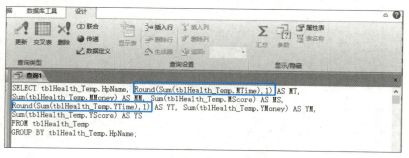

图 5-112　用选择查询求和 (9)

步骤 10 在功能区的【设计】选项卡中单击【运行】按钮，小数点后数字就保留为 1 位了，如图 5-113 所示。

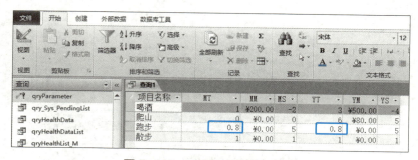

图 5-113　用选择查询求和 (10)

步骤 11 单击 Access 窗口左上角的 ■ 按钮,在【查询名称】文本框中输入 "qryHealthCount",单击【确定】按钮,保存这个查询。

5.4.6 连续窗体显示数据

在 3.3.7 小节中创建了一个 frmMoneyCountList 连续窗体,可以对这个窗体进行复制,粘贴为 frmHealthCountList 窗体,然后进行修改完善,具体操作步骤如下。

步骤 01 ①在导航窗格中选中 frmMoneyCountList,右击,②在快捷菜单中选择【复制】命令,再右击,在快捷菜单中选择【粘贴】命令,将窗体命名为 frmHealthCountList,如图 5-114 所示。

步骤 02 在导航窗格中选中 frmHealthCountList 窗体,进入窗体设计界面,如图 5-115 所示。

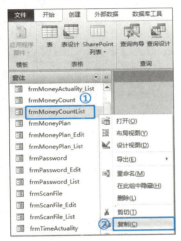

图 5-114 复制窗体

图 5-115 frmHealthCountList 窗体

步骤 03 将"收入(元)"改为"月度","支出(元)"改为"年度",删除两列年计划,并调整宽度,如图 5-116 所示。

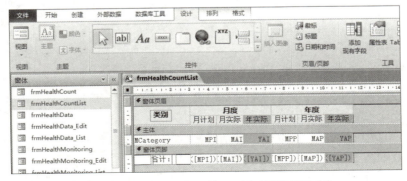

图 5-116 frmHealthCountList 窗体修改(1)

步骤 04 将月度和年度中的列标题进行修改，修改为"时间（小时）""费用（元）""分数（分）"，调整窗体宽度，如图 5-117 所示。

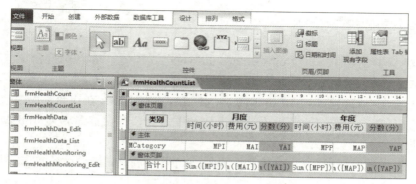

图 5-117　frmHealthCountList 窗体修改 (2)

步骤 05 ①双击左上角的■按钮，出现该窗体的属性，②切换到【数据】选项卡，③找到【记录源】，如图 5-118 所示。

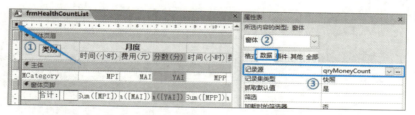

图 5-118　frmHealthCountList 窗体修改 (3)

步骤 06 单击【记录源】的组合框，选择 qryHealthCount，如图 5-119 所示。

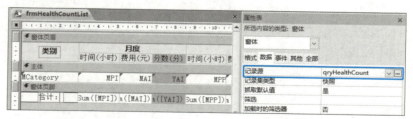

图 5-119　frmHealthCountList 窗体修改 (4)

步骤 07 更改文本框的控件来源和窗体页脚的计算公式，调整各列的宽度，如图 5-120 所示。

步骤 08 ①选中 HpName 文本框，②选择属性表中的【其他】选项卡，③将【名称】改为"HpName"，如图 5-121 所示。

步骤 09 ①切换到【事件】选项卡，②单击【双击】事件右边的...按钮，进入双击事件

VBA 代码区，如图 5-122 所示。

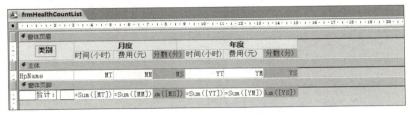

图 5-120　frmHealthCountList 窗体修改 (5)

图 5-121　frmHealthCountList 窗体修改 (6)

图 5-122　frmHealthCountList 窗体修改 (7)

进入 VBA 代码设计窗口后，如图 5-123 所示。

图 5-123　frmHealthCountList 窗体修改 (8)

步骤 10 从图 5-123 可以看出，HpName 和 Mcategory 双击事件的代码只是名称不同，将 "MCategory" 改为 "HpName" 即可，然后删除下方空白的事件过程，如图 5-124 所示。

图 5-124　frmHealthCountList 窗体修改 (9)

步骤 11 在 frmHealthCountList 窗体双击类别时，代码设置的是 frmHealthCount 窗体，由于此窗体之前是从 frmMoneyCountList 窗体复制过来的，因此需要将代码中的相关控件名称进行修改，①将 Money 替换为 Health，可以批量替换，在双击事件代码区内单击，然后同时按快捷键 Ctrl +H，②选择【当前过程】，单击【全部替换】按钮，如图 5-125 所示。

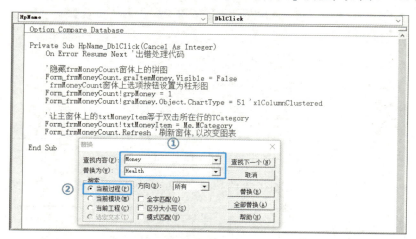

图 5-125　frmHealthCountList 窗体修改 (10)

步骤 12 将倒数第二行代码中的 "txtHealthItem" 改为 "txtPItem"，"Me.MCategory" 改为 "Me. HpName"，由于饼图已删除，因此删除隐藏饼图的代码，代码修改后如图 5-126 所示。

步骤 13 关闭 VBA 代码设计窗口，保存并关闭 frmHealthCountList 窗体，接下来要把 frmHealthCountList 窗体作为 frmHealthCount 窗体的子窗体。

步骤 14 在导航窗格中选中 frmHealthCount，右击进入窗体设计视图，①选中子窗体控件，双击显示属性表，②选择【数据】选项卡，③找到【源对象】，如图 5-127 所示。

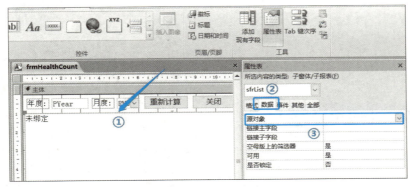

图 5-126　frmHealthCountList 窗体修改 (11)

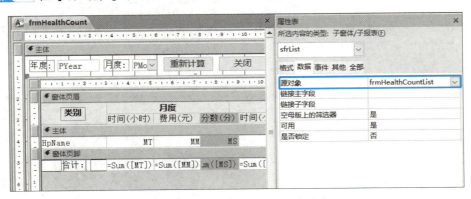

图 5-127　设置子窗体源对象 (1)

步骤 15 在【源对象】中选择 "frmHealthCountList"，如图 5-128 所示。

图 5-128　设置子窗体源对象 (2)

步骤 16 保存并关闭 frmHealthCount 窗体，在导航窗格中选中 "frmHealthCount"，然后双击打开窗体，效果如图 5-129 所示。

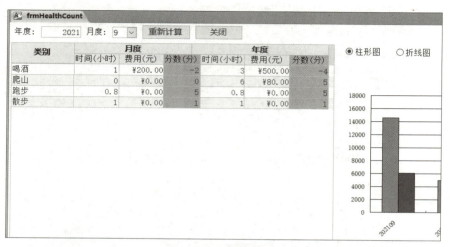

图 5-129 健康数据统计

5.4.7 健康项目图表分析

进入 frmHealthCount 窗体的设计视图,删除选项组中的饼形图,创建一个新的选项组,如图 5-130 所示。

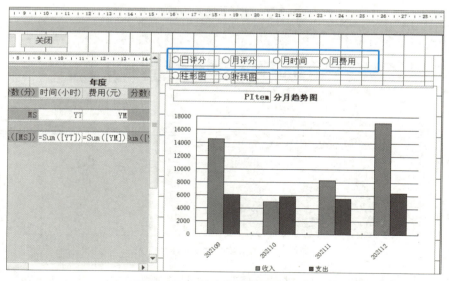

图 5-130 健康数据图表设计 (1)

①选中新创建的选项组,②命名为 grpSort,如图 5-131 所示。

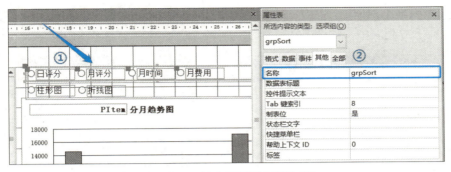

图 5-131 健康数据图表设计 (2)

1. 健康项目分月趋势图

在 frmHealthCount 窗体中已经有图表了，由于图表是从收支分析中复制来的，图表的数据源还是之前的收支金额，需要更改柱形图的数据源（折线图用代码进行显示）。

创建柱形图的数据来源，具体操作步骤如下。

步骤 01 ①在功能区中单击【创建】选项卡，②单击【查询设计】，如图 5-132 所示。

图 5-132 图表数据源查询设计 (1)

步骤 02 ①选择【显示表】对话框中的【查询】选项卡，②单击选中 qryHealthDataList，③单击【添加 (A)】按钮，④单击【关闭 (C)】按钮，如图 5-133 所示。

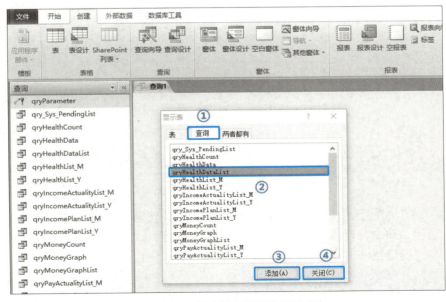

图 5-133 图表数据源查询设计 (2)

步骤 03 双击【查询1】中的 "HDate、HpName、HpScore、HTime、HMoney" 5 个字段，将字段显示在下方列表中，如图 5-134 所示。

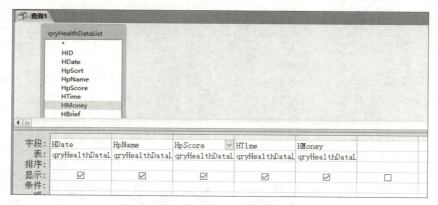

图 5-134　图表数据源查询设计 (3)

步骤 04 日期条件是年初第 1 天至年末最后 1 天，该日期起止的参数值在 tblParameter 表中的 YearFirstDay 和 YearLastDay 中，因此在条件所在行的 HDate 列输入条件：

Between DLookUp("YearFirstDay","tblParameter") And DLookUp("YearLastDay","tblParameter")

输入日期条件后，如图 5-135 所示。

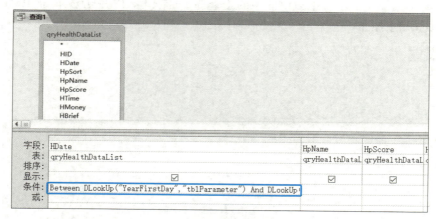

图 5-135　图表数据源查询设计 (4)

步骤 05 单击功能区中的【运行】按钮，可以看出查询中只有【日期】没有【月份】，如图 5-136 所示，缺少月份（即【HMonth】列），分月显示数据需要月份【HMonth】列：

回到查询的设计视图，在 HMoney 列后面增加一列：

HMonth: Format([HDate],"yyyymm")

添加列后如图 5-137 所示。

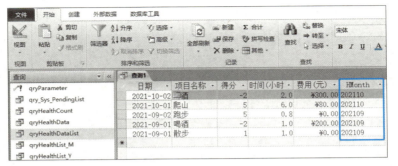

图 5-136　图表数据源查询设计（5）

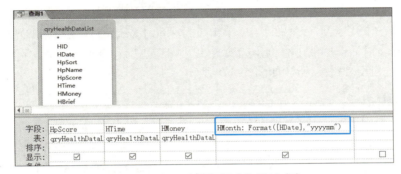

图 5-137　图表数据源查询设计（6）

步骤 06　单击 Access 窗口左上角的 🔚 按钮，在【查询名称】文本框中输入 qryHealthGraph，单击【确定】按钮，保存该查询。关闭 qryHealthGraph 查询，这样就完成了设置条件的图表明细数据查询。

步骤 07　在导航窗格中选中 frmHealthCount，右击，在弹出的快捷菜单中选择【设计视图】命令，进入窗体视图，①选中柱形图的图表控件，②单击【属性表】按钮显示属性，③切换到属性表的【数据】选项卡，④找到【行来源】，如图 5-138 所示。

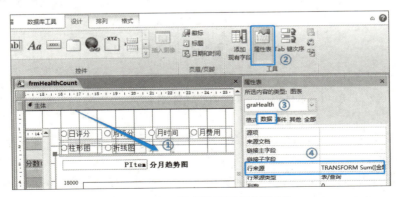

图 5-138　更改柱形图行来源（1）

步骤 08 删除【行来源】，如图 5-139 所示。

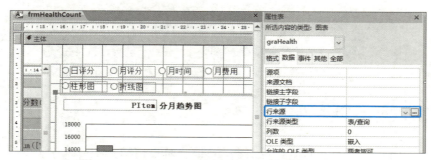

图 5-139　更改柱形图行来源(2)

步骤 09 将光标移至【行来源】中，单击【行来源】右边的...按钮，出现【查询生成器】，①单击【显示表】对话框中的【查询】选项卡，②单击选中 qryHealthGraph，③单击【添加(A)】按钮，④单击【关闭(C)】按钮，如图 5-140 所示。

图 5-140　更改柱形图行来源(3)

步骤 10 双击 HMonth 和 HpScore，使其显示在下方列中，如图 5-141 所示。

步骤 11 ①按 HMonth 对 HpScore 数据进行分组合计，②设置列标题为"月评分"，如图 5-142 所示。

步骤 12 单击【查询生成器】右上角的×按钮，再单击【是(Y)】按钮保存，就完成了对图表行来源的修改。

步骤 13 保存并关闭 frmHealthCount 窗体的设计视图。在导航窗格中双击 frmHealthCount 窗体，窗体运行后如图 5-143 所示。

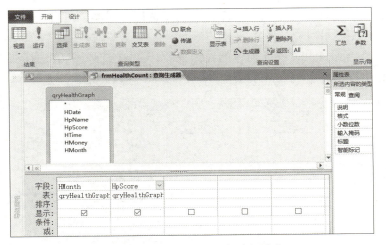

图 5-141　更改柱形图行来源（4）

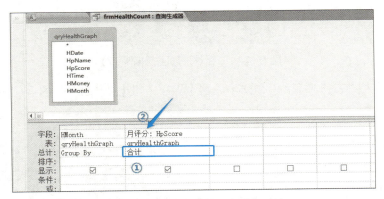

图 5-142　更改柱形图行来源（5）

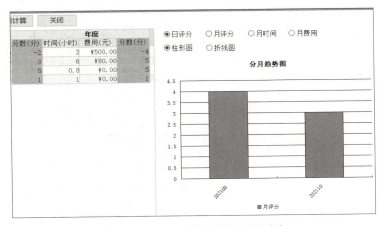

图 5-143　更改柱形图行来源（6）

目前柱形图显示的是月评分的柱形图,当用户选择月时间、月费用时,需要给图表指定对应的记录源,方能显示对应的图表。

步骤 14 进入 frmHealthCount 窗体的设计视图,①选中柱形图,②选择属性表中的【数据】选项卡,③找到【行来源】,单击右边的…按钮,如图 5-144 所示。

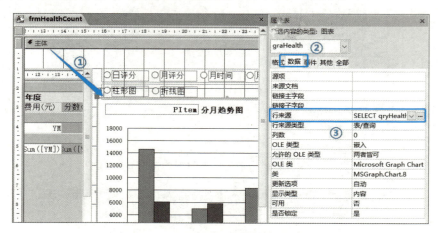

图 5-144　更改柱形图行来源(7)

步骤 15 进入图表行来源的【查询生成器】界面,单击【视图】下方的下拉按钮,如图 5-145 所示。

图 5-145　更改柱形图行来源(8)

步骤 16 在菜单中选择【SQL 视图】命令,如图 5-146 所示。

步骤 17 全选 SQL 代码,右击,在快捷菜单中选择【复制】命令,如图 5-147 所示。

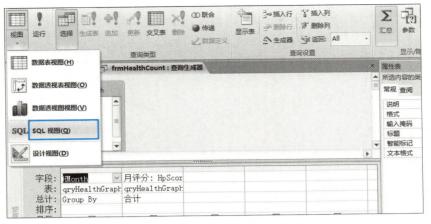

图 5-146　更改柱形图行来源（9）

图 5-147　更改柱形图行来源（10）

步骤 18　单击【查询生成器】右上角的 × 按钮，关闭【查询生成器】。

步骤 19　①选中 grpSort 选项组，②选择属性表中的【事件】选项卡，③【更新后】事件中选择"[事件过程]"，单击右边的 ... 按钮，如图 5-148 所示。

图 5-148　更改柱形图行来源（11）

步骤 20　在 grpSort 选项组的更新后事件中，先写出 4 个选项值的代码，然后将刚才复制的 SQL 代码粘贴到 Case 2 下方，即月评分里面，如图 5-149 所示。

```
Private Sub grpSort_AfterUpdate()
    Select Case Me.grpSort
    Case 1 '日评分

    Case 2 '月评分
    SELECT qryHealthGraph.HMonth, Sum(qryHealthGraph.HpScore) AS 月评分
FROM qryHealthGraph
GROUP BY qryHealthGraph.HMonth;

    Case 3 '月时间

    Case 4 '月费用

    End Select
End Sub
```

图 5-149　更改柱形图行来源 (12)

步骤 21 下面为了给 graHealth 柱形图控件赋上行来源，对代码进行了修改，如图 5-150 所示。

```
Private Sub grpSort_AfterUpdate()
    Dim strSQL As String '定义一个文本型变量
    Select Case Me.grpSort
    Case 1 '日评分

    Case 2 '月评分
        strSQL = "SELECT HMonth, Sum(HpScore) AS 月评分 " _
               & "FROM qryHealthGraph GROUP BY HMonth;"
    Case 3 '月时间

    Case 4 '月费用

    End Select
    '让.graHealth的行来源等于SQL代码
    Me.graHealth.RowSource = strSQL
End Sub
```

图 5-150　更改柱形图行来源 (13)

步骤 22 可以看出，只需要对字段和列标题（即月评分）进行修改，就可以获得月时间和月费用的 SQL 代码，复制月评分中的 SQL 代码，粘贴至月时间和月费用中进行修改，修改后的代码界面如图 5-151 所示。

```
Private Sub grpSort_AfterUpdate()
    Dim strSQL As String '定义一个文本型变量
    Select Case Me.grpSort
    Case 1 '日评分

    Case 2 '月评分
        strSQL = "SELECT HMonth, Sum(HpScore) AS 月评分 " _
               & "FROM qryHealthGraph GROUP BY HMonth;"
    Case 3 '月时间
        strSQL = "SELECT HMonth, Sum(HTime) AS 月时间 " _
               & "FROM qryHealthGraph GROUP BY HMonth;"
    Case 4 '月费用
        strSQL = "SELECT HMonth, Sum(HMoney) AS 月费用 " _
               & "FROM qryHealthGraph GROUP BY HMonth;"
    End Select
    '让.graHealth的行来源等于SQL代码
    Me.graHealth.RowSource = strSQL
End Sub
```

图 5-151　更改柱形图行来源 (14)

步骤 23 保存 frmHealthCount 窗体的设计视图。在导航窗格中双击 frmHealthCount 窗体，窗体运行后，分别单击【月评分】【月时间】和【月费用】，图表将随之相应变化，如图 5-152 所示。

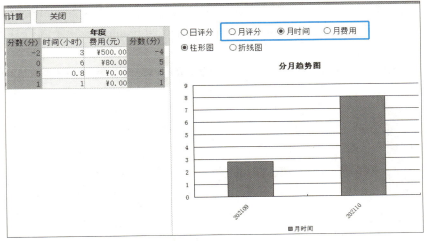

图 5-152　更改柱形图行来源(15)

2. 每日评分趋势图

前面学习了分月趋势图，接下来学习如何设计每日评分趋势图，首先要确定图表的记录源，这时需要创建一个查询。进入 qryHealthData 查询的设计视图，可以看到，只需要在 HDate 列添加条件从月初第 1 天至月末最后 1 天就可以了，具体操作步骤如下。

步骤 01 在导航窗格中选中 qryHealthData 查询，同时按快捷键 Ctrl+C 进行复制，然后按快捷键 Ctrl+V 进行粘贴，命名为"qryHealthGraphDay"，如图 5-153 所示。

图 5-153　创建每日分数查询(1)

步骤 02 进入 qryHealthGraphDay 查询的设计视图，除 HID、HDate、HpScore 三列之外的其他列全部删除，①选择【条件】所在行的 HDate 列，②输入如下条件。

```
Between DLookUp("MonthFirstDay","tblParameter") And DLookUp("MonthLastDay","tblParameter")
```

这个条件是选择月初第 1 天至月末最后 1 天的数据，DLookUp("MonthFirstDay","tblParameter") 是取得月初第 1 天，DLookUp("MonthLastDay","tblParameter") 是取得月末最后 1 天，如图 5-154 所示。

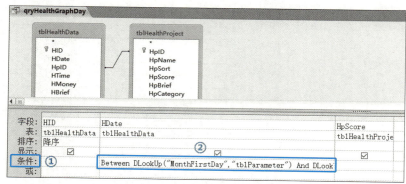

图 5-154　创建每日分数查询 (2)

步骤 03 保存并关闭 qryHealthGraphDay 查询的设计视图。

步骤 04 在导航窗格中选中 frmHealthCount 窗体，右击进入窗体视图，①选中 graHealth 图表控件，单击【属性表】显示属性，②切换到属性表的【数据】选项卡中，③找到【行来源】，如图 5-155 所示。

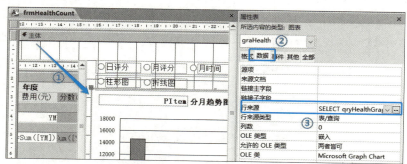

图 5-155　更改图表行来源 (1)

步骤 05 删除【行来源】，单击【行来源】右边的 ... 按钮，如图 5-156 所示。

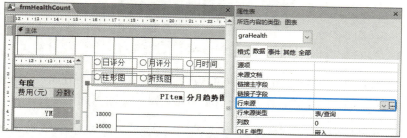

图 5-156　更改图表行来源 (2)

步骤 06 出现【查询生成器】，①选择【显示表】对话框中的【查询】选项卡，②单击选中 qryHealthGraphDay，③单击【添加(A)】按钮，④单击【关闭(C)】按钮，如图 5-157 所示。

图 5-157　更改图表行来源(3)

步骤 07 双击 HDate 和 HpScore，使其显示在下方列中，如图 5-158 所示。

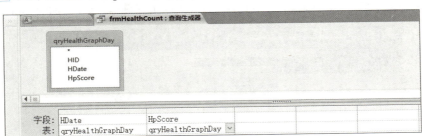

图 5-158　更改图表行来源(4)

步骤 08 ①按 HDate 对 HpScore 数据进行分组合计，并设置列标题，②新建一列【日】，调整【日】列至第一列，③对 HDate 列排序，④对 HDate 列不显示，如图 5-159 所示。

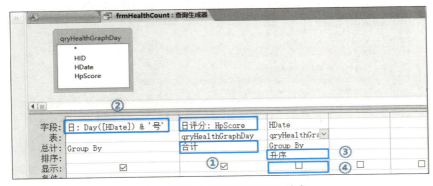

图 5-159　更改图表行来源(5)

步骤 09 接下来复制 SQL 视图中的代码，以供在 VBA 代码区指定图表的记录源，①单击功能区中【视图】下方的下拉按钮，②在菜单中选择【SQL 视图】命令，如图 5-160 所示。

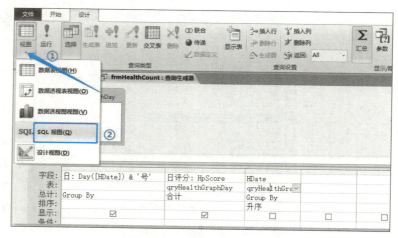

图 5-160　更改图表行来源(6)

步骤 10 全部选中 SQL 代码，右击，在弹出的快捷菜单中选择【复制】命令，如图 5-161 所示。

图 5-161　更改图表行来源(7)

步骤 11 单击【查询生成器】右上角的 × 按钮，在弹出的提示框中单击【是(Y)】按钮，如图 5-162 所示。

图 5-162　更改图表行来源(8)

步骤 12 ①选中 grpSort 选项组控件，②选择属性表中的【事件】选项卡，③单击【更新后】事件右边的…按钮，进入 VBA 代码设计窗口，如图 5-163 所示。

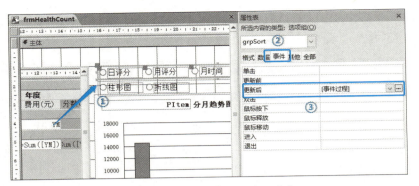

图 5-163　更改图表行来源 (9)

将刚才复制的 SQL 代码粘贴进去，如图 5-164 所示。

```
Private Sub grpSort_AfterUpdate()
    Dim strSQL As String '定义一个文本型变量
    Select Case Me.grpSort
    Case 1 '日评分
SELECT Day([HDate]) & '号' AS 日, Sum(qryHealthGraphDay.HpScore) AS 日评分
FROM qryHealthGraphDay
GROUP BY Day([HDate]) & '号', qryHealthGraphDay.HDate
ORDER BY qryHealthGraphDay.HDate;

    Case 2 '月评分
        strSQL = "SELECT HMonth, Sum(HpScore) AS 月评分 " _
            & "FROM qryHealthGraph GROUP BY HMonth;"
    Case 3 '月时间
        strSQL = "SELECT HMonth, Sum(HTime) AS 月时间 " _
            & "FROM qryHealthGraph GROUP BY HMonth;"
    Case 4 '月费用
        strSQL = "SELECT HMonth, Sum(HMoney) AS 月费用 " _
            & "FROM qryHealthGraph GROUP BY HMonth;"
    End Select
    '让 graHealth 的行来源等于SQL代码
    Me.graHealth.RowSource = strSQL
End Sub
```

图 5-164　更改图表行来源 (10)

步骤 13 对图 5-164 中的 SQL 代码进行修改，修改后 VBA 代码设计窗口如图 5-165 所示。

```
Private Sub grpSort_AfterUpdate()
    Dim strSQL As String '定义一个文本型变量
    Select Case Me.grpSort
    Case 1 '日评分
        strSQL = "SELECT Day([HDate]) & '号' AS 日, Sum(HpScore) AS 日评分 " _
            & "FROM qryHealthGraphDay " _
            & "GROUP BY Day([HDate]) & '号', HDate " _
            & "ORDER BY HDate;"

    Case 2 '月评分
        strSQL = "SELECT HMonth, Sum(HpScore) AS 月评分 " _
            & "FROM qryHealthGraph GROUP BY HMonth;"
    Case 3 '月时间
        strSQL = "SELECT HMonth, Sum(HTime) AS 月时间 " _
            & "FROM qryHealthGraph GROUP BY HMonth;"
    Case 4 '月费用
        strSQL = "SELECT HMonth, Sum(HMoney) AS 月费用 " _
            & "FROM qryHealthGraph GROUP BY HMonth;"
    End Select
    '让 graHealth 的行来源等于SQL代码
    Me.graHealth.RowSource = strSQL
End Sub
```

图 5-165　更改图表行来源 (11)

步骤 14 关闭 VBA 代码设计窗口，进入图表编辑状态，删除图表的标题【分月趋势图】，并将 PItem 文本框移至图表中间位置，如图 5-166 所示。

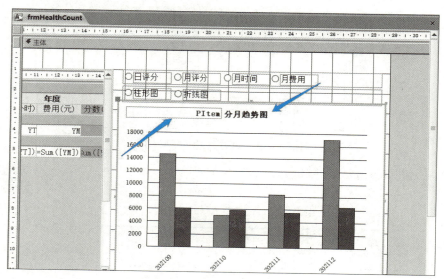

图 5-166 删除图表标题

步骤 15 删除图表的标题，并将 PItem 文本框文字居中且移至图表中间位置后，界面如图 5-167 所示。

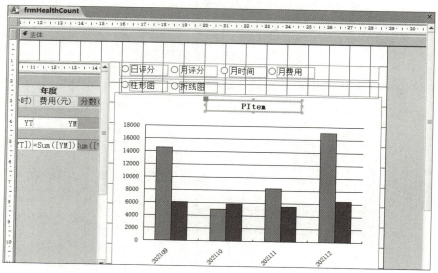

图 5-167 调整文本框位置

步骤 16 保存并关闭 frmHealthCount 窗体。

3. 健康统计和图表优化

在子窗体中双击健康项目时，不应该显示日评分，应该显示月评分，因为日评分统计的是每日所有项目的合计分数，单独统计某一项目名称没有意义。设计优化的具体操作步骤如下。

步骤 01 进入 frmHealthCount 窗体设计视图，选中 grpSort 选项组，进入其更新后事件代码，找到"Private"，如图 5-168 所示。

```
Private Sub grpSort_AfterUpdate()
    Dim strSQL As String '定义一个文本型变量
    Select Case Me.grpSort
    Case 1 '日评分
        strSQL = "SELECT Day([HDate]) & '号' AS 日, Sum(HpScore) AS 日评分 " _
            & "FROM qryHealthGraphDay " _
            & "GROUP BY Day([HDate]) & '号', HDate " _
            & "ORDER BY HDate;"
```

图 5-168　健康统计和图表优化(1)

步骤 02 将"Private"改为"Public"，这样在别的窗体中就可以执行 grpSort 的更新后事件了，修改后如图 5-169 所示。

```
Private Sub grpHealth_AfterUpdate()
    Select Case Me.grpHealth
    Case 1
        Me.graHealth.Object.ChartType = 51 'xlColumnClustered '柱形图
    Case 2
        Me.graHealth.Object.ChartType = 4 'xlLine '折线图
    Case 3
    End Select
End Sub
Public Sub grpSort_AfterUpdate()
    Dim strSQL As String '定义一个文本型变量
    Select Case Me.grpSort
    Case 1 '日评分
        strSQL = "SELECT Day([HDate]) & '号' AS 日, Sum(HpScore) AS 日评分 " _
            & "FROM qryHealthGraphDay " _
            & "GROUP BY Day([HDate]) & '号', HDate " _
            & "ORDER BY HDate;"
```

图 5-169　健康统计和图表优化(2)

步骤 03 如果用户双击某个健康项目类别，且该值已保存在参数表中，那么下一次打开窗体时，应该清空该参数。①双击窗体设计视图左上角的■按钮，出现该窗体的属性，②选择【事件】选项卡，③找到【加载】事件，选择"[事件过程]"，单击右边的...按钮进入加载事件，如图 5-170 所示。

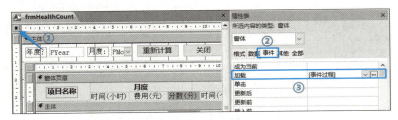

图 5-170　健康统计和图表优化(3)

在加载事件中添加代码：Me.txtPItem = Null，添加代码后如图 5-171 所示。

图 5-171　健康统计和图表优化 (4)

步骤 04 选择【日评分】选项按钮时，应该清空 txtPItem 文本框，在 grpSort 选项组的更新事件中添加一行代码，如图 5-172 所示。

图 5-172　健康统计和图表优化 (5)

步骤 05 保存并关闭 frmHealthCount 窗体。

步骤 06 ①进入 frmHealthCountList 窗体设计视图，②将【类别】标签改为"项目名称"，如图 5-173 所示。

图 5-173　健康统计和图表优化 (6)

步骤 07 ①选中 HpName 文本框，双击显示属性表，②切换到【事件】选项卡中，③找到【双击】事件，单击右边的 … 按钮进入 VBA 代码区，如图 5-174 所示。

图 5-174　健康统计和图表优化(7)

步骤 08 在双击事件中，添加以下优化代码。

```
' 如果是 日评分 就改为 月评分
If Form_frmHealthCount!grpSort = 1 Then
    'frmHealthCount 窗体上选项按钮设置为月评分
    Form_frmHealthCount!grpSort = 2
    ' 运行 frmHealthCount 窗体 grpSort_AfterUpdate 过程
    Form_frmHealthCount.grpSort_AfterUpdate
End If
```

步骤 09 添加代码后如图 5-175 所示。

```
Private Sub HpName_DblClick(Cancel As Integer)
    On Error Resume Next '出错处理代码

    'frmHealthCount窗体上选项按钮设置为柱形图
    Form_frmHealthCount!grpHealth = 1
    Form_frmHealthCount!graHealth.Object.ChartType = 51 'xlColumnClustered

    '让主窗体上的txtHealthItem等于双击所在行的TCategory
    Form_frmHealthCount!txtPItem = Me.HpName

    '如果是 日评分 就改为 月评分
    If Form_frmHealthCount!grpSort = 1 Then
        'frmHealthCount窗体上选项按钮设置为月评分
        Form_frmHealthCount!grpSort = 2
        '运行frmHealthCount窗体grpSort_AfterUpdate过程
        Form_frmHealthCount.grpSort_AfterUpdate
    End If

    Form_frmHealthCount.Refresh '刷新窗体,以改变图表

End Sub
```

图 5-175　健康统计和图表优化(8)

步骤 10 保存并关闭 frmHealthCountList 窗体。

5.4.8 健康监测图表分析

1. 图表分析开发思路

健康监测主要是跟踪体重、血压、血糖等指标，反映月度趋势。由于一个月中可能多次录入同一指标，因此需要按月求平均值。

（1）基于 tblHealthMonitoring 表建立一个选择查询 qryMonitoring，在查询中新增一列 Num，值为"1"。

（2）基于 qryMonitoring 查询，再创建一个 qryMonitoringGraph 查询，对每个月的指标数值进行求和，对 Num 列进行求和得到次数，两者相除，就得到了指标的月平均值。

2. 选择查询求平均值

创建一个选择查询来计算平均值，具体操作步骤如下。

步骤 01 ①在功能区中单击【创建】选项卡，②单击【查询设计】按钮，如图 5-176 所示。

图 5-176　健康监测明细查询(1)

步骤 02 ①在【显示表】对话框中单击选中 tblHealthMonitoring，②单击【添加(A)】按钮，③单击【关闭(C)】按钮，如图 5-177 所示。

图 5-177　健康监测明细查询(2)

步骤 03 双击【查询1】中的 MDate、MItem、MValue 3 个字段，使其显示在下方列表中，如图 5-178 所示。

图 5-178 健康监测明细查询 (3)

步骤 04 新增两列，分别是：Num : 1 ; MMonth : Format([MDate],"yyyymm")，如图 5-179 所示。

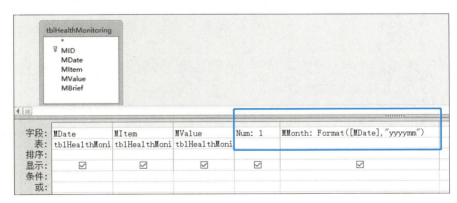

图 5-179 健康监测明细查询 (4)

步骤 05 单击 Access 窗口左上角的 ■ 按钮，在【查询名称】文本框中输入 qryMonitoring，单击【确定】按钮，保存该查询。

在条件所在行的 MDate 列输入条件：

Between DLookUp("YearFirstDay","tblParameter") And DLookUp("YearLastDay","tblParameter")

这个条件是选择年初第 1 天至年末最后 1 天的数据，DLookUp("YearFirstDay","tblParameter") 是取得年初第 1 天，DLookUp("YearLastDay ","tblParameter") 是取得年末最后 1 天，如图 5-180 所示。

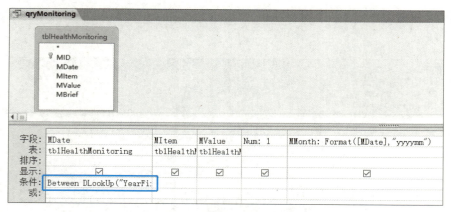

图 5-180　健康监测明细查询 (5)

步骤 06 ①选择 MItem 列，②输入条件：DLookUp("MItem","tblParameter")。这个条件是指定某一个健康监测项目，如图 5-181 所示。

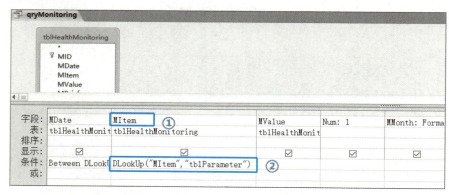

图 5-181　健康监测明细查询 (6)

步骤 07 保存并关闭 qryMonitoring 查询。

步骤 08 在导航窗格中双击 tblParameter 表，在【健康监测项目】中输入值"体重"，这里不能为空值，需要作为 qryMonitoring 查询的条件。

步骤 09 接下来创建一个新的查询，按月、指标项目对指标值 MValue 和 Num 进行求和，再计算平均值。在功能区的【创建】选项卡中单击【查询设计】按钮，①选择【显示表】对话框中的【查询】选项卡，②单击选中 qryMonitoring，③单击【添加 (A)】按钮，④单击【关闭 (C)】按钮，如图 5-182 所示。

步骤 10 双击【查询 1】中的 MItem、MMonth、MValue、Num 4 个字段，使其显示在下方列表中，如图 5-183 所示。

图 5-182　健康监测求平均值查询 (1)

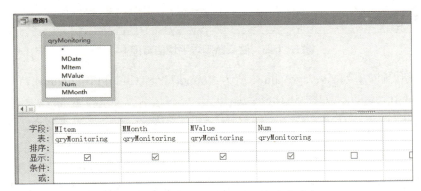

图 5-183　健康监测求平均值查询 (2)

步骤 11 在 MItem 下方右击，在快捷菜单中选择【汇总】命令，如图 5-184 所示。

图 5-184　健康监测求平均值查询 (3)

步骤 12 ①对 MValue 和 Num 列进行合计，②设置列标题，③对 MItem 和 MMonth 列进行排序，如图 5-185 所示。

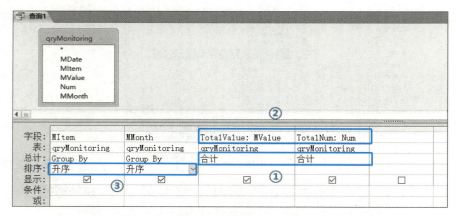

图 5-185 健康监测求平均值查询 (4)

步骤 13 ①新增一列 AverageValue，值为 Round([TotalValue]/[TotalNum],2)。②在【总计】所在行，选择 Expression，如图 5-186 所示。

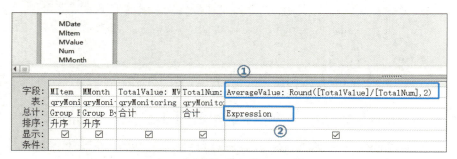

图 5-186 健康监测求平均值查询 (5)

步骤 14 单击 Access 窗口左上角的 按钮，在【查询名称】文本框中输入 qryMonitoringGraph，单击【确定】按钮，保存该查询。

3. 健康监测分月趋势图

创建健康监测分月趋势图的具体操作步骤如下。

步骤 01 进入 frmHealthCount 窗体的设计视图，①在 grpSort 选项组中增加一个选项【健康监测】，②创建一个组合框 txtMItem（控件来源是 MItem），如图 5-187 所示。

步骤 02 ①选中【健康监测】选项按钮，双击显示属性表，②选择【数据】选项卡，③检查【选项值】的值是不是 5，如果不是 5，则设置为 5，如图 5-188 所示。

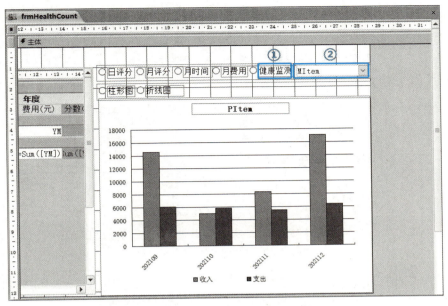

图 5-187 健康监测图形设计(1)

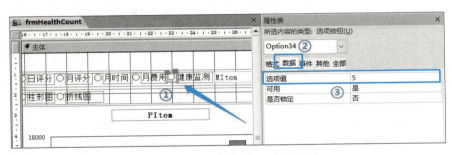

图 5-188 健康监测图形设计(2)

步骤 03 ①选中组合框，②在属性表的【数据】选项卡中将【控件来源】设置为 MItem，③将光标移至【行来源】，单击右边的 … 按钮，如图 5-189 所示。

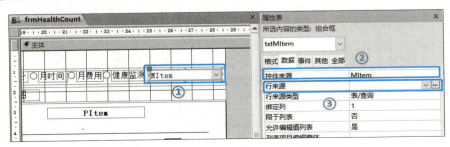

图 5-189 健康监测图形设计(3)

步骤 04 将【行来源】设置为：

SELECT Sys_LookupList.Value FROM Sys_LookupList WHERE (((Sys_LookupList.Value)<>"") AND ((Sys_LookupList.Item)="健康监测项目"));

设置好【行来源】后，如图 5-190 所示。

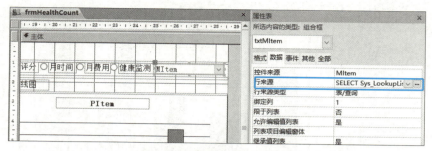

图 5-190　健康监测图形设计 (4)

步骤 05 ①选中 grpSort 选项组控件，②选择属性表中的【事件】选项卡，③找到【更新后】事件，单击右边的 ... 按钮进入 VBA 代码设计窗口，如图 5-191 所示。

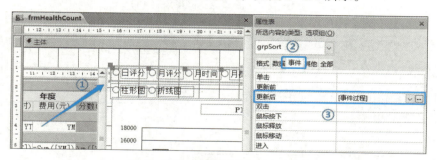

图 5-191　健康监测图形设计 (5)

步骤 06 一打开 frmHealthCount 窗体时，显示的是【日评分】选项按钮，这时 txtMItem 组合框需要不显示，①选中 txtMItem 组合框，②选择属性表中的【格式】选项卡，③将【可见】设置为 "否"，如图 5-192 所示。

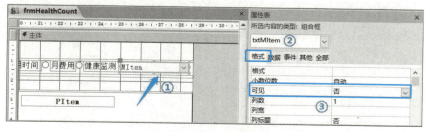

图 5-192　健康监测图形设计 (6)

步骤 07 用户单击【健康监测】选项按钮时，需要显示 txtMItem 组合框，①因此在 grpSort 选项组的更新后事件的代码中要添加显示组合框的代码，②添加隐藏组合框的代码，③添加刷新窗体的代码，如图 5-193 所示。

```
Public Sub grpSort_AfterUpdate()
    Dim strSQL As String '定义一个文本型变量
    Me.txtMItem.Visible = False '隐藏组合框   ②
    Select Case Me.grpSort
    Case 1 '日评分
        Me.txtPItem = Null
        strSQL = "SELECT Day([HDate]) & '号' AS 日, Sum(HpScore) AS 日评分 " _
            & "FROM qryHealthGraphDay " _
            & "GROUP BY Day([HDate]) & '号', HDate " _
            & "ORDER BY HDate;"
    Case 2 '月评分
        strSQL = "SELECT HMonth, Sum(HpScore) AS 月评分 " _
            & "FROM qryHealthGraph GROUP BY HMonth;"
    Case 3 '月时间
        strSQL = "SELECT HMonth, Sum(HTime) AS 月时间 " _
            & "FROM qryHealthGraph GROUP BY HMonth;"
    Case 4 '月费用
        strSQL = "SELECT HMonth, Sum(HMoney) AS 月费用 " _
            & "FROM qryHealthGraph GROUP BY HMonth;"
    Case 5 '监测项目
        strSQL = "SELECT MMonth, Sum(AverageValue) AS 健康监测 " _
            & "FROM qryMonitoringGraph GROUP BY MMonth;"
        Me.txtMItem.Visible = True '显示组合框   ①
    End Select
    '让 graHealth 的行来源等于 SQL 代码
    Me.graHealth.RowSource = strSQL
    Me.Refresh '刷新窗体，以显示最新图表   ③
End Sub
```

图 5-193 健康监测图形设计 (7)

步骤 08 用户选择一个监测项目后，应该刷新对应项目的图表，①选中 txtMItem 组合框（图片中显示的是控件来源 MItem），②选择属性表中的【事件】选项卡，③找到【更新后】事件，选择"[事件过程]"，单击右边的 ... 按钮进入代码设计窗口，如图 5-194 所示。

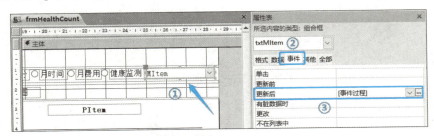

图 5-194 健康监测图形设计 (8)

步骤 09 添加刷新窗体的代码后，可刷新图表，如图 5-195 所示。

```
Private Sub txtMItem_AfterUpdate()
    Me.Refresh '刷新窗体，以显示最新图表
End Sub
```

图 5-195 健康监测图形设计 (9)

步骤 10 保存并关闭 frmHealthCount 窗体。

步骤 11 当用户在子窗体双击某项目名称时，将显示月评分，如果用户前面选择的选项

按钮是健康监测，则未能显示月评分，因此需要对 frmHealthCountList 窗体的 HpName 的双击事件代码进行修改，如图 5-196 所示。保存并关闭 frmHealthCountList 窗体。

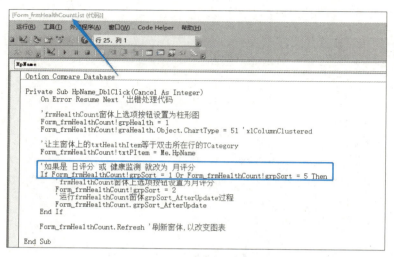

图 5-196　健康监测图形设计 (10)

5.4.9　设置健康分析导航菜单

在左侧导航窗格中找到 SysFrmLogin 窗体，双击，运行该窗体，用 admin 账号登录系统，登录后界面如图 5-197 所示。

图 5-197　设置【健康分析】导航菜单 (1)

在导航菜单的【健康管理】中没有【健康分析】，双击【导航菜单编辑器】，弹出【导航菜单编辑器】对话框，①选中【0403 健康监测】，②单击【添加同级节点】按钮，如图 5-198 所示。

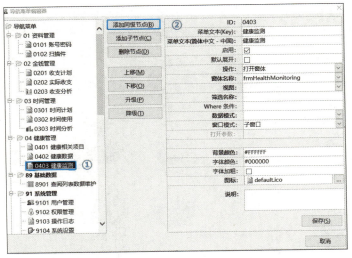

图 5-198　设置【健康分析】导航菜单 (2)

在【新节点】各项目中分别填入值：
- 【菜单文本 (Key)】：健康分析
- 【菜单文本 (简体中文 – 中国)】：健康分析
- 【启用】：勾选
- 【操作】：打开窗体
- 【窗体名称】：frmlHealthCount
- 【窗口模式】：子窗口
- 【图标】：单击右边的【…】按钮，选择 barchart.ico 图标

值填入后，如图 5-199 所示。

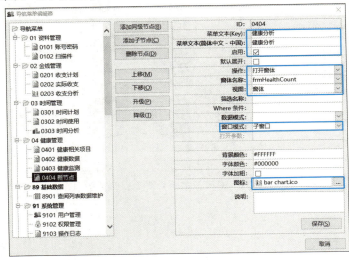

图 5-199　设置【健康分析】导航菜单 (3)

单击【保存(S)】按钮，完成【健康分析】导航菜单的创建。单击【取消】按钮，关闭导航菜单编辑器。创建【健康分析】菜单后，导航菜单界面如图 5-200 所示。

图 5-200　设置【健康分析】导航菜单(4)

参考 2.3 节首页图标按钮的设计，创建【健康相关项目】【健康数据】【健康监测】【健康分析】4 个图片按钮，并设置单击事件打开对应的窗体，如图 5-201 所示。

图 5-201　设置【健康分析】导航菜单(5)

第 6 章 备忘管理的开发

本章导读

本章主要讲解备忘录及其提醒功能的开发。提醒功能可以根据到期时间与系统日期进行对比来自动设置,提醒的天数可以自定义。本章主要讲解如何对 30 天以内的待办事项进行提醒。

6.1 备忘录

备忘管理用于对一些重要的事项进行记录，主要有新增、修改、删除、查找和导出功能。

6.1.1 表设计及创建

设计一个表，将表命名为 tblMemorandumBook。其字段设计列表如表 6-1 所示。

表 6-1 tblMemorandumBook 字段设计列表

字段名称	标 题	数据类型	字段大小	必 填	说 明
BID	序号	文本	5	是	主键
Bname	姓名	文本	20	是	
BDate	到期日	日期/时间		是	
Brief	备忘事项	文本	255	否	

接下来根据表设计来创建表，具体操作步骤如下。

步骤 01 选中 Data.mdb 文件，双击打开 Data.mdb 文件，①文件打开后，在功能区中选中【创建】选项卡，②单击【表设计】按钮，如图 6-1 所示。

步骤 02 按照表 6-1 创建字段，如 BID 字段，如图 6-2 所示。

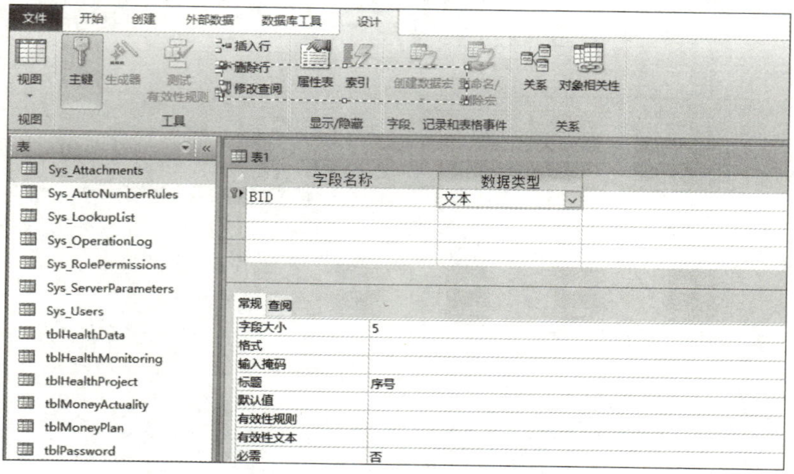

图 6-1 创建 tblMemorandumBook 表操作 (1)

图 6-2 创建 tblMemorandumBook 表操作 (2)

步骤 03 创建其他字段，如图 6-3 所示。

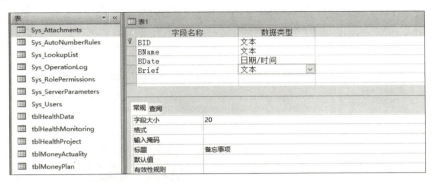

图 6-3 创建 tblMemorandumBook 表操作 (3)

步骤 04 所有的字段都设计好之后，单击窗口左上角的 按钮保存表，将表命名为 tblMemorandumBook，然后单击【确定】按钮，关闭表设计，在导航窗格中可以看到已创建好的 tblMemorandumBook 表，如图 6-4 所示。

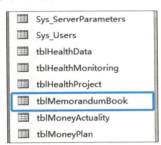

图 6-4 创建 tblMemorandumBook 表操作 (4)

步骤 05 关闭 Data.mdb，接下来开始设计备忘录相关的窗体的设计。

6.1.2 定义自动编号规则——备忘 ID

需要定义 tblMemorandumBook 表中 BID 字段的自动编号规则，规则名称为备忘 ID，编号的格式为字母 B+4 位数字，如 B0001，具体操作步骤如下。

步骤 01 双击 Main.mdb 文件运行程序，用管理员的账号（用户名：admin，密码：admin）进入系统，在【开发者工具】导航菜单中，双击【自动编号管理】选项，弹出【自动编号管理】对话框，如图 6-5 所示。

步骤 02 单击【新建 (N)】按钮，如图 6-6 所示。

步骤 03 ①在各项目中分别填入内容：【＊规则名称】为"备忘 ID";【编号前缀】为 B;【＊顺序号位数】为 4，②单击【保存 (S)】按钮，如图 6-7 所示。

图 6-5 定义自动编号规则 (1)

图 6-6 定义自动编号规则 (2)

图 6-7 定义自动编号规则 (3)

步骤 04 单击【保存(S)】按钮后，tblMemorandumBook 表中 BID 字段用的自动编号规则就定义完成了，如图 6-8 所示。

图 6-8 定义自动编号规则(4)

6.1.3 生成【备忘录】数据维护模块

【备忘录】的数据维护模块可以用快速开发平台的数据模块生成器自动生成，具体操作步骤如下。

步骤 01 在【开发者工具】导航菜单中，双击【数据模块生成器】选项，弹出【数据模块自动生成器】对话框，①单击【主表】组合框时，没有 tblMemorandumBook 表可以选择，②单击【主表】项右边的 ... 按钮，如图 6-9 所示。

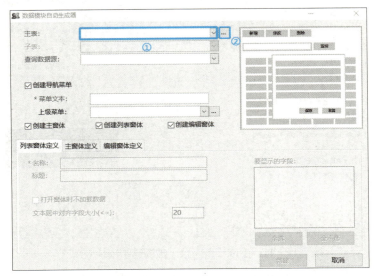

图 6-9 生成【备忘录】数据维护模块(1)

步骤 02 弹出【快速创建链接表】对话框，①单击选中 tblMemorandumBook，②单击【创建】按钮，如图 6-10 所示。

图 6-10　生成【备忘录】数据维护模块 (2)

步骤 03 链接表创建成功，关闭【快速创建链接表】对话框，然后在【主表】项的组合框中选择 tblMemorandumBook，如图 6-11 所示。

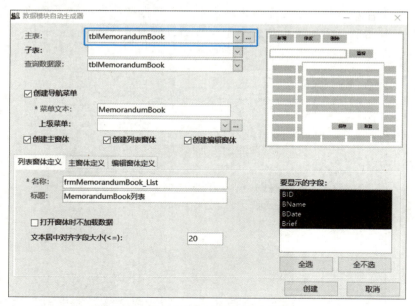

图 6-11　生成【备忘录】数据维护模块 (3)

步骤 04 配置菜单及列表窗体定义，在【*菜单文本】文本框中输入"备忘录"，在【上级菜单】项中选择"资料管理",如图 6-12 所示。

图 6-12 生成【备忘录】数据维护模块 (4)

步骤 05 单击【主窗体定义】选项卡,①【默认查询字段】选择 BName,②【按钮】项中保留新增、编辑、删除、导出、关闭,如图 6-13 所示。

图 6-13 生成【备忘录】数据维护模块 (5)

步骤 06 单击【编辑窗体定义】选项卡,①在【标题】文本框中输入"备忘信息维护",②将【自定义自动编号规则】进行设置,这里默认为不可用,呈灰色,操作方法是在【自定义自动编号字段】项中选择 BID,然后就可以在【自定义自动编号规则】项中选择"备忘 ID"了,

③单击【创建】按钮，将自动创建 3 个窗体，如图 6-14 所示。

图 6-14　生成【备忘录】数据维护模块 (6)

自动创建的 3 个窗体分别是 frmMemorandumBook、frmMemorandumBook_Edit、frm-MemorandumBook_List，实现了【备忘录】数据模块的开发，双击导航菜单中的【资料管理】，再单击【新增】按钮，录入几条测试数据，如图 6-15 所示。

图 6-15　新增【备忘录】

6.1.4　设置备忘录导航图片按钮

参考 2.3 节首页图标的设计，在 SysFrmMain_HomePage 窗体创建【备忘录】图片按钮，并设置单击事件打开对应的窗体，如图 6-16 所示。

图 6-16 设置【备忘录】导航图片按钮

6.2 备忘提醒

在主界面右上角有一个待处理事项提醒,这个区域可以显示备忘录中即将到期的事项,方便用户一打开软件时就看到这些重要事项,如图 6-17 所示。

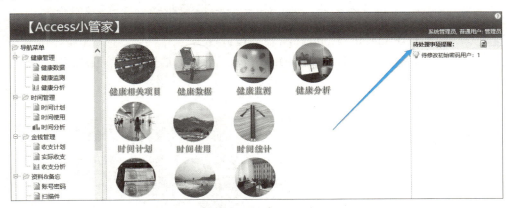

图 6-17 待处理事项提醒功能设计 (1)

6.2.1 待处理提醒数据来源

步骤 01 在导航窗格中选中 SysFrmMain_HomePage,右击进入窗体的设计视图,如图 6-18 所示。

图 6-18 待处理事项提醒功能设计 (2)

步骤 02 在 SysFrmMain_HomePage 窗体设计视图的右边，①有一个 sfrPendingList 子窗体，双击显示属性，②选择属性表中的【数据】选项卡，③找到【源对象】属性，从中可以看出【源对象】为 SysFrmMain_PendingList，如图 6-19 所示。

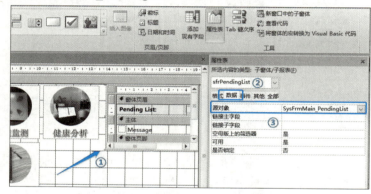

图 6-19 待处理事项提醒功能设计 (3)

步骤 03 关闭 SysFrmMain_HomePage 窗体设计视图。

步骤 04 在导航窗格中选中 SysFrmMain_PendingList，右击进入窗体的设计视图，如图 6-20 所示。

图 6-20 待处理事项提醒功能设计 (4)

步骤 05 ①双击窗体设计视图左上角的■按钮，出现该窗体的属性，②选择【数据】选项卡，③找到【记录源】事件，单击【记录源】右边的...按钮，如图 6-21 所示。

图 6-21　待处理事项提醒功能设计 (5)

步骤 06 出现【查询生成器】，从中可以看出，数据来源于 SysLocalPendingList 表中的 NameLocal 列和 Num 列，如图 6-22 所示。

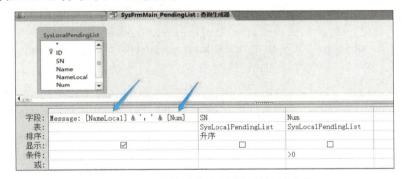

图 6-22　待处理事项提醒功能设计 (6)

步骤 07 将要提醒的数据写入 SysLocalPendingList 表中的 NameLocal 列和 Num 列，就会显示在主界面。

6.2.2　数据刷新处理

备忘录添加或修改记录后，首页窗体右上角的提醒栏中的数据也应该同步刷新，具体操作步骤如下。

步骤 01 ①选择 SysFrmMain_PendingList 窗体属性表中的【事件】选项卡，②找到【加载】事件，单击右边的...按钮进入 VBA 代码设计窗口，如图 6-23 所示。

图 6-23　待处理事项提醒功能设计 (7)

步骤 02 在窗体的加载事件中,执行 btnRefresh_Click 事件,如图 6-24 所示。

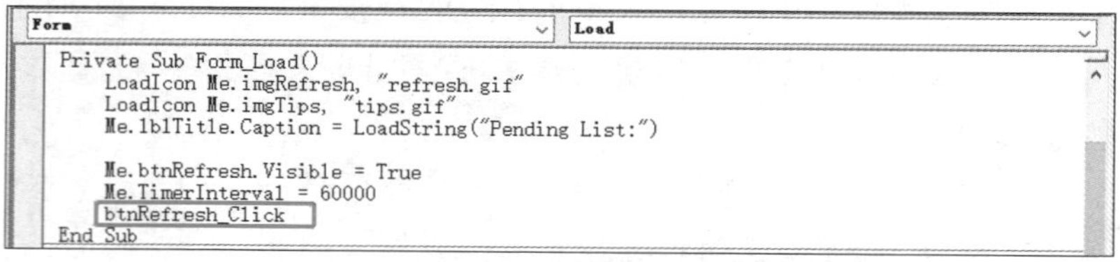

```
Private Sub Form_Load()
    LoadIcon Me.imgRefresh, "refresh.gif"
    LoadIcon Me.imgTips, "tips.gif"
    Me.lblTitle.Caption = LoadString("Pending List:")
    
    Me.btnRefresh.Visible = True
    Me.TimerInterval = 60000
    btnRefresh_Click
End Sub
```

图 6-24 待处理事项提醒功能设计 (8)

btnRefresh_Click 事件代码如下。

```
Public Sub btnRefresh_Click()
    On Error GoTo ErrorHandler
    Dim sngStartTime As Single
    sngStartTime = Timer()
    ClientRunSQL "UPDATE SysLocalPendingList SET Num=0"
    Dim rst As Object: Set rst = OpenAdoRecordset("SELECT * FROM qry_Sys_
PendingList", , CurrentProject.Connection)
    Do Until rst.EOF
        If DCount("*", "SysLocalPendingList", "Name='" & rst!Name & "'") > 0 Then
            ClientRunSQL "UPDATE SysLocalPendingList SET Num=" & rst!Num & " WHERE 
            Name='" & rst!Name & "'"
        Else
            ClientRunSQL "INSERT INTO SysLocalPendingList(Name,Num) VALUES('" & 
            rst!Name & "'," & rst!Num & ")"
        End If
        rst.MoveNext
    Loop
    rst.Close
    Me.Requery
ExitHere:
    Set rst = Nothing
    Exit Sub
ErrorHandler:
    MsgBoxEx Err.Description, vbCritical
    Resume ExitHere
End Sub
```

步骤 03 从上面的代码中可以看出,数据是用 ADO 从 qry_Sys_PendingList 查询循环追加到 SysLocalPendingList 表中的,将要提醒的数据写入 SysLocalPendingList 表中的 NameLocal 列和 Num 列,就会显示在主界面,因此将蓝色的 SQL 代码修改如下。

```
"Insert INTO SysLocalPendingList(Name,NameLocal,Num) VALUES('" & rst!Name & "','" & 
rst!NameLocal & "'," & rst!Num & ")"
```

只需要有一个名称为 qry_Sys_PendingList 的查询，且包含 Name、NameLocal、Num 指定的三列（查询中可以有别的列），就可以将数据显示在主界面的【待处理事项提醒】中。用户修改【备忘事项】时，并不会刷新数据，因此还需要完善。

步骤 04 在导航窗格中双击 basProject（这是一个通用模块），在这个模块中定义一个全局变量 IsEdit，用 Public 声明这个变量后，IsEdit 变量在各个窗体都可以调用，如图 6-25 所示。

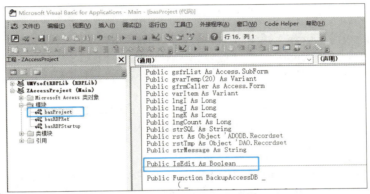

图 6-25 待处理事项提醒功能设计 (9)

步骤 05 在导航窗格中选中 frmMemorandumBook_Edit 窗体，右击，在快捷菜单中选择【设计视图】命令，在窗体设计视图中选中【保存(S)】按钮，双击显示属性，①找到该按钮的单击事件 btnSave_Click()，②在单击事件中加一行代码：IsEdit = True，代表每保存一次数据，会让 IsEdit 的值为 True，如图 6-26 所示。

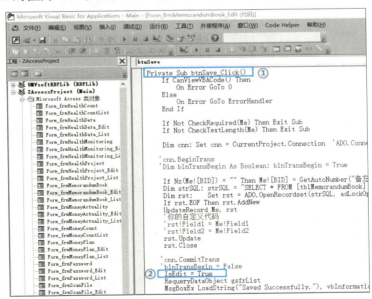

图 6-26 待处理事项提醒功能设计 (10)

步骤 06 回到 SysFrmMain_PendingList 窗体的 VBA 代码设计界面，修改 btnRefresh_Click 事件代码，当 IsEdit = True 时再次追加数据，同时让 IsEdit 变量的值为 False，代码如下。

```vb
Public Sub btnRefresh_Click()
    On Error GoTo ErrorHandler
    Dim sngStartTime As Single
    sngStartTime = Timer()
    ClientRunSQL "UPDATE SysLocalPendingList SET Num=0"
    If IsEdit = True Then
        ClientRunSQL "DELETE * FROM SysLocalPendingList;"          '清空表
    End If
    Dim rst As Object: Set rst = OpenAdoRecordset("SELECT * FROM qry_Sys_PendingList", , CurrentProject.Connection)
    Do Until rst.EOF
        If IsEdit = True Then
            ClientRunSQL "Insert INTO SysLocalPendingList(Name,NameLocal,Num) 
            VALUES('" & rst!Name & "','" & rst!NameLocal & "'," & rst!Num & ")"
        Else
            If DCount("*", "SysLocalPendingList", "Name='" & rst!Name & "'") > 0 Then
                ClientRunSQL "UPDATE SysLocalPendingList SET Num=" & rst!Num & " 
                WHERE Name='" & rst!Name & "'"
            Else
                ClientRunSQL "Insert INTO SysLocalPendingList(Name,NameLocal,Num) 
                VALUES('" & rst!Name & "','" & rst!NameLocal & "'," & rst!Num & ")"
            End If
        End If
        rst.MoveNext
    Loop
    rst.Close
    Me.Requery
    IsEdit = False
ExitHere:
    Set rst = Nothing
    Exit Sub
ErrorHandler:
    MsgBoxEx Err.Description, vbCritical
    Resume ExitHere
```

步骤 07 代码修改后，界面如图 6-27 所示。

步骤 08 保存并关闭 SysFrmMain_PendingList 和 frmMemorandumBook_Edit 窗体。

```
Public Sub btnRefresh_Click()
    On Error GoTo ErrorHandler
    Dim sngStartTime As Single
    sngStartTime = Timer()
    ClientRunSQL "UPDATE SysLocalPendingList SET Num=0"
    If IsEdit = True Then
        ClientRunSQL "DELETE * FROM SysLocalPendingList;" '清空表
    End If
    Dim rst As Object: Set rst = OpenAdoRecordset("SELECT * FROM qry_Sys_PendingList", , Curr
    Do Until rst.EOF
        If IsEdit = True Then
            ClientRunSQL "Insert INTO SysLocalPendingList(Name,NameLocal,Num) VALUES('" & rst
        Else
            If DCount("*", "SysLocalPendingList", "Name='" & rst!Name & "'") > 0 Then
                ClientRunSQL "UPDATE SysLocalPendingList SET Num=" & rst!Num & " WHERE Name='
            Else
                ClientRunSQL "Insert INTO SysLocalPendingList(Name,NameLocal,Num) VALUES('" &
            End If
        End If
        rst.MoveNext
    Loop
    rst.Close
    Me.Requery
    IsEdit = False
ExitHere:
    Set rst = Nothing
    Exit Sub
```

图 6-27 待处理事项提醒功能设计 (11)

6.2.3 创建备忘提醒的选择查询

由于不使用系统默认的 qry_Sys_PendingList 查询，因此要修改一下查询的名称，这样方便在创建备忘提醒的查询时，使用这个查询的名称，具体操作步骤如下。

步骤 01 在导航窗格中选中 qry_Sys_PendingList 查询，右击，在快捷菜单中选择【重命名】命令，将查询名称修改为 "qry_Sys_PendingList 系统初始"，如图 6-28 所示。

步骤 02 在功能区的【创建】选项卡中单击【查询设计】按钮，①在【显示表】对话框中单击选中 tblMemorandum-Book，②单击【添加(A)】按钮，③单击【关闭(C)】按钮，如图 6-29 所示。

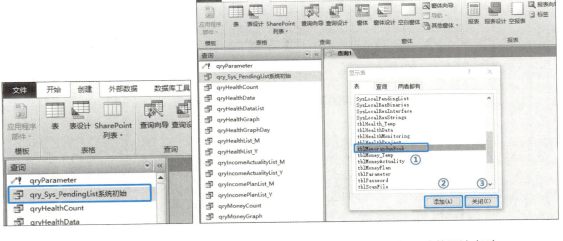

图 6-28 待处理事项提醒
功能设计 (12)

图 6-29 待处理事项提醒功能设计 (13)

步骤 03 双击【查询1】中的 BName、BDate、Brief 3 个字段，使其显示在下方列表中，如图 6-30 所示。

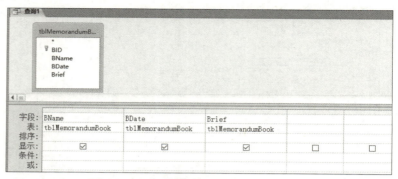

图 6-30　待处理事项提醒功能设计 (14)

步骤 04 ①新增一列 Num：[Bdate]-Date() 表示两个日期相减，即到期日期减去今天的日期，得出的值是一个数字，②在下方条件中输入 >0 And <31，是指大于 0 天且小于 31 天，即只提醒 30 天内的备忘信息，如图 6-31 所示。

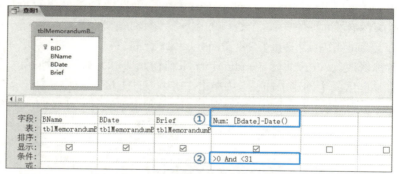

图 6-31　待处理事项提醒功能设计 (15)

步骤 05 新增第二列 NameLocal，将姓名和备忘信息组合成一段文字，如图 6-32 所示。

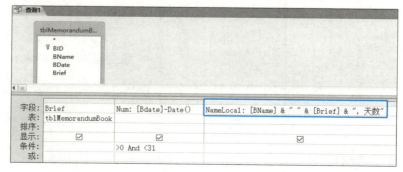

图 6-32　待处理事项提醒功能设计 (16)

步骤 06 新增第三列 Name，值取姓名，如图 6-33 所示。

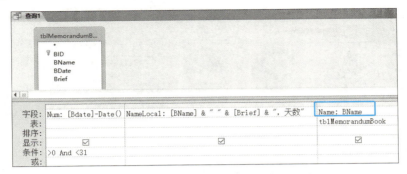

图 6-33 待处理事项提醒功能设计 (17)

步骤 07 单击 Access 窗口左上角的 ■ 按钮，在【查询名称】文本框中输入 qry_Sys_PendingList，单击【确定】按钮，保存这个查询，然后关闭 qry_Sys_PendingList 查询。

步骤 08 在左侧导航窗格中找到 SysFrmLogin 窗体，双击运行该窗体，进入软件，就可以看到待处理事项提醒的数据了。不过待处理事项提醒的宽度不够，文字未能全部显示，如图 6-34 所示。

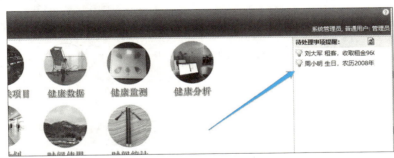

图 6-34 待处理事项提醒功能设计 (18)

步骤 09 关闭主界面，进入 SysFrmMain_HomePage 设计视图，调整子窗体的宽度，如图 6-35 所示。

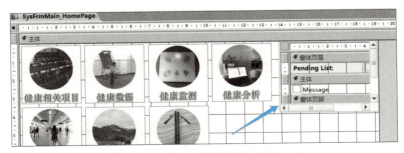

图 6-35 待处理事项提醒功能设计 (19)

步骤 10 调整子窗体控件、Message 文本框的宽度，调整后如图 6-36 所示。

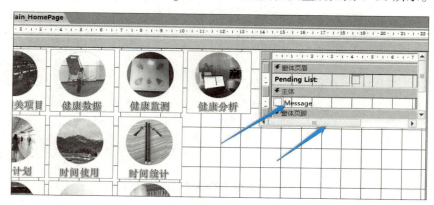

图 6-36　待处理事项提醒功能设计 (20)

步骤 11 保存并关闭 SysFrmMain_HomePage 窗体的设计视图，在左侧导航窗格中双击 SysFrmLogin 窗体进入软件，效果如图 6-37 所示。

图 6-37　待处理提醒功能设计 (21)

第 7 章 软件优化与配置

本章导读

本章主要讲解如何修改导航菜单的名称、图标和顺序，如何在一个表保存数据的同时在另外一个表中保存数据，以及开发者设置，以优化之前开发的软件。

前面 6 章开发了相应的功能，仍需要调整导航菜单及图标按钮，使其更符合用户的操作习惯。在录入健康数据时，所花费的时间也属于时间使用，因此在录入健康数据的同时，写入时间使用的数据，可以减轻操作人员的工作量。在实际运行软件时，还需要设置系统的开发者权限，以避免软件使用人员以开发者的角色进入软件。

7.1 修改导航菜单名称及图标

由于要将【备忘录】放在导航菜单的【资料管理】分类中，因此需要将名称改为【资料&备忘】，通过导航菜单编辑器进行名称修改。

步骤 01 在导航菜单中双击【导航菜单编辑器】，如图 7-1 所示。

图 7-1 修改导航菜单(1)

步骤 02 弹出【导航菜单编辑器】对话框，①选中【01 资料管理】，②在【菜单文本(简体中文 - 中国)】文本框中修改为"资料&备忘"，③单击【保存(S)】按钮，如图 7-2 所示。

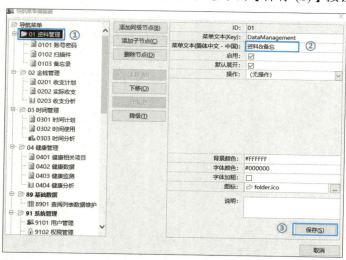

图 7-2 修改导航菜单(2)

步骤 03 保存后,关闭导航菜单编辑器,修改后的导航菜单如图 7-3 所示。

图 7-3 修改导航菜单(3)

如图 7-4 所示,从导航菜单中可以看出,用数据模块生成器创建的菜单,默认使用了同一个图标。用户可以选择和菜单名称相关性较高的图标。

图 7-4 修改菜单图标(1)

步骤 04 双击导航菜单中的【导航菜单编辑器】,在【导航菜单编辑器】对话框中,①单击选中要更换图标的菜单,②单击【图标】右边的 ... 按钮,更换一个合适的图标,③单击【保存(S)】按钮,如图 7-5 所示。

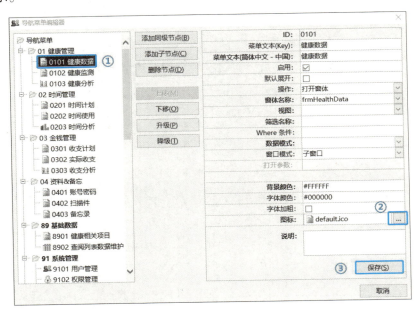

图 7-5 修改菜单图标(2)

7.2 调整导航菜单顺序

在导航菜单中双击【导航菜单编辑器】,弹出【导航菜单编辑器】对话框,①单击选中【04 健康管理】,②单击【上移】按钮,如图 7-6 所示。

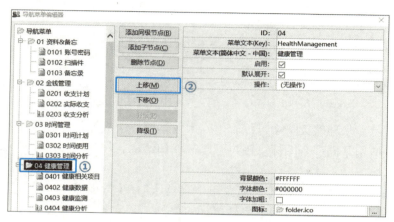

图 7-6　调整导航菜单顺序 (1)

单击【上移】按钮几次,一直移到菜单顶部,如图 7-7 所示。

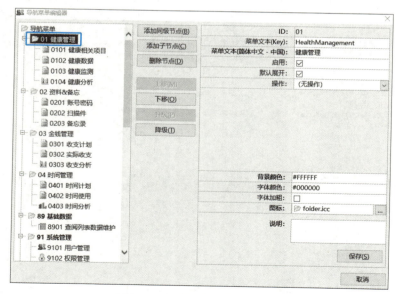

图 7-7　调整导航菜单顺序 (2)

同理,对其他导航菜单进行顺序调整,最终导航菜单的顺序如图 7-8 所示。

图 7-8 调整导航菜单顺序 (3)

进入 SysFrmMain_HomePage 窗体的设计视图,调整图片按钮的顺序,如图 7-9 所示。

图 7-9 调整图片按钮菜单

7.3 同时在两个表中保存数据

双击导航菜单中的【健康相关项目】,可以看出每一个项目名称与时间类别的对应关系,如图 7-10 所示。

图 7-10 同时在两个表中保存数据 (1)

双击导航菜单中的【健康数据】,当录入一条健康数据时,可以由项目名称得出相应的【时间类别】,在单击【保存 (S)】按钮时,要将数据同时写入【时间使用】的 tblTimeActuality 表中,将减轻录入的工作量,避免在【时间使用】中再录入一遍数据,如图 7-11 所示。

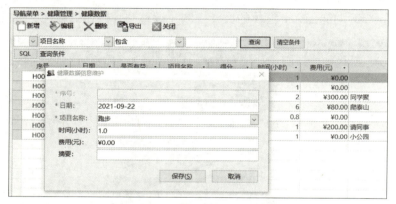

图 7-11 同时在两个表中保存数据 (2)

添加健康数据记录时,同时将数据保存到时间使用表的具体操作步骤如下。

步骤 01 在导航窗格中选中 frmHealthData_Edit,右击,在快捷菜单中选择【设计视图】命令,①选中项目名称组合框,双击显示属性表,②选择属性表中的【数据】选项卡,③找到【行来源】,单击【行来源】右边的 ... 按钮,如图 7-12 所示。

图 7-12 同时在两个表中保存数据 (3)

步骤 02 进入【查询生成器】，①添加 HpCategory 列和 HpOrder 列，② HpOrder 列按升序排序，③ HpOrder 列不显示，如图 7-13 所示。

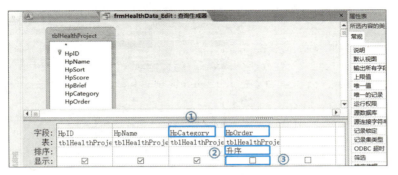

图 7-13　同时在两个表中保存数据（4）

步骤 03 单击【查询生成器】右边的 × 按钮，保存对 SQL 语句的更改，①切换到【格式】选项卡，②将【列数】改为 3，③【列宽】改为 0cm;2cm;0cm（0cm 指列宽为 0，即不显示），如图 7-14 所示。

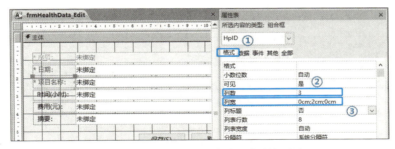

图 7-14　同时在两个表中保存数据（5）

这样，当用户选择某个【项目名称】时，组合框中第 3 列就有相应的【时间类别】值了。

步骤 04 ①选中【保存(S)】按钮，②选择属性表中的【事件】选项卡，③找到【单击】事件，单击右边的 ... 按钮进入 VBA 代码设计窗口，如图 7-15 所示。

图 7-15　同时在两个表中保存数据（6）

步骤 05 添加一个 TimeActuality 过程，用来给 tblTimeActuality 表写入当前窗体要保存的数据，代码如下。

```
Private Sub TimeActuality()
    Dim cnn As Object
    Set cnn = CurrentProject.Connection
    Dim strSQL: strSQL = "SELECT * FROM [tblTimeActuality] WHERE 1=2"
    Dim rst:    Set rst = ADO.OpenRecordset(strSQL, adLockOptimistic, cnn)
    rst.AddNew
    rst!TAID = GetAutoNumber("时间使用ID")           '序号自动编号
    rst!TADate = Me!HDate
    rst!TCategory = Me!HpID.Column(2)                '2代表组合框第3列
    rst!TATime = Me!HTime
    rst!TABrief = Me!HpID.Column(1)                  '1代表组合框第2列
    rst.Update
    rst.Close
    Set rst = Nothing
End Sub
```

添加代码后，界面如图 7-16 所示。

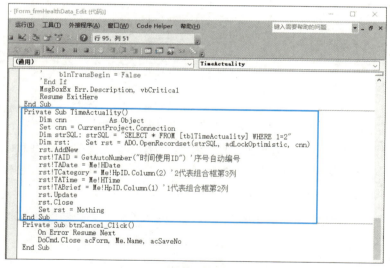

图 7-16　同时在两个表中保存数据 (7)

步骤 06 在【保存(S)】按钮的单击事件中，新增数据时，同时向另一个表添加上保存数据的代码，如图 7-17 所示。

步骤 07 保存并关闭 frmHealthData_Edit 窗体。

双击导航菜单中的【健康数据】，录入一条健康数据，关闭健康数据维护界面，然后双击导航菜单中的【时间使用】，就可以看到刚才录入的健康数据在【时间使用】中也同步保存了，节约了用户的数据录入时间。

```
btnSave
        Resume ExitHere
End Sub

Private Sub btnSave_Click()
    If CanViewVBACode() Then
        On Error GoTo 0
    Else
        On Error GoTo ErrorHandler
    End If
    
    If Not CheckRequired(Me) Then Exit Sub
    If Not CheckTextLength(Me) Then Exit Sub
    
    Dim cnn: Set cnn = CurrentProject.Connection    'ADO.Connection()
    
    'cnn.BeginTrans
    'Dim blnTransBegin As Boolean: blnTransBegin = True
    
    If Nz(Me![HID]) = "" Then Me![HID] = GetAutoNumber("健康数据ID")
    Dim strSQL: strSQL = "SELECT * FROM [tblHealthData] WHERE [HID]=" & SQLText(Me![HID])
    Dim rst:    Set rst = ADO.OpenRecordset(strSQL, adLockOptimistic, cnn)
    If rst.EOF Then
        rst.AddNew
        TimeActuality '同时向tblTimeActuality保存数据
    End If
    UpdateRecord Me, rst
    '你的自定义代码
    'rst!Field1 = Me!Field1
    'rst!Field2 = Me!Field2
    rst.Update
    rst.Close
```

图 7-17　同时在两个表中保存数据（8）

7.4 开发者设置

双击【开发者工具】导航菜单中的【开发者设置】选项，弹出【开发者设置】对话框，如图 7-18 所示。

图 7-18　开发者设置（1）

在【开发者设置】对话框中勾选【启动时隐藏菜单栏/功能区】和【禁用忽略键(SHIFT)】选项,然后单击【保存(S)】按钮,对信息进行保存,再单击【取消】按钮退出【开发者设置】选项,如图 7-19 所示。

图 7-19 开发者设置(2)

接下来测试一下软件的效果,先退出 Access 程序,再次双击打开 Main.mdb,用普通用户 test 账号进入系统(默认密码是:123456),如图 7-20 所示。

图 7-20 系统主界面